MÓDULO 2
FÍSICA

JORGE LÓPEZ CRESPO

MÓDULO 2
FÍSICA

JORGE LÓPEZ CRESPO

Actualizado al Reglamento de Ejecución (UE) 2023/989

Paraninfo

Paraninfo

Módulo 2 (Física)

© Jorge López Crespo

Gerente Editorial
María José López Raso

Equipo Técnico Editorial
Alicia Cerviño González
Paola Paz Otero

Editora de Adquisiciones
Carmen Lara Carmona

Producción
Nacho Cabal Ramos

Diseño de cubierta
Ediciones Nobel

Preimpresión
Copibook

2.ª edición, 2025

C/ Sierra de Guadarrama, 35. Naves 2, 3, 4 y 5
Polígono Industrial San Fernando II
28830 San Fernando de Henares, Madrid

Teléfono: (+34) 914 463 350
clientes@paraninfo.es / www.paraninfo.es

ISBN: 978-84-283-7622-8
Depósito legal: M-21926-2025

(33541)

Impreso en España / *Printed in Spain*
Liberdigital (Casarrubuelos, Madrid)

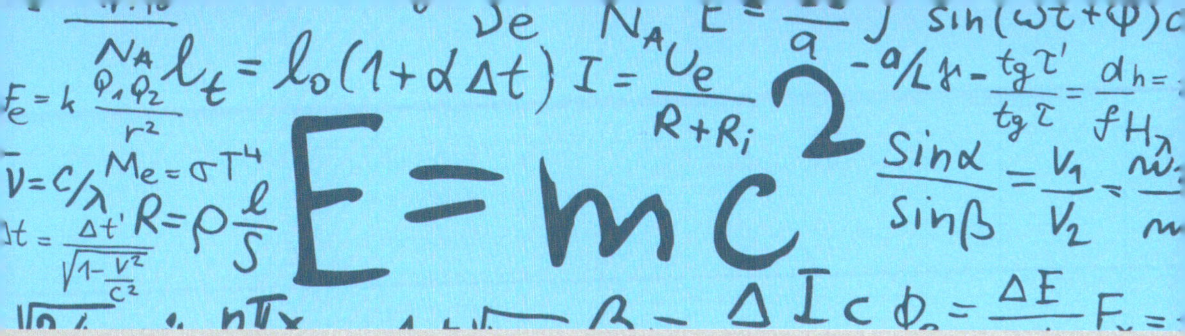

CONTENIDO

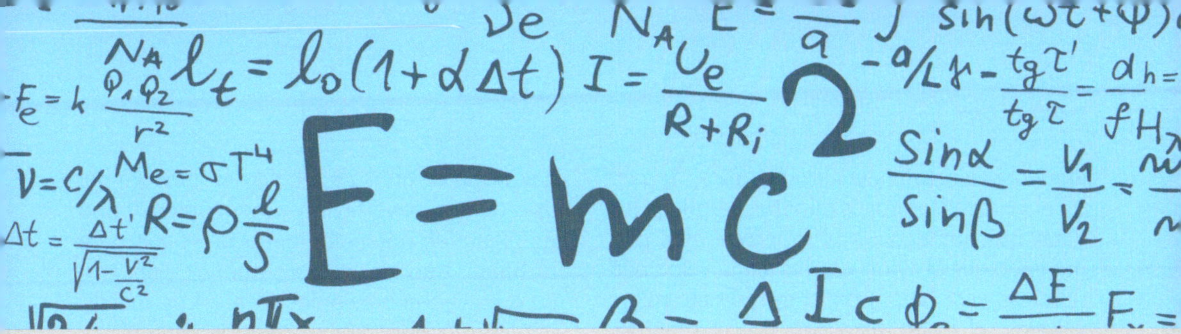

INTRODUCCIÓN

Se acercan unos días de vacaciones y nos disponemos a realizar un viaje por varias ciudades europeas. Nuestro primer destino será la capital de Suecia: Estocolmo. Nos dirigimos hacia la zona de salidas de la terminal 2 del aeropuerto de Madrid-Barajas, pasamos el control de seguridad y esperamos la llamada de embarque mientras hojeamos una revista, la tableta o escuchamos música.

Una vez a bordo, cada uno busca su butaca y nos sentamos cómodamente esperando el despegue, mientras escuchamos a la azafata dar las correspondientes indicaciones de seguridad. Cinturón, mascarilla de oxígeno, salidas de emergencia, chaleco salvavidas... y un recordatorio de apagar el teléfono móvil y demás dispositivos electrónicos por las *interferencias* que pudieran causar en los equipos de abordo. Tras un breve carreteo por la pista, el avión se dispone a despegar. Oigo el *sonido* intenso de los motores a plena *potencia* y siento cómo la *aceleración* pega mi espalda al asiento. Cuando la aeronave alcanza la suficiente *velocidad*, la *fuerza* de sustentación que aparece en las alas vence la acción del *peso*, y el avión se eleva, ganando altura rápidamente. Mientras miro por la ventanilla cómo los pueblos se van haciendo cada vez más pequeños, me doy cuenta de que la punta del ala sube y baja ligeramente debido a que la fuerza de sustentación provoca una leve *deformación elástica* en los planos del avión. Noto el crac que me dice que el tren de aterrizaje está «arriba», justo cuando el piloto gira los mandos de vuelo hacia la izquierda, moviendo los alerones. Esto provoca la aparición de un *momento* que tiene como resultado el alabeo del avión, y el consiguiente viraje. En pocos minutos la aeronave alcanza la *altitud* y velocidad de crucero. Ajusto la salida del aire acondicionado sobre mi asiento para bajar un poco la *temperatura*, enciendo la luz *eléctrica* y saco el libro que me ayudará a pasar las cuatro *horas* de viaje.

A mitad de trayecto decido tomarme un café. Mientras me lo sirven noto el *calor* que desprende la cafetera. Cuando aún tengo el café por la mitad, se activa el indicador de «póngase el cinturón», con su inconfundible «¡ding!». El piloto anuncia que en los próximos minutos el avión pasará por una zona de *turbulencias*, así que me termino el café de golpe, y me ajusto el cinturón. Tras unos minutos de «sube y baja» y un poco de traqueteo, el avión se estabiliza de nuevo. Cuando sobrevolamos el mar Báltico, la *luz* del sol se *refleja* sobre el agua regalando unas vistas espectaculares. Mientras miro por la ventanilla, también me doy cuenta de que el avión va dejando una estela de *vapor* de agua tras de sí, debido a la *condensación* de la humedad del aire.

El avión inicia el descenso. Despliega levemente los frenos aerodinámicos, lo que aumenta su *resistencia aerodinámica, frenando* el avión. A los pocos minutos despliega los flaps, que aumentarán la *superficie* alar, permitiendo que el avión aterrice a una velocidad relativamente baja. Con el tren de aterrizaje «abajo», el avión toma tierra. Acto seguido, noto la acción de los frenos, que reducen la *velocidad de giro* de las ruedas, hasta la velocidad de carreteo. El avión finalmente se detiene, me quito el cinturón, enciendo el móvil y me dispongo a salir a la terminal del aeropuerto de Arlanda-Estocolmo. El viaje ha llegado a su fin.

Durante el vuelo hemos experimentado y observado varios fenómenos físicos familiares: aceleración, velocidad, fuerza, temperatura, calor, etc. Gracias al conocimiento de las relaciones entre dichas magnitudes físicas se pueden construir aviones y mantenerlos en estado de uso (mantenerlos operativos). El técnico de mantenimiento de aeronaves deberá conocer las principales magnitudes y comprender las leyes físicas que las vinculan para, de esta manera, conseguir una sólida base sobre la que aprender los conocimientos específicos de la especialidad: aerodinámica, motor de turbina, hélices, electrónica analógica y digital, sistemas y estructuras, etc.

Cuando se realiza alguna tarea de mantenimiento a una aeronave, tanto programada como correctiva (reparaciones), esta debe quedar reflejada en la documentación correspondiente, la cual es similar a un diario, en donde se recoge desde un cambio de aceite lubricante hasta una reparación de la estructura de la aeronave. Cada acción debe ir acompañada de la firma de una persona que certifica que la tarea realizada se ha efectuado correctamente, responsabilizándose de ello. Para que el trabajador pueda «firmar», deberá estar en posesión de una licencia de mantenimiento. El trabajo de los ayudantes, que no tienen «firma», deberá estar supervisado por los técnicos que sí que disponen de ella.

Seguro que, llegados a este punto, nos viene una pregunta a la cabeza: un técnico de mantenimiento de aeronaves ¿es capaz de acometer cualquier acción de mantenimiento o reparación y responsabilizarse de ella? La respuesta es no. Como nos podemos imaginar, hay distintos tipos de técnico en función del tipo de aeronave (avión o helicóptero), tipo de planta de potencia (motor de pistón o de turbina), tipo de mantenimiento (mecánico o electrónico-aviónico) o nivel de mantenimiento (tareas menores o más complejas). Para definir las funciones de cada técnico y los requisitos necesarios para obtener la licencia correspondiente, la Comunidad Europea, asesorada por la EASA (European Aviation Safety Agency), ha redactado un reglamento al respecto.

El Reglamento (CE) 2023/989 recoge la información relativa al mantenimiento de las aeronaves y personal que participa en dichas tareas. El reglamento distingue entre siete categorías:

- Categoría A (Mecánica, reparaciones menores).
- Categoría B1 (Mecánica).
- Categoría B2 (Aviónica).
- Categoría B2L (Aviónica de aeronaves más sencillas).
- Categoría B3 (Mecánica, aviación ligera con motor de pistón).
- Categoría L (planeadores, motoveleros, globos y dirigibles).
- Categoría C (Ingeniería, certificación).

A su vez, la categoría B1 se divide en cuatro subcategorías:

- B1.1. Aviones con motor de turbina.
- B1.2. Aviones con motor de pistón.
- B1.3. Helicópteros con motor de turbina.
- B1.4. Helicópteros con motor de pistón.

Para obtener cualquiera de estas licencias LMA (Licencia de Mantenimiento de Aeronaves), se deberán superar una serie de exámenes de distintos módulos entre los que se encuentra el Módulo 2 (Física) y tener una experiencia laboral de uno a cinco años dependiendo de la licencia que se pretenda obtener.

Este libro está adaptado a los contenidos del Módulo 2 (Física) para obtener las licencias B1, en cualquiera de sus subcategorías, y B2. Cada apartado de la obra está tratado con la profundidad necesaria, según se indica en el reglamento, mediante tres nivels de conocimiento (1, 2, 3).

Los indicadores del nivel de conocimientos se definen de la forma siguiente:

NIVEL 1

Familiarización con los elementos principales de la materia. Objetivos:

- El solicitante debería estar familiarizado con los elementos básicos de la materia.
- El solicitante debería ser capaz de hacer una descripción sencilla de toda la materia, en lenguaje común y con ejemplos.
- El solicitante debería ser capaz de utilizar términos típicos.

NIVEL 2

Conocimientos generales de los aspectos teóricos y prácticos de la materia y capacidad de aplicar dichos conocimientos. Objetivos:

- El solicitante debería ser capaz de comprender los fundamentos teóricos de la materia.
- El solicitante debería ser capaz de hacer una descripción general de la materia, usando, en su caso, ejemplos típicos.
- El solicitante debería ser capaz de utilizar fórmulas matemáticas en combinación con las leyes físicas que describen la materia.
- El solicitante debería ser capaz de leer y comprender croquis, planos y esquemas que describan la materia.
- El solicitante debería ser capaz de aplicar sus conocimientos de forma práctica mediante procedimientos detallados.

NIVEL 3

Conocimiento detallado de los aspectos teóricos y prácticos de la materia y capacidad de combinar y aplicar elementos independientes de conocimiento de forma lógica y exhaustiva. Objetivos:

- El solicitante debería conocer la teoría de la materia y las interrelaciones con otras materias.
- El solicitante debería ser capaz de hacer una descripción detallada de la materia, mediante fundamentos teóricos y ejemplos concretos.
- El solicitante debería comprender y ser capaz de utilizar fórmulas matemáticas relacionadas con la materia.
- El solicitante debería ser capaz de leer, comprender y elaborar croquis, planos y esquemas que describan la materia.
- El solicitante debería ser capaz de aplicar sus conocimientos de forma práctica siguiendo las instrucciones del fabricante.
- El solicitante debería ser capaz de interpretar los resultados de distintas fuentes y mediciones y aplicar medidas correctivas cuando corresponda.

El examen del Módulo 2 (Física) para las licencias LMA B1 consta de 52 preguntas multirrespuesta y ninguna pregunta de desarrollo, para el que se conceden 65 minutos. El sistema multirrespuesta es un tipo test de 3 opciones, solo una verdadera, en donde los fallos no restan, y el examen se aprueba con al menos el 75% de las preguntas contestadas correctamente.

Tabla I.1. Contenidos del Módulo 2 (Física) tal como se definen en la parte 66 de los reglamentos 1321/2014 y 2023/989, y en la norma AMC & GM to part 66 (Issue2, amendment 8) que tiene en cuenta los nuevos métodos y tecnologías de formación.

MÓDULO 2 (FÍSICA)	Nivel (B1)
2.1. La materia	**2**
• Naturaleza de la materia: elementos químicos, estructura de los átomos, moléculas. • Compuestos químicos. • Estados: sólido, líquido y gaseoso. • Transiciones entre estados.	
2.2. Mecánica	
2.2.1. Estática	**2**
• Fuerzas, momentos y pares, representación como vectores. • Centro de gravedad. • Elementos de teoría de esfuerzos, deformaciones y elasticidad, tensión, compresión, esfuerzo cortante y torsión. • Naturaleza y propiedades de los sólidos, los líquidos y los gases. • Presión y flotabilidad en líquidos (barómetros).	
2.2.2. Cinética	**2**
• Movimiento rectilíneo: movimiento rectilíneo uniforme, movimiento uniformemente acelerado (movimiento sometido a la gravedad). • Movimiento giratorio: movimiento circular uniforme (fuerzas centrífugas y centrípetas). • Movimiento periódico: movimiento pendular. • Teoría sencilla de la vibración, los armónicos y la resonancia. • Relación de velocidades, brazo de palanca y rendimiento mecánico.	
2.2.3. Dinámica	**2**
a) Masa. • Fuerza, inercia, trabajo, potencia, energía (potencial, cinética y total), calor, rendimiento. *b*) Momento, conservación del momento. • Impulso. • Principios giroscópicos. • Rozamiento: naturaleza y efecto, coeficiente de rozamiento (resistencia a la rodadura).	
2.2.4. Dinámica de fluidos	**2**
a) Peso específico y densidad. *b*) Viscosidad, resistencia fluida, efectos de las formas aerodinámicas. • Efectos de la compresibilidad en los fluidos. • Presión estática, dinámica y total: teorema de Bernoulli, Venturi.	
2.3. Termodinámica	**2**
a) Temperatura: termómetros y escalas de temperatura: Celsius, Fahrenheit y Kelvin; definición de calor. *b*) Capacidad calorífica, calor específico. • Transmisión de calor: convección, radiación y conducción. • Expansión volumétrica. • Primera y segunda ley de la termodinámica. • Gases: leyes de los gases ideales; calor específico a volumen y presión constante, trabajo efectuado por un gas en expansión. • Expansión y compresión isotérmica y adiabática, ciclos del motor, volumen y presión constante, refrigeradores y bombas de calor. • Calor latente de fusión y de evaporación, energía térmica, calor de combustión.	
2.4. Óptica (luz)	**2**
• Naturaleza de la luz; velocidad de la luz. • Leyes de la reflexión y la refracción: reflexión en superficies planas, reflexión por espejos esféricos, refracción, lentes. • Fibra óptica.	
2.5. Movimiento ondulatorio y sonido	**2**
• Movimiento ondulatorio: ondas mecánicas, movimiento ondulatorio sinusoidal, fenómenos de interferencia, ondas estacionarias. • Sonido: velocidad del sonido, producción de sonido, intensidad, tono y calidad, efecto Doppler.	

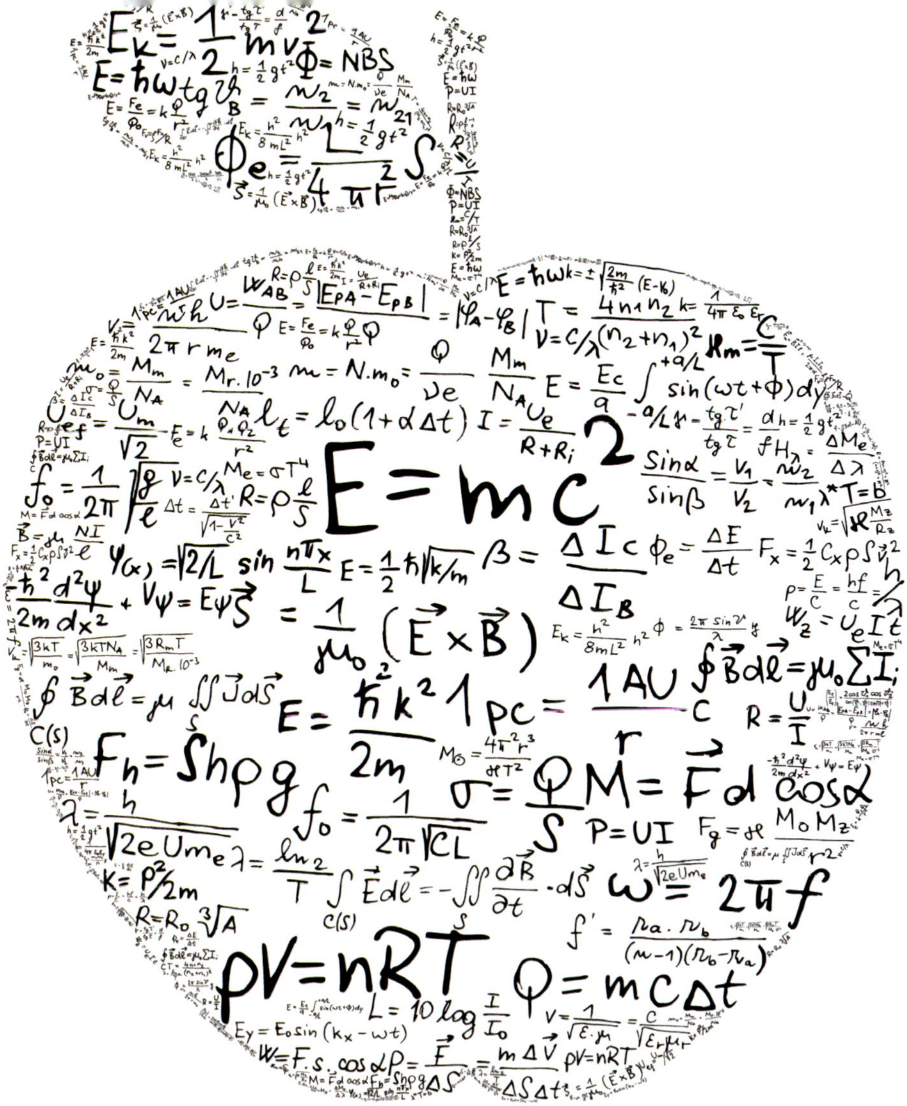

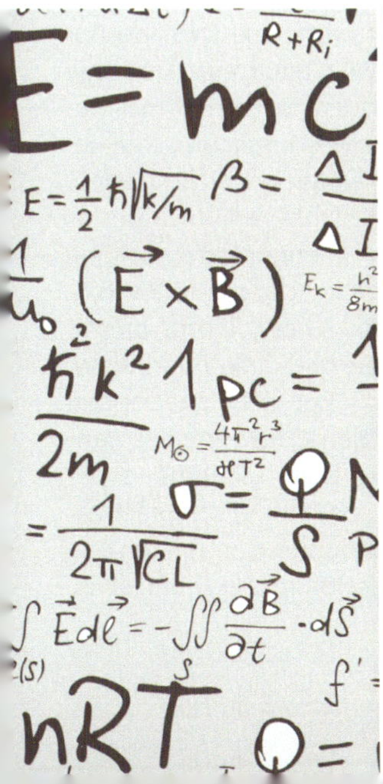

UNIDAD 1
LA MATERIA

La materia es todo aquello que ocupa un volumen y tiene una masa. El aire que respiramos, la comida que comemos, la ropa que vestimos, incluso nuestros propios cuerpos están hechos completamente de materia. Toda esta materia está formada por átomos y por sustancias compuestas por la unión de estos átomos.

Todos hemos escuchado alguna vez aquello de que «la energía no se crea ni se destruye, solo se transforma». Este es el principio de conservación de la energía. También habremos escuchado aquello de que «la energía es igual al producto de la masa por la velocidad de la luz al cuadrado» ($E = mc^2$). Esta es la expresión matemática más famosa de la teoría de la relatividad promulgada por Albert Einstein, en donde define la equivalencia entre masa y energía. Fijémonos que la energía es igual a la masa multiplicada por una constante (c^2), esto es, por un número. Podríamos decir, sin equivocarnos mucho, que la energía es «igual» a la masa, o que la materia es energía «solidificada».

Pensemos por un instante que somos capaces de convertir esta «energía» almacenada en la masa. Imaginemos que podemos cambiar 1 g de masa completamente por energía. Dado que c = 300.000 km/h, la $c^2 = 9 \cdot 10^{16}$ m²/s⁴; por tanto, la energía obtenida sería de $9 \cdot 10^{13}$ J. Esta cifra tan elevada puede que no nos diga nada, pero, si pensamos que con esa energía se podría mantener encendida una bombilla como la que tenemos en el flexo del escritorio (60 w) durante 47.550 años de forma ininterrumpida, nos damos cuenta de la gran cantidad de energía contenida en la masa, en este caso en solo 1 g de masa.

La ecuación de Einstein desbarató la «ley de conservación de la masa» formulada por Lavoisier en 1785, la cual estipulaba que la materia no se crea ni se destruye. Lavoisier analizó el peso de las sustancias iniciales de una reacción química y el peso de las sustancias finales, observando que eran iguales independientemente de si la reacción era endotérmica o exotérmica (que absorbe o proporciona calor, respectivamente). No obstante, cometió un error ya que, durante la reacción química, existe una pérdida de masa, debido a que esta se transforma en energía. Lo que sucede es que la pérdida de masa en las reacciones químicas es ínfima, por lo que a efectos prácticos es totalmente despreciable. Lavoisier fue incapaz de medir la diferencia de masa con los instrumentos de los que disponía.

Sin embargo, en las reacciones nucleares, la masa que se transforma en energía es mucho más grande, por lo que la masa perdida y la energía liberada sí que pueden ser medidas. En 1932 quedó por tanto demostrada empíricamente la «ley de conservación de la masa-energía». En definitiva, aunque ahora conocemos las transformaciones entre masa y energía, para las aplicaciones que nos interesan, consideraremos que la masa se conserva en todas las reacciones químicas y cambios de estado.

1.1. NATURALEZA DE LA MATERIA

Ahora que tenemos una idea más clara de qué es la materia, vamos a estudiar de qué partículas está compuesta.

1.1.1. LOS ELEMENTOS QUÍMICOS

Existen 118 elementos o átomos conocidos. Los átomos son los ladrillos con los que se construye toda la materia. De los 118, 92 se encuentran en la naturaleza; el resto se obtiene de forma artificial en un laboratorio. Los átomos están constituidos por un núcleo formado por protones (carga positiva) y neutrones (sin carga o carga neutra), y por unas partículas más pequeñas denominadas electrones (con carga negativa) que se mueven en torno a dicho núcleo.

Si nos fijamos en la tabla periódica de los elementos (Figura 1.1), encontraremos que muchos de ellos son conocidos por todos (oxígeno, hierro, carbono, silicio, cloro, hierro, aluminio, etc.) mientras que otros no (rutenio, niobio, itrio, renio, etc.). Esto tiene que ver con su abundancia en la tierra: hay grandes cantidades de calcio pero poco escandio, a pesar de que el calcio y el escandio son prácticamente iguales, diferenciándose tan solo en que el escancio tiene un protón más que el calcio.

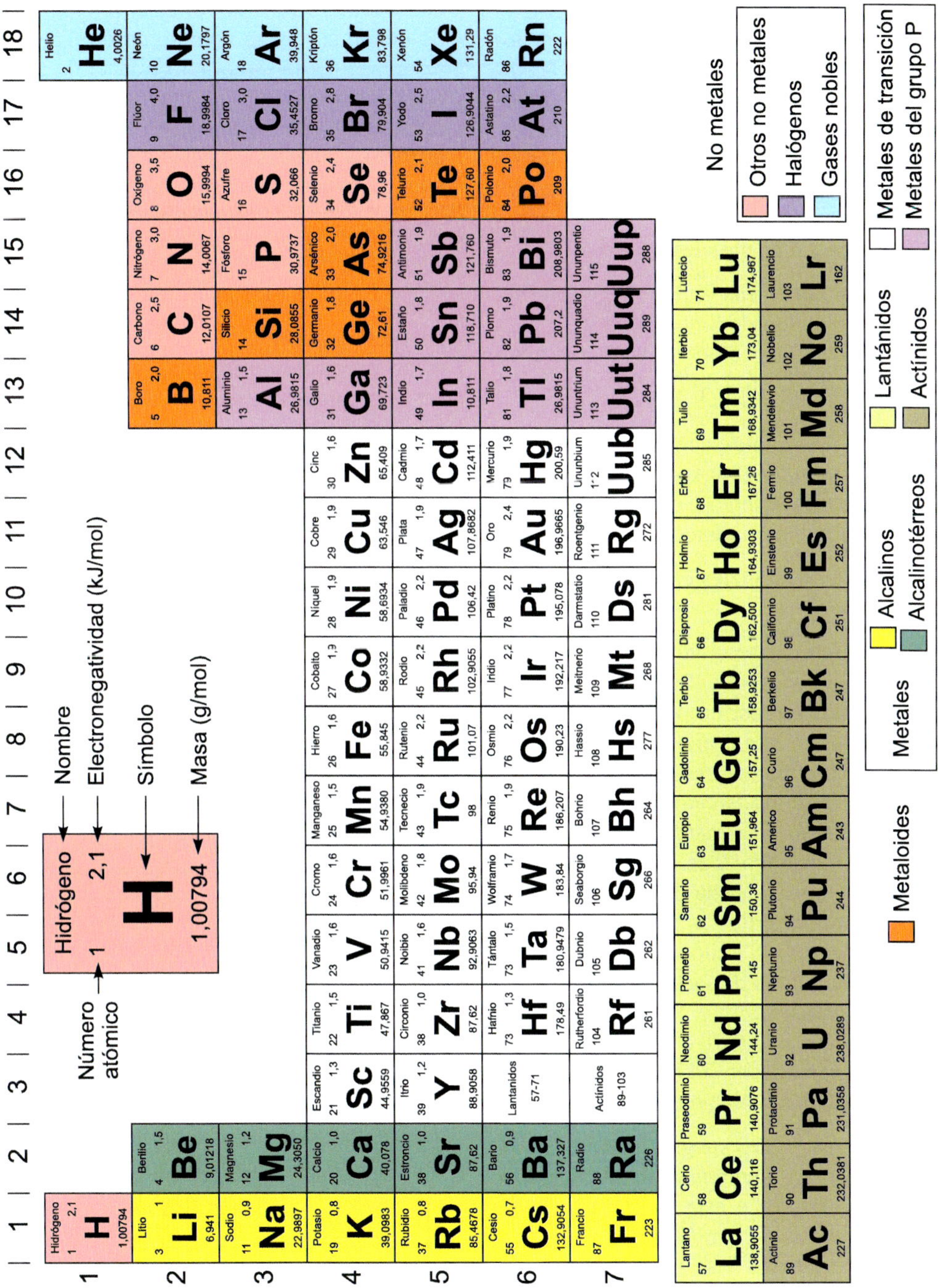

Figura 1.1. Tabla periódica de los elementos.

El átomo es la parte más pequeña en que la materia se puede dividir mediante procesos químicos, manteniendo su identidad y propiedades. Se ordenan en la tabla periódica de los elementos (Figura 1.1) según el número de protones que contienen: 1, 2, 3, etc., y por grupos de características químicas semejantes. Los átomos se dividen en dos grandes grupos: los no metales y los metales. A su vez, los no metales y los metales se pueden dividir en subgrupos.

Dentro de los **no metales** tenemos:

- **Halógenos:** como el flúor (F), cloro (Cl), bromo (Br), yodo (I) y astato (At).
- **Gases nobles:** como el helio (He), neón (Ne), argón (Ar), kriptón (Kr), xenón (Xe) y radón (Rn).
- **Otros no metales:** como el carbono (C), nitrógeno (N), oxígeno (O), fósforo (P), azufre (S) y selenio (Se). A este grupo se le denomina simplemente «no metales».

Dentro de los **metales** existen los siguientes subgrupos:

- **Alcalinos:** como el litio (Li), sodio (Na), potasio (K), rubidio (Ru) y cesio (Ce).
- **Alcalinotérreos:** como el berilio (Be), magnesio (Mg), calcio (Ca), estroncio (Sr), bario (Ba) y radio (Ra).
- **Metales de transición:** como el titanio (Ti), cromo (Cr), manganeso (Mn), hierro (Fe), cobalto (Co), níquel (Ni), cobre (Cu), cinc (Zn), plata (Pt) y oro (Ag).
- **Metales del grupo p:** como el aluminio (Al), galio (Ga), indio (In), talio (Tl), estaño (Sn), plomo (Pb) y bismuto (Bi).
- **Lantánidos:** como el lantano (La), cerio (Ce), neodimio (Nd) e iterbio (Yb).
- **Actínidos:** como el actinio (Ac), torio (Th), uranio (U), plutonio (Pt) y fermio (Fm).

Además existe otro subgrupo denominado **metaloides,** que no pertenece ni a los metales ni a los no metales. A este grupo pertenecen elementos como el boro (B), silicio (Si), germanio (Ge), arsénico (As), antimonio (Sb), telurio (Te) y polonio (Po).

La tabla está constituida de tal manera que elementos de una misma fila tienen masas similares, del mismo orden. A cada fila se la denomina **período,** siendo el período número 1 el del hidrógeno (H), el 2 el del litio (Li), etc. Los elementos de un determinado período tienen el mismo número de *orbitales atómicos*. En cada columna de la tabla se encuentran elementos con idéntica *valencia atómica*. A continuación, en el apartado de estructura atómica se define qué son los orbitales atómicos y la valencia atómica.

1.1.2. ESTRUCTURA DE LOS ÁTOMOS

Los átomos están formados por un núcleo formado por protones (carga positiva) y neutrones (sin carga o carga neutra), y por electrones (carga negativa) que se mueven en torno a dicho núcleo. Protones y neutrones tienen aproximadamente la misma masa, mientras que los electrones tienen una masa de 1/1.846 de la del protón, con una carga eléctrica exactamente igual a la del protón pero de signo contrario. El número de electrones es igual al de protones en un elemento determinado, por lo que se dice que los átomos están «en equilibrio». A su vez, lo que identifica y diferencia a unos átomos de otros es precisamente el número de protones (o de electrones) de los que consta. Al número de protones (o electrones) que posee un átomo determinado se le denomina **número atómico.** De esta manera podemos decir que el número atómico del hidrógeno es 1 (consta tan solo de un protón en su núcleo), o que el del titanio es 22 (consta de 22 protones en su núcleo).

Mientras que en un determinado elemento el número de protones es igual al de electrones, el número de neutrones puede cambiar. A estas variedades de un mismo átomo se las denomina **isótopos.** Veamos un ejemplo: el hidrógeno (H). El hidrógeno se encuentra en la naturaleza formando tres isótopos:

- *Protio:* su núcleo está formado por un protón y carece de neutrones. Es el isótopo más abundante en la naturaleza (99,98%). Se le suele denominar simplemente hidrógeno, por ser el más común.
- *Deuterio:* su núcleo está formado por un protón y un neutrón. Cuando forma

parte de moléculas de agua (H_2O), se le denomina «agua pesada» y se emplea como catalizador en reacciones nucleares y como combustible en reacciones de fusión atómica.
- *Tritio:* su núcleo está formado por un protón y por dos neutrones. Es radiactivo y se emplea en este ámbito.

Podemos ver, por tanto, que el mismo átomo tiene distintas características en función del número de neutrones que posea. Esto nos podría llevar a pensar que existen una infinidad de isótopos de hidrógeno con decenas de neutrones, con características extravagantes. Lo cierto es que en la tierra solo se dan de forma natural los mencionados, y en laboratorio solo se han podido obtener cuatro variedades más pero altamente inestables. La inestabilidad se debe a que, cuando el número de neutrones no es el apropiado para el número de protones del átomo, este se empieza a desintegrar, esto es, se vuelve **radiactivo.**

Otro dato de interés de un elemento es su **masa atómica.** La masa atómica es la masa total del núcleo, esto es, la suma de la masa de los protones y neutrones de los que conste el núcleo. Cuanto mayor sea el número de protones y neutrones presentes en el núcleo, mayor será la masa atómica y, por tanto, la masa del elemento. Por ejemplo, la masa atómica del hierro es de 55,8 y la del oro es de 196,9, lo que se traduce en que el peso de un litro de hierro sea de 7,87 kg, mientras que el peso de un litro de oro es de 19,3 kg.

Conocida la estructura del núcleo, interesa ahora estudiar la disposición de los electrones alrededor de este, ya que de dicha disposición van a depender las principales propiedades de los elementos. Los electrones se sitúan en una serie de capas o niveles de energía que pueden contener distintos subniveles constituidos por los orbitales atómicos que, según su forma y orientación, podrán alojar distinto número de electrones.

De igual manera a cuando escribimos una carta en donde ponemos nuestra ciudad, calle, portal y piso, la ubicación de un electrón está definida por cuatro variables a las que llamamos **números cuánticos:**

- **Número principal (n):** define el nivel de energía en el que se encuentra el electrón. Toma valores del 1 al 7, de tal manera que el nivel 1 es el de estado energético más bajo.
- **Número secundario, azimutal o de momento angular (l):** determina la forma del orbital o subnivel en que se encuentra el electrón. Toma valores s, p, d y f.
- **Número cuántico magnético (m):** define la orientación y forma del suborbital. Toma valores entre (... −2, −1, 0, 1, 2...). Así, por ejemplo, en el *orbital s* solo hay una forma o suborbital posible; en el *orbital p* tenemos tres formas o suborbitales: p_x, p_y, y p_z (−1, 0, 1); en el *orbital d* cinco suborbitales, y en el *orbital f* siete suborbitales (Figura 1.2).
- **Spin:** indica el sentido de giro del electrón en torno a sí mismo. Puede ser −½ o +½. En cada suborbital puede haber un máximo de dos electrones, uno con spin +1/2 y otro con spin −1/2.

Ahora bien, ¿cómo se ordenan o colocan los electrones en un átomo? Imaginemos un pueblo de la costa mediterránea española, en donde los grandes edificios de apartamentos se agolpan al lado de la playa. Los veraneantes quieren estar cerca de la playa, por lo que los apartamentos que antes se alquilan son los de primera línea de playa, a continuación los de segunda, etc. Todos los años pasa lo mismo, de tal manera que podemos decir que hay un método en cómo se llenan los apartamentos. Los electrones también tienen un método para llenar los «huecos» que hay en el átomo. Este método es conforme con el principio de relleno o de Aufbau.

Los electrones se colocan en el átomo en los distintos orbitales de energía ocupando primero los de menor energía. Para saber el orden de energía de los orbitales, se usa el diagrama de Mouller (Figura 1.3). Hay que tener en cuenta que en cada suborbital caben dos electrones, y que en el orbital *s* hay un orbital, en el *p* hay tres, en el *d* hay cinco y en el *f* hay siete. Por tanto, en el orbital *s* caben un total de dos electrones, seis en el *p*, 10 en el *d* y 14 en el *f*.

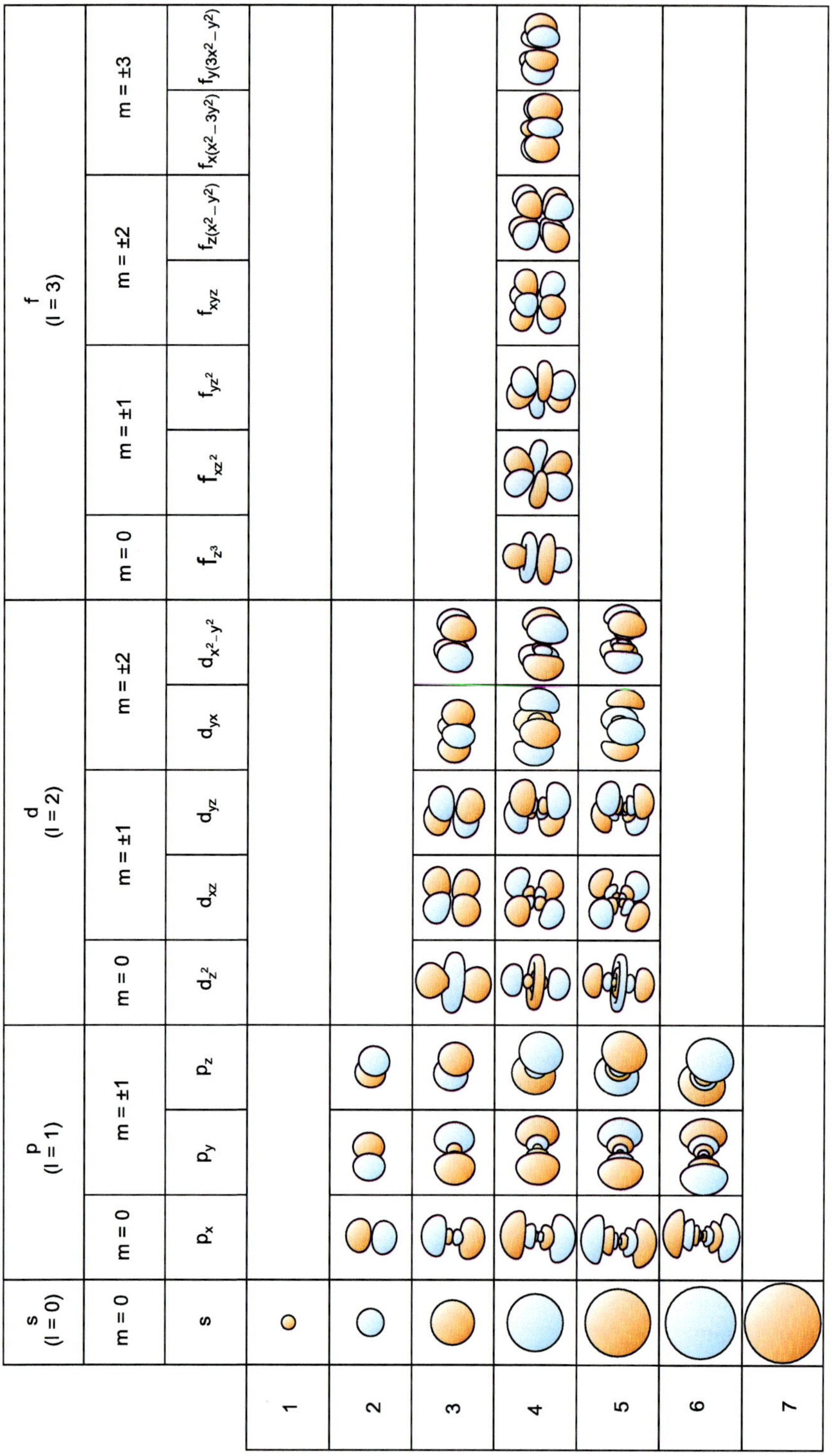

Figura 1.2. Formas de los suborbitales atómicos.

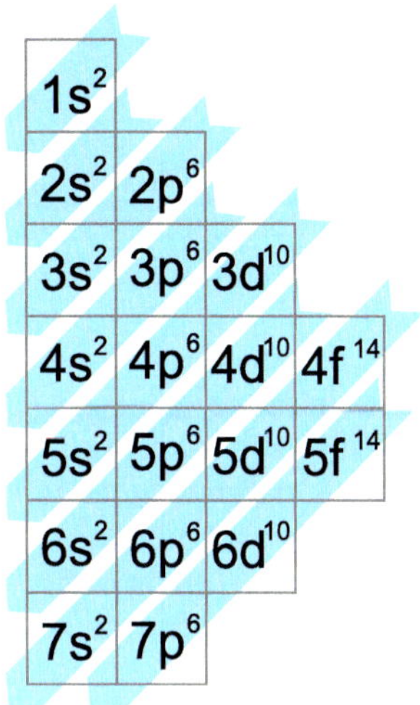

Figura 1.3. Diagrama de Mouller.

Los orbitales se van llenando siguiendo las diagonales que marcan las flechas de la Figura 1.3, de tal manera que, en un átomo con 32 electrones (germanio), la distribución será:

$$1s^2 2s^2 2p^6 3s^2 3p^6 4s^2 3d^{10} 4p^2$$

El exponente 2, 6, 10, etc., indica que en ese subnivel hay ese número de electrones. Algunos elementos alojan electrones de forma excepcional en un orbital adicional denominado *g*, en el que caben un total de 18 electrones.

La Figura 1.4 muestra diagramas de los átomos de hidrógeno, oxígeno, silicio, argón y cobre, los cuales son muy distintos los unos de los otros. El hidrógeno y el oxígeno son gases muy activos que se combinan rápidamente con otros elementos y entre sí. El silicio es un sólido semiconductor; el argón es un gas inerte que no se combina con el resto de elementos, y el cobre es un metal, y uno de los mejores conductores de la electricidad que existen.

La última capa donde se da la presencia de un electrón se denomina **capa de valencia,** y los electrones que se encuentran en ella se denominan **electrones de valencia.** Estos electrones son los que determinan las características eléctricas y químicas de los elementos.

Conviene fijarnos en lo siguiente: el número de electrones en la capa de valencia será un mínimo de 1 y un máximo de 8. Al aplicar el

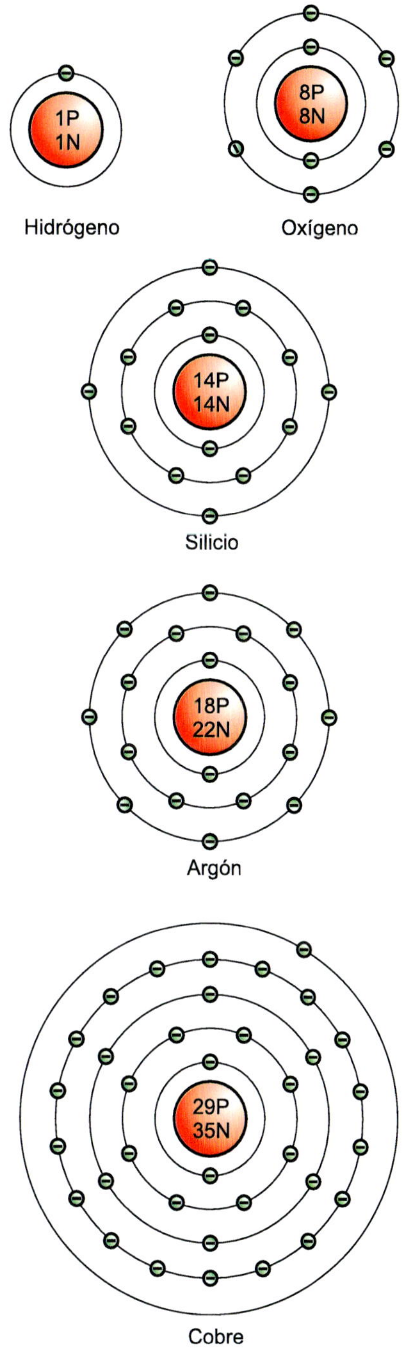

Figura 1.4. Configuraciones electrónicas de distintos átomos: el hidrógeno y el oxígeno son gases muy activos; el silicio es un sólido semiconductor; el argón es un gas inerte; el cobre es un metal muy buen conductor de la electricidad.

diagrama de Mouller para determinar la distribución atómica de cualquier átomo, nos daremos cuenta de que en ningún caso el número de electrones en el *nivel n* más exterior es mayor que 8 (gases nobles). En el ejemplo del germanio que acabamos de estudiar, el nivel más exterior es el 4, donde tendremos cuatro electrones (dos en el orbital 4s y dos en el orbital 4p). De esta forma podemos decir que la valencia atómica del germanio es 4. Esta regla general se puede aplicar a casi todos los átomos, salvo algunas excepciones, que no detallaremos. Las valencias atómicas de los elementos de la Figura 1.4 serán:

- Hidrógeno: 1.
- Oxígeno: 6.
- Silicio: 4.
- Argón: 8.
- Cobre: 1.

1.1.3. MOLÉCULAS

Cuando se combinan dos o más elementos, ya sean iguales o distintos, se forma una nueva sustancia con características distintas a las que tienen dichos elementos cuando están separados. A esta nueva sustancia se la denomina **molécula.** Por ejemplo, el agua (H_2O) está formada por dos átomos de hidrógeno y por uno de oxígeno. Tanto el hidrógeno como el oxígeno son gases a temperatura ambiente, mientras que el agua es un líquido. Además tiene unas características químicas totalmente distintas a las del oxígeno y el hidrógeno cuando están separados. Decimos por tanto que, en el agua, los hidrógenos forman un enlace con el oxígeno. Los tres **tipos de enlaces** más importantes son:

- Covalente.
- Iónico.
- Metálico.

NOTA

ALGUNAS MOLÉCULAS ESTÁN HECHAS DE UN SOLO TIPO DE ÁTOMO, POR EJEMPLO, EL OXÍGENO MOLECULAR (O_2) QUE RESPIRAMOS Y QUE NECESITAMOS PARA VIVIR. OTRAS MOLÉCULAS, EN CAMBIO, ESTÁN CONSTITUIDAS POR CIENTOS, COMO LAS DE LAS PROTEÍNAS, SE COMPONEN DE CIENTOS DE ÁTOMOS ENLAZADOS DE FORMA COMPLEJA.

1.2. COMPUESTOS QUÍMICOS

Hemos estudiado la estructura atómica, en donde el número de electrones es igual al de protones, por lo que se dice entonces que el átomo está en equilibrio. Pero, si está en equilibrio, ¿por qué se unen los elementos entre sí para formar compuestos químicos?

La respuesta está en el nivel energético que los átomos quieren alcanzar. Los átomos quieren estar en el menor nivel energético posible. Veamos un ejemplo para entender qué significa eso de «menor nivel energético posible». Imaginemos que estamos en el aeropuerto esperando nuestro vuelo, el cual se retrasa durante horas. La espera se nos hará más llevadera si nos sentamos tranquilamente en vez de permanecer de pie, y sería aún mejor si pudiéramos tumbarnos a echar una siestecita en una *sleepbox* como las que cuentan algunos aeropuertos. Pues bien, podríamos decir que los átomos prefieren estar sentados a estar de pie, y prefieren estar tumbados a estar sentados, esto es, quieren alcanzar el menor nivel energético posible.

Resulta que los átomos alcanzan este estado cuando tienen ocho electrones en su capa externa, esto es, en su capa de valencia. Los gases nobles poseen esta configuración, por lo que no reaccionarán fácilmente, son inertes, y no quieren ganar ni perder estos electrones pero el resto de elementos sí. La forma de conseguir estos ocho electrones es lo que diferencia a los distintos tipos de enlace. Los tres enlaces más importantes son el covalente, el iónico y el metálico.

1.2.1. ENLACE COVALENTE

Se da entre no metales, de forma que **comparten** todos o parte de sus electrones de valencia en un orbital conjunto denominado orbital molecular. Un ejemplo es el agua H_2O (Figura 1.5). En la molécula de agua los hidrógenos comparten su electrón con los seis del oxígeno, para sumar un total de ocho, que se moverán en el orbital molecular conjunto. El enlace covalente puede ser monoatómico, como el del oxígeno molecular (O_2) o el ozono (O_3). Las moléculas covalentes son aislantes eléctricos, ya que los electrones se encuentran fijados en el orbital molecular.

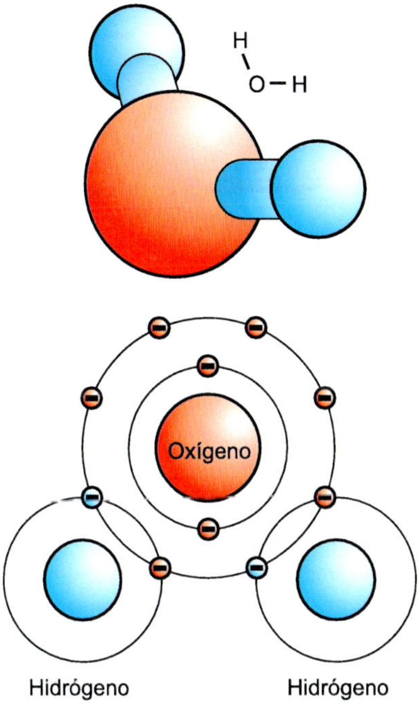

Figura 1.5. Molécula de agua (H_2O).

1.2.2. ENLACE IÓNICO

Para comprender el enlace iónico, es necesario definir previamente la afinidad electrónica y el potencial de ionización del átomo.

La **afinidad electrónica** es la energía necesaria para «introducir» un electrón en un átomo. De esta manera se especifica la tendencia de los elementos a adquirir electrones.

Si un elemento libera energía al captar un electrón y formar un anión (ion negativo), su afinidad electrónica tendrá signo negativo (energía liberada). De esta manera, cuanto mayor sea la afinidad electrónica negativa del elemento, mayor será su tendencia a captar electrones. El cloro es el elemento con una mayor afinidad electrónica negativa (−349 kJ/mol); por tanto, es el que más tendencia tiene a captar electrones.

Si en cambio el elemento tiene tendencia a ceder electrones (como es el caso de los metales), se necesitará aportar energía para «introducir» el electrón, siendo la afinidad electrónica positiva (energía aportada). Los elementos con afinidad electrónica positiva son reductores, por lo que se oxidan, como los metales. El mercurio es el elemento con una mayor afinidad electrónica positiva (+61 kJ/mol); por tanto, será el que más se resiste a captar un electrón. Los gases nobles también tienen afinidad positiva, ya que tampoco «desean» ganar electrones.

Tabla 1.1. Relación entre la afinidad electrónica con la energía.

Energía	Afinidad electrónica	Tendencia a captar electrones
Aportada	Positiva	No
Liberada	Negativa	Sí

El **potencial de ionización** es la energía necesaria para extraer un electrón de un átomo. Siempre se deberá aportar energía para extraer un electrón, por lo que el potencial de ionización siempre será positivo. En los metales no se necesita aportar mucha energía para extraer un electrón (bajo potencial de ionización), todo lo contrario que los gases nobles.

En resumidas cuentas, existen elementos que tienden a ganar electrones (afinidad electrónica negativa), mientras que otros tienden a cederlos (baja energía de ionización). En este fenómeno se basa el **enlace iónico:** un elemento cede electrones a otro que los gana. Se forma por tanto un anión y un catión, entre los que aparecerá una elevada fuerza de atracción electroestática que los mantendrá unidos (Figura 1.6, en la página siguiente).

Los metales tienen tendencia a ceder electrones, mientras que los no metales tienen tendencia a captarlos. Así pues, el enlace iónico se da entre un metal y un no metal. Un ejemplo de enlace iónico es el cloruro sódico (sal común), donde el sodio dona un electrón al cloro. Forma cristales muy duros y frágiles, con altas temperaturas de fusión y ebullición. En este enlace los electrones están totalmente fijados, por lo que se necesita mucha energía para moverlos, por lo que son materiales

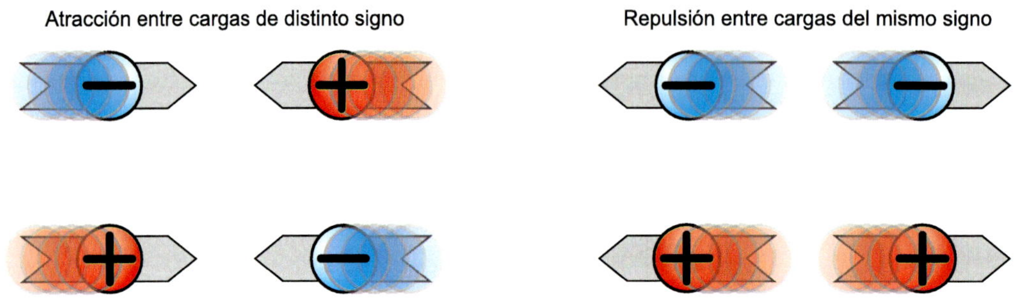

Figura 1.6. Atracción/repulsión entre iones debido a las fuerzas electrostáticas.

aislantes. No obstante, son solubles en agua, de lo que resulta una disolución que sí que conduce la electricidad.

En este momento conviene definir también la electronegatividad. La **electronegatividad** es la capacidad de un átomo para atraer hacia sí mismo los electrones de un enlace químico. Es una magnitud similar a la afinidad electrónica, pero, mientras que la afinidad hace referencia a una propiedad intrínseca del átomo, la electronegatividad hace referencia a una propiedad del átomo en un enlace.

NOTA

COMO NORMA GENERAL, ÁTOMOS CON AFINIDADES ELECTRÓNICAS NEGATIVAS ALTAS TENDRÁN POTENCIALES DE IONIZACIÓN ALTOS Y ELEVADA ELECTRONEGATIVIDAD. AFINIDADES BAJAS O POSITIVAS Y POTENCIALES DE IONIZACIÓN BAJOS DAN LUGAR A ELECTRONEGATIVIDADES BAJAS.

Los átomos con una diferencia de electronegatividad alta (2,0 o mayor) tienden a formar enlaces iónicos, de forma que los electrones pasan desde los átomos con menor electronegatividad hacia los átomos con mayor electronegatividad.

NOTA

CUANDO LA DIFERENCIA DE ELECTRONEGATIVIDAD ENTRE DOS ÁTOMOS ES PEQUEÑA, FORMARÁN ENLACE COVALENTE. LOS ELECTRONES SE ACERCARÁN HACIA EL ELEMENTO MÁS ELECTRONEGATIVO, LO QUE SE DENOMINA ENLACE COVALENTE POLAR.

1.2.3. ENLACE METÁLICO

Los elementos metálicos pueden unirse entre sí en un número ilimitado empleando exclusivamente el enlace metálico. El enlace consiste en un desprendimiento de los electrones de valencia, lo que da como resultado un ion positivo **(restos positivos)** y electrones «sueltos» que forman la **nube electrónica** (Figura 1.7).

Los metales como el aluminio (Al) tienden a ceder electrones. Cuando un átomo de aluminio se encuentra con otros como él (puede ser con uno o con varios millones), formarán enlace desprendiéndose de sus tres electrones de valencia, compartiéndolos a gran escala, esto es, no solo con los átomos contiguos, sino con todos los átomos de aluminio que formen el

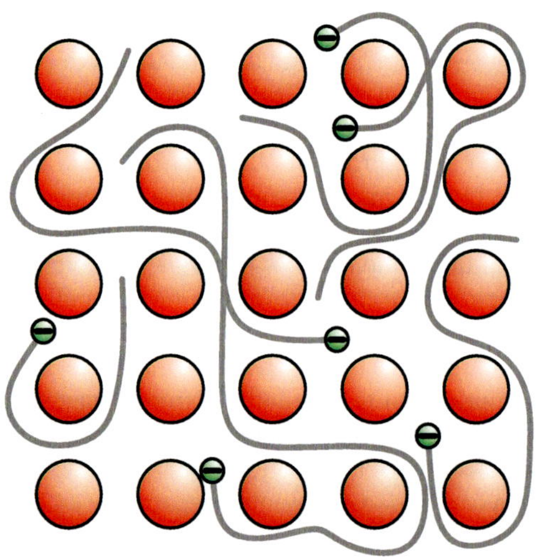

Figura 1.7. En el enlace metálico los electrones se mueven libremente entre los «restos positivos», manteniendo la neutralidad del cristal y dotándolo de «carácter metálico».

FÍSICA

cristal. Por tanto, al ceder electrones, cada átomo de aluminio se transformará en un ion positivo (catión). Ahora bien, ¿cómo puede ser que un cristal formado por cationes exclusivamente no se deshaga? Se deberían repeler. Pues bien, los electrones liberados forman lo que se conoce como nube electrónica, que es la encargada de mantener la neutralidad del enlace.

Los electrones de la nube pueden moverse sin problemas a lo largo de todo el metal, por lo que las sustancias formadas con enlace metálico tendrán **alta conductividad eléctrica** y térmica. La nube electrónica dota al compuesto del «carácter metálico»: brillo, color, conductividad térmica y eléctrica, baja afinidad electrónica (y baja electronegatividad) por lo que tienden a ceder electrones y oxidarse, altos puntos de fusión y ebullición, alta densidad (los restos positivos forman redes cristalinas muy compactas) y capacidad de conformado sin rotura.

1.3. ESTADOS DE AGREGACIÓN

La materia puede existir en tres estados principales o clásicos: sólido, líquido y gaseoso. Existe un cuarto estado que aparece al calentar el gas suficientemente: el plasma. Además de estos cuatro estados, en laboratorio se han obtenido otros tres más a temperaturas extremadamente bajas: condensado Bose-Einstein, condensado de Fermi y supersólido, que no estudiaremos ya que solo aparecen cerca del cero absoluto (−273 °C).

El **plasma** es un estado de agregación en donde parte de las partículas de un gas están ionizadas, permaneciendo en desequilibrio electromagnético. Aunque el plasma sí que tiene diversas aplicaciones, estas son muy específicas: pantallas de vídeo, tubos fluorescentes, equipos de soldadura y corte, propulsión de cohetes o reactores de fusión.

1.3.1. SÓLIDO

Los sólidos poseen una forma y volumen propios. Como sabemos, si introducimos una piedra en un vaso, esta mantendrá su forma, esto es, no se adaptará a la forma del vaso. Podemos decir por tanto que los sólidos son incompresibles.

Interiormente, las fuerzas de atracción predominan sobre las de repulsión, manteniéndose la cohesión de los átomos o moléculas que forman el sólido. Aunque las partículas que forman el sólido permanecen fijas, sí que pueden vibrar en torno a su posición (a mayor temperatura, mayor vibración).

1.3.2. LÍQUIDO

Cuando se aporta calor a un cuerpo sólido aumentando la temperatura de este, la vibración de las partículas que lo componen aumenta. Cuando la vibración es suficientemente grande, las ligaduras que mantienen la cohesión del sólido se rompen, de forma que cambia el estado de agregación de sólido a líquido. La temperatura a la que se produce el cambio de sólido a líquido se denomina **temperatura de fusión.**

En los líquidos las fuerzas de cohesión entre los átomos son más débiles que en los sólidos. Por esto tienden a adoptar la forma del recipiente que los contiene, aunque, eso sí, poseen un volumen propio que se mantiene prácticamente constante incluso cuando el líquido es sometido a grandes presiones. A efectos prácticos, los líquidos son incompresibles al igual que los sólidos.

Otra característica importante de los líquidos es la **isotropía.** Las sustancias isótropas son aquellas cuyas propiedades físicas no dependen de la dirección en que se observen. El antónimo de isótropo es anisótropo.

Las partículas de los líquidos también se atraen entre sí, lo que da lugar al fenómeno de la **tensión superficial.** Las fuerzas intermoleculares hacen que una determinada molécula se vea atraída por las que están a su alrededor (Figura 1.8). Cuando esta molécula se encuentra en el interior del líquido, las fuerzas de atracción serán iguales en todas las direcciones, por lo que permanecerá en equilibrio. No obstante, cuando la molécula se encuentra en la superficie, solo se verá atraída por el lado donde está el líquido (Figura 1.8).

En definitiva, debido a las fuerzas intermoleculares de un líquido, este tiende a presentar la menor superficie exterior posible. De ahí que las gotas de agua tengan forma esférica, por ser el cuerpo que menor superficie tiene para un determinado volumen.

Un fenómeno ligado a la tensión superficial, y por tanto a las fuerzas intermoleculares de un líquido, es la **capilaridad.** La capilaridad es la capacidad de un líquido de subir por un tubo capilar (tubo de pequeño diámetro). Pensemos en las moléculas de agua: se atraen unas a otras como hemos visto, pero también se ven atraídas por otros materiales como, por ejemplo, el vidrio. Si introducimos un tubo de vidrio de pequeño diámetro en un vaso con agua, observaremos que el agua asciende por este hasta alcanzar una determinada altura. Esta altura será tal que la masa de agua de la columna de agua que ha ascendido por el capilar sea igual a la fuerza de adhesión entre el vidrio y el agua. Podemos deducir fácilmente que, cuanto menor sea el diámetro del capilar, mayor será la altura que alcance el líquido. Las plantas toman el agua y los nutrientes del suelo por efecto capilar.

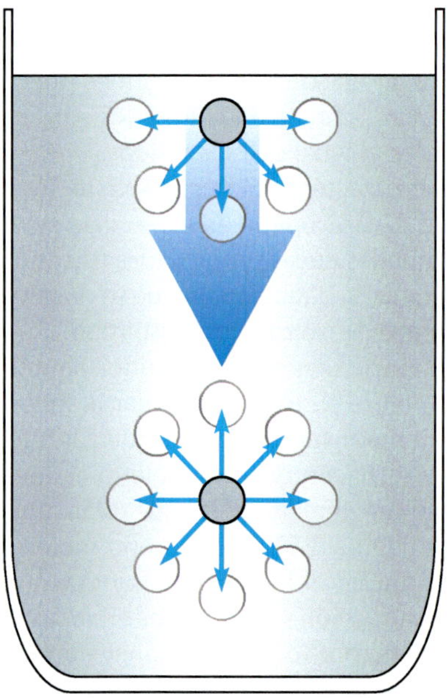

Figura 1.8. Las fuerzas intermoleculares en los líquidos provocan el fenómeno de la tensión superficial.

1.3.3. GASEOSO

Si aportamos calor a un líquido aumentando su temperatura, la velocidad con la que se mueven y vibran sus moléculas también aumentará. Cuando la energía cinética de dichas moléculas venza a la tensión superficial, estas escaparán del líquido, pasando al estado de vapor o, de forma general, al estado gaseoso. La temperatura requerida para pasar de líquido a sólido **(temperatura de ebullición)** varía en función del líquido en cuestión y de la presión a la que se le someta. Esto es debido a que las moléculas en estado líquido, para evaporarse, tienen que vencer las fuerzas de tensión superficial (que dependen del líquido) y la presión que ejercen los gases donde se va a evaporar.

Este es el motivo por el que el agua entra en ebullición a 100 °C a nivel del mar (presión de 1 atm = 101.325 Pa) pero a 95 °C si estamos a 1.500 m de altitud (presión de 0,83 atm = 84.000 Pa). Este es el fundamento de la olla a presión: dado que el vapor no puede escapar a la atmósfera, la presión dentro de la olla aumenta más allá de la presión exterior, por lo que al agua no hierve hasta, por ejemplo, los 150 °C, cocinando con mayor rapidez los alimentos.

Los gases no tienen un volumen o forma definidos, adaptándose por completo al recipiente donde se encuentran. Químicamente, las moléculas gaseosas son las mismas que cuando estaban en estado líquido o sólido, pero ahora se encuentran tan separadas unas de otras que pueden acercarse o alejarse fácilmente; dicho de otra manera, los gases se pueden comprimir: son compresibles.

1.4. TRANSICIONES ENTRE ESTADOS

Las transiciones entre estados, también denominadas **cambios de fase** o de estado, son los procesos que tienen lugar cuando una sustancia cambia su estado de agregación. Los cambios posibles son los siguientes:

- **Fusión:** *sólido* → *líquido*. Es un proceso endotérmico (necesita aporte de calor).

Durante la fusión, la temperatura no varía. La temperatura a la cual se da el cambio de estado se denomina *punto de fusión*.

- **Solidificación:** *líquido → sólido*. Es un proceso exotérmico (se necesita extraer calor). Durante la solidificación la temperatura no varía. La temperatura a la cual se da el cambio de estado se denomina *punto de solidificación*. Si la fusión y la solidificación se hacen de manera suficientemente lenta, los puntos de fusión y solidificación serán los mismos. La temperatura de solidificación será tanto menor cuanto mayor sea la velocidad de enfriamiento. De igual manera, la temperatura de fusión será tanto mayor cuanto mayor sea la velocidad de calentamiento.
- **Vaporización:** *líquido → gas*. Se da a cualquier temperatura, y en mayor proporción cuanto mayor sea esta, siendo un proceso endotérmico.
- **Ebullición:** *líquido → gas*. Se da cuando la vaporización se realiza a la temperatura de ebullición del líquido que, como hemos visto, depende de la presión ejercida sobre el líquido. Durante la ebullición no hay cambio de temperatura, siendo un proceso endotérmico.
- **Condensación:** *gas → líquido*. Es el proceso inverso a la vaporización. La condensación es exotérmica y depende de la presión y la temperatura del gas.
- **Sublimación:** *sólido → gas*. Es el proceso endotérmico en donde el sólido se transforma en gas sin pasar por el estado gaseoso. Un ejemplo de esto es la sublimación de las pastillas de naftalina.
- **Sublimación inversa:** *gas → sólido*. Es el proceso inverso a la sublimación.

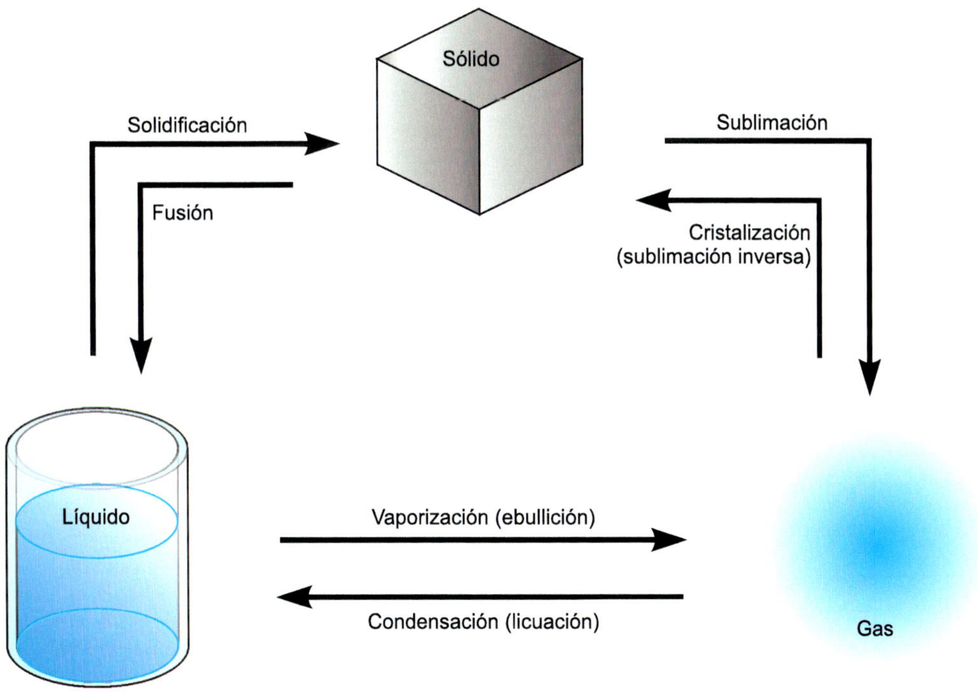

Figura 1.9. Denominación de los cambios de estado.

PREGUNTAS de repaso

1.1. ¿Qué es la materia?

1.2. Explica la ley de conservación de la masa de Lavoisier. ¿Cuándo se puede aplicar?

1.3. Explica la ley de conservación de la masa-energía.

1.4. ¿Cuántos elementos químicos se encuentran en la naturaleza de forma natural?

1.5. Define átomo.

1.6. ¿Qué es el número atómico?

1.7. ¿Qué subgrupos nos encontramos en los elementos no metales? Especifica dos elementos de cada subgrupo.

1.8. ¿Qué subgrupos nos encontramos en los elementos metales?

1.9. ¿Qué átomos pertenecen al grupo de los metaloides?

1.10. A cada fila de la tabla periódica se la denomina ____________.

1.11. ¿Qué tienen en común los elementos de una misma fila de la tabla periódica?

1.12. ¿Qué tienen en común los elementos de una misma columna de la tabla periódica?

1.13. ¿Cómo está constituido el átomo?

1.14. ¿Qué relación existe entre la carga y la masa de electrón, protón y neutrón?

1.15. En un átomo, el número de electrones es _____________ (menor/igual/mayor) que el número de protones.

1.16. ¿Qué son los isótopos?

1.17. ¿Qué sucede cuando el número de neutrones de un átomo no es «el apropiado»?

1.18. ¿Qué es la masa atómica de un elemento?

1.19. ¿En qué consiste el modelo atómico de Dalton?

1.20. ¿En qué consiste el modelo atómico de Thomsom?

1.21. ¿En qué consiste el modelo atómico de Rutherford?

1.22. ¿En qué consiste el modelo atómico de Bohr?

1.23. Enumera los números cuánticos, definiendo entre qué valores pueden variar.

1.24. ¿Qué número cuántico determina la forma del orbital atómico?

1.25. ¿Qué número cuántico determina la orientación del orbital atómico?

1.26. ¿Qué define el número de spin?

1.27. ¿Cuántos electrones pueden alojarse como máximo en un determinado suborbital?

1.28. ¿Cuál será la distribución de los electrones en una átomo de selenio (Se)?

1.29. ¿Cuál es la valencia atómica de un elemento con un número atómico de 21?

1.30. ¿Qué grupo de elementos posee una mayor valencia atómica?

1.31. ¿Qué caracteriza al enlace covalente?

1.32. ¿Entre qué tipos de elementos se da el enlace covalente?

1.33. ¿Qué tipos de enlaces pueden ser monoatómicos?

1.34. ¿Qué es la electronegatividad?

1.35. Explica en qué consiste un enlace iónico.

1.36. ¿Qué características físicas tienen los compuestos iónicos?

1.37. ¿Cómo debe ser la electronegatividad de los elementos para que formen un enlace metálico?

1.38. ¿Cómo se denomina a los seudoiones positivos del enlace metálico?

1.39. ¿Qué mantiene la neutralidad electroestática del enlace metálico?

1.40. ¿Qué caracteriza a los metales (carácter metálico)?

1.41. ¿Qué es el plasma?

1.42. ¿Qué estados de agregación se consideran incompresibles?

1.43. ¿Qué es la isotropía? ¿Y la anisotropía?

1.44. ¿A qué se debe el fenómeno de la tensión superficial?

1.45. ¿Por qué el agua asciende por un tubo de vidrio de pequeño diámetro?

1.46. Cuanto __________ (menor/mayor) sea el diámetro de un tubo de vidrio, mayor altura alcanzará el agua por capilaridad.

1.47. ¿De qué depende la temperatura de ebullición de un líquido?

1.48. ¿Cómo se denomina a la transición del estado sólido al estado gaseoso?

Para saber más

EVOLUCIÓN DEL MODELO ATÓMICO

¿De qué están hechas las cosas que nos rodean? ¿De qué está hecho un árbol, el agua que bebemos, nuestras ropas o incluso nuestros propios cuerpos? Estas mismas preguntas se realizaban nuestros antepasados hace miles de años. El primero en dar una respuesta plausible a estas cuestiones fue el filósofo, físico y matemático griego Demócrito de Abdera (que vivió entre los años 460 y 370 a. C., aproximadamente). Demócrito propuso que todos los cuerpos o las sustancias que existían en la tierra estaban constituidos de unos elementos microscópicos indivisibles que se encontraban en movimiento, por lo que chocaban entre sí y daban lugar a los compuestos. Denominó átomos (cuya raíz proviene del término ἄτομον, que quiere decir *inseparable* o *indivisible* en griego) a estos «ladrillos» con los que se construye la materia.

Tuvieron que pasar casi 2.200 años para que otro científico diera un paso más allá. A principios del siglo XIX John Dalton presentó su modelo atómico. Este coincidía con Demócrito en que los átomos son partículas muy pequeñas, indivisibles y eternas (no se pueden destruir) y además iguales para cada elemento, pero diferentes para elementos distintos. Esto viene a decir que todos los átomos de oxígeno son iguales y por tanto tienen el mismo peso y las mismas propiedades, pero son distintos que los de fósforo, que tendrán un peso y unas propiedades físicas y químicas distintas. Una de las aportaciones más importantes realizadas por Dalton fue su Ley de las Proporciones Múltiples, que expone que los átomos se unen entre sí para formar compuestos guardando relaciones simples y bien definidas: Dos átomos de oxígeno se unen con uno de carbono para formar dióxido de carbono (CO_2). Todas las moléculas de dióxido de carbono guardan la misma proporción entre sus constituyentes.

Más tarde, a finales del siglo XIX, en 1986, el físico inglés J.J. Thomson descubrió la existencia del electrón mientras ocupaba la cátedra Cavendish de la Universidad de Cambridge. Thomson se encontraba realizando experimentos con rayos catódicos. Estas pruebas consistían en aplicar alta tensión a dos electrodos colocados en el interior de un tubo, de los cuales uno era positivo (cátodo) y otro negativo (ánodo), hasta que apareciera un rayo o arco eléctrico. Así, Thomson comprobó que del polo negativo salían partículas de masa muy pequeña que eran captadas por el polo positivo, a las denominó electrones. Además, dedujo que los electrones tenían carga negativa, puesto que eran atraídos por el polo positivo. De esta forma estipuló que el átomo está constituido por una base de carga positiva, en la que están incrustados los electrones de carga negativa, por lo que el conjunto es neutro. De este modo, Thomson ilustró su modelo con un ejemplo culinario: el átomo es algo así como un pastel con pasas, en donde el núcleo positivo es el bizcocho y los electrones son las pasas.

Pocos años después, en 1911, el físico neozelandés Ernest Ruthderford se encontraba experimentando en los laboratorios de la Universidad de Manchester, donde trabajaba como profesor, para tratar de comprender la distribución de las cargas dentro del átomo. El experimento consistía en lanzar partículas alfa (núcleos de helio con carga positiva) a una fina lámina de oro que se encontraba justo delante de una pantalla de sulfuro de cinc, la cual produce pequeños destellos cada vez que impacta sobre ella una partícula alfa. Según el modelo de Thomson, las partículas debían atravesar la lámina sin apenas desviación, pero Rutherford observó que muchas se desviaban notablemente e, incluso, algunas salían rebotadas. Esto era debido a que el átomo tiene un núcleo, donde está concentrada toda su carga positiva, lo que provoca que las partículas alfa se desvíen o reboten, y a cierta distancia se encuentran los electrones. De esta manera, Rutherford demostró que los átomos no eran macizos, como se creía, sino que contaban con un núcleo con carga positiva y un espacio vacío relativamente grande en el que se encontraban los electrones.

Finalmente, en 1913 el físico danés Niels Bohr definió cómo se distribuyen los electrones alrededor del núcleo de un átomo: como hemos estudiado anteriormente, se colocan en niveles bien definidos denominados orbitales y suborbitales. El modelo de Bohr es el modelo aceptado en la actualidad.

UNIDAD 2
MECÁNICA

La mecánica es la rama de la ciencia que estudia el equilibrio y el movimiento de los cuerpos sometidos a la acción de fuerzas. Para organizar su estudio, se divide normalmente en **estática** (cuerpos en reposo), **cinemática** (cuerpos sin masa en movimiento) y **dinámica** (cuerpos con masa en movimiento bajo la acción de fuerzas).

2.1. ESTÁTICA

La estática es la rama de la mecánica que estudia el equilibrio de los sistemas físicos en equilibrio estático, esto es, donde no hay variaciones en función del tiempo. Los elementos fundamentales en el estudio de la estática son las fuerzas y los momentos, los cuales se representan mediante vectores. Por esto empezaremos definiendo conceptos básicos de vectores y su aplicación en fuerzas y momentos.

2.1.1. VECTORES

Para explicar qué es un **vector,** nos imaginaremos una situación cotidiana: cuando necesito abrir un cajón, tendré que tirar de él para poder desplazarlo hacia mí, y así poder coger lo que estoy buscando. Para abrir el cajón, tendré que hacer una fuerza en la **dirección** perpendicular al armario ya que, si la hiciera en paralelo, igual muevo el armario, pero no abriré el cajón. Además, el **sentido** de esa fuerza perpendicular es importante ya que, si empujo el cajón, difícilmente lo podré abrir: tendré que tirar de él. Y, por último, la **magnitud** de la fuerza deberá ser suficientemente grande para poder arrastrar el cajón apoyado sobre sus guías. A la magnitud de la fuerza se la denomina **módulo.** De esta manera una fuerza quedará perfectamente definida cuando se especifique su módulo, dirección y sentido.

Magnitudes vectoriales son la posición, velocidad, aceleración, fuerza, momento lineal, etc., que no pueden ser descritas tan solo por un número; se necesita una dirección y un sentido.

Existen magnitudes que no tienen una dirección y sentido de aplicación como, por ejemplo, la temperatura o la masa. A estas magnitudes las denominamos **magnitudes escalares,** y se representan mediante un *escalar*, esto es, un valor: T = 18 °C (Figura 2.1).

Representación de un vector

Un vector puede concebirse como un segmento orientado, cuya longitud depende de su módulo (intensidad, magnitud, valor, etc.), y su dirección y sentido sean los que me marca la flecha (Figura 2.1). El punto *O* es el **punto de aplicación** del vector, y el punto *O'* el punto final del mismo, por lo que también podemos decir que un vector es un segmento *OO'* orientado de *O* hacia *O'*. Ya sabemos cómo se representa **gráficamente** un vector.

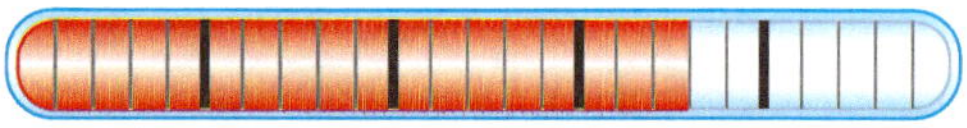

Representación escalar de la temperatura (18 °C)

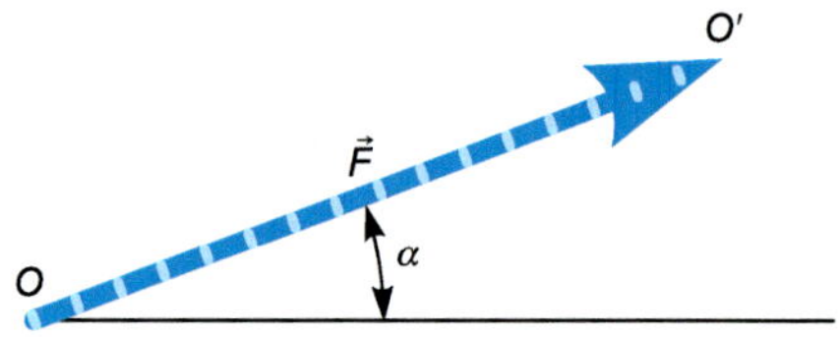

Figura 2.1. Representación de una magnitud escalar como la temperatura (T = 18 °C), en comparación con una magnitud vectorial como es la fuerza. El módulo será la longitud del vector (longitud del segmento); su dirección quedará definida por el ángulo α que forma con la horizontal, y el sentido por el lugar que ocupe la punta de la flecha.

En una ecuación, las **magnitudes vectoriales** se representan con una flechita sobre la letra que la representa. Por ejemplo:

$$\text{Vector fuerza: } \vec{F}$$

No obstante, en algunos textos (como este mismo), se realiza una notación alternativa ya que las «flechitas» sobre las letras hacen que el texto se vuelva engorroso. Las magnitudes vectoriales se representarán por letras en negrita, ***F,*** mientras que el módulo se representará con la letra en cursiva, *F,* o bien con la letra en negrita contenida entre dos líneas verticales: |***F***|. Cuando el vector está definido por su punto de aplicación *O* y su extremo *O'*, entonces se escribirá ***OO'*** u ***O'-O.*** Todas estas notaciones son equivalentes y se empleará la que nos resulte más cómoda.

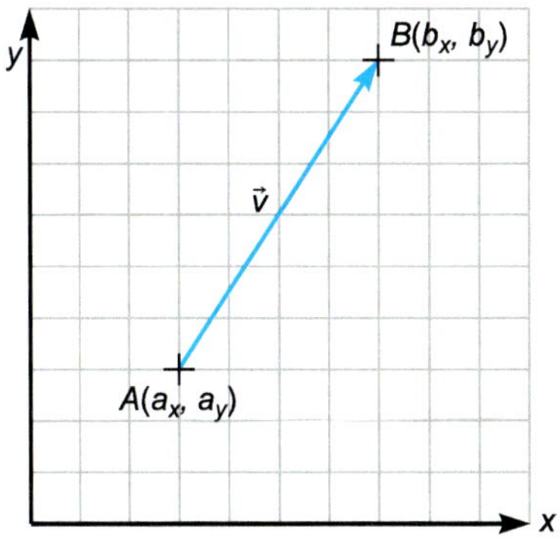

Figura 2.2. Representación de un vector en el plano (ejes cartesianos bidimiensionales).

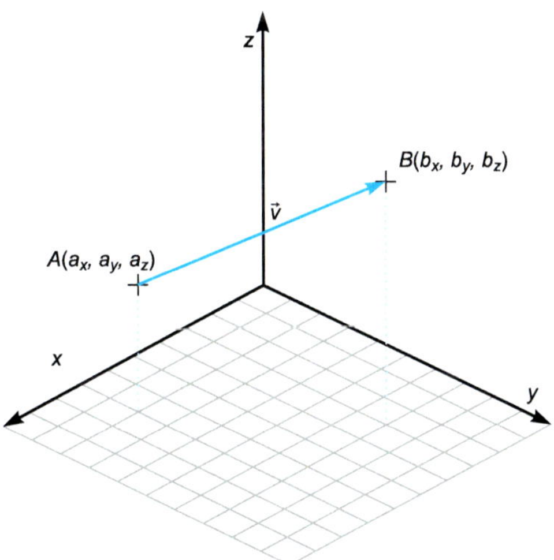

Figura 2.3. Representación de un vector en el espacio (ejes cartesianos tridimensionales).

Por otra parte, se necesita un sistema de referencia para representar **numéricamente** un vector. El sistema habitual será un sistema de **coordenadas cartesianas** ortogonales conocido por todos: eje x horizontal (eje de abscisas), eje y vertical (eje de ordenadas).

Supongamos que el punto de aplicación de un vector **v** es A (a_x, a_y) y su extremo es el punto B (b_x, b_y), según se aprecia en la Figura 2.2. El vector será:

$$\vec{v} = \overrightarrow{AB} = (b_x - a_x, b_y - a_y)$$

Por otra parte:

$$v_x = (b_x - a_x) \quad \text{y} \quad v_y = (b_y - a_y)$$

A v_x y v_y se las denomina **componentes del vector.** De esta manera, el vector queda perfectamente definido por sus componentes:

$$\vec{v} = (v_x, v_y)$$

Si se requiere representar un vector tridimensionalmente, bastará con añadir una tercera componente: la z, que será perpendicular a las otras dos según se puede apreciar en la Figura 2.3. El razonamiento será el mismo, quedando:

$$\vec{v} = (v_x, v_y, v_z)$$

Problemas resueltos

Representa gráficamente el vector **v** (4, −6) cuyo punto de aplicación es O (3, 8).

Solución

Para hallar el extremo O' del vector, sumaré las coordenadas del punto con las componentes del vector:

$$O' = (3 + 4{,}8 - 6) = (7, 2)$$

Por lo tanto la representación será:

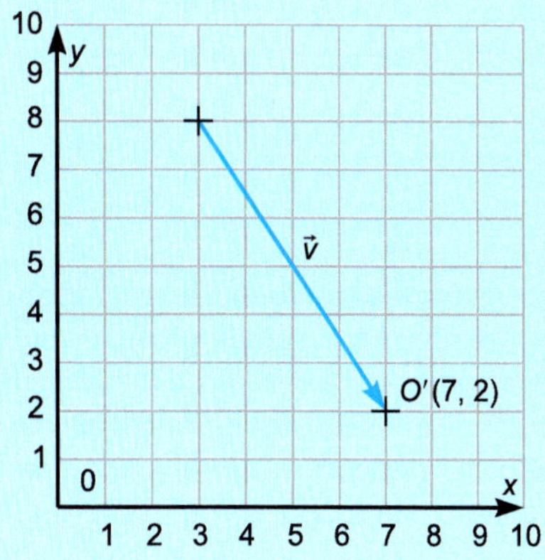

¿Qué componentes tendrá un vector con punto de aplicación A (−2, −5) y extremo en el punto B (−5, 1)?

Solución

Restando las coordenadas del extremo menos las del punto de aplicación, se obtienen las componentes del vector:

$$v_x = (b_x - a_x) = -5 - (-2) = -3$$
$$v_y = (b_y - a_y) = 1 - (-5) = 6$$

Suma de vectores

Las operaciones con magnitudes escalares no requieren mayor explicación, ya que simplemente tendremos que realizar la operación deseada con los valores (escalares) correspondientes. Son cuentas que podríamos denominar «normales».

En cambio, cuando voy a realizar operaciones con vectores, no podré sumar o multiplicar directamente sus módulos, ya que el resultado no se corresponde con el efecto real. Si tengo que sumar una fuerza 5 N con una de 10 N, no podré hacer simplemente 5 + 10 = 15 N, ya que no estoy teniendo en cuenta la dirección ni el sentido del vector. A continuación vamos a describir las operaciones del cálculo vectorial.

Problemas resueltos

Dispongo de tres patatas de 120, 140 y 200 g que quiero repartir equitativamente entre cuatro comensales. ¿Cuántos gramos le tendré que dar a cada uno?

Solución

La masa es una magnitud escalar; por tanto, opero de forma convencional:

$$\frac{120 + 140 + 200}{4} = \frac{460}{4} = 115 \text{ g}$$

Los vectores se pueden sumar gráfica o numéricamente. Para **sumar gráficamente,** se pueden sumar vectores de dos maneras: empleando el **método del paralelogramo** y el **método del polígono** (Figura 2.4). El método del paralelogramo consiste en reproducir segmentos paralelos a los vectores que pasen por las puntas de estos (Figura 2.5). En donde se corten dichos segmentos, estará la punta de la flecha del vector suma. Cuando se quiera sumar más de dos vectores por el método del paralelogramo, se sumarán dos a dos. En el método del polígono, colocaremos un vector «a continuación» del otro. Se unirá el principio y el final de este montaje, obteniendo el vector suma (Figura 2.4). Para sumar más de dos vectores por el método del polígono, simplemente iremos colocando un vector a continuación de otro (Figura 2.5).

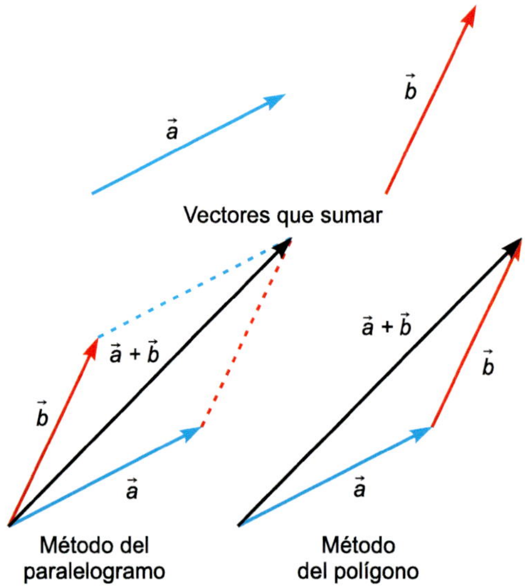

Figura 2.4. Suma gráfica de dos vectores.

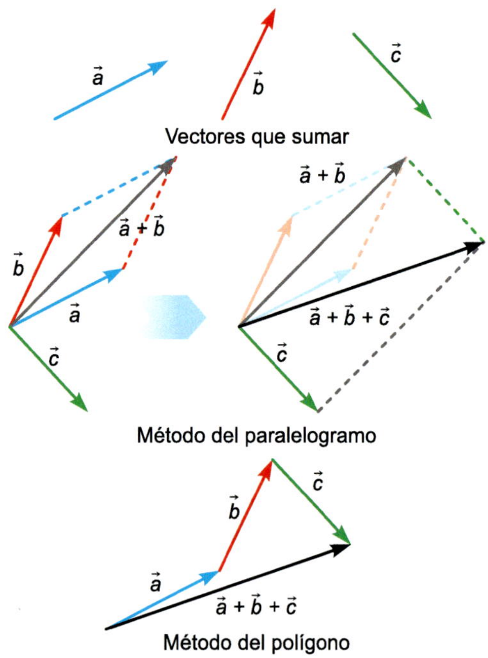

Figura 2.5. Suma gráfica de tres vectores.

Para **sumar numéricamente,** simplemente sumaremos las componentes de los vectores. Sean los vectores ***a*** (a_x, a_y) y ***b*** (b_x, b_y), el vector suma ***v*** será:

$$\vec{v} = \vec{a} + \vec{b} = (b_x + a_x, b_y + a_y)$$

Por tanto, sus componentes son:

$$v_x = (b_x + a_x) \qquad \text{y} \qquad v_y = (b_y + a_y)$$

Hay otra forma de sumar vectores, que es sumando sus respectivas proyecciones en los ejes cartesianos. Supongamos que el punto de aplicación de un vector coincide con el origen (Figura 2.6). Si nos fijamos en estas proyecciones, y según lo que ya sabemos sobre suma gráfica de vectores, se verifica que:

$$\vec{v} = \vec{v}_x + \vec{v}_y$$

Si se definen dos vectores unitarios ***i*** y ***j*** (módulo unidad) según los ejes *x* e *y* respectivamente, las proyecciones del vector ***v*** serán:

$$\vec{v}_x = v_x \cdot \vec{i} \qquad \vec{v}_y = v_y \cdot \vec{j}$$

En donde v_x y v_y son los módulos de las proyecciones.

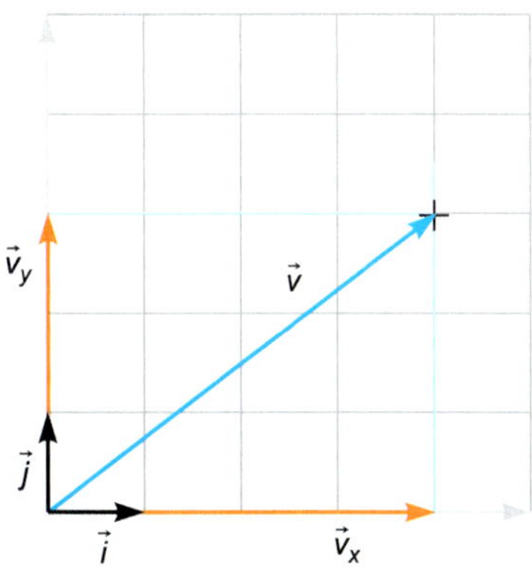

Figura 2.6. Proyección de un vector sobre los ejes cartesianos.

NOTA

CUANDO EL VECTOR ESTÁ EN EL ESPACIO, TAMBIÉN SE PROYECTARÁ SOBRE EL EJE *Z*. SU VECTOR UNITARIO ES EL *K*.

Para sumar dos vectores $\boldsymbol{v} = v_x \cdot \boldsymbol{i} + v_y \cdot \boldsymbol{j}$ y $u = u_x \cdot \boldsymbol{i} + u_y \cdot \boldsymbol{j}$, sumaremos sus proyecciones sobre cada eje:

$$\vec{v} + \vec{u} = (v_x + u_x) \cdot \vec{i} + (v_y + u_y) \cdot \vec{j}$$

Si analizamos esta expresión, nos daremos cuenta de que $(v_x + u_x)$ y $(v_y + u_y)$ son los componentes del vector suma (Figura 2.7).

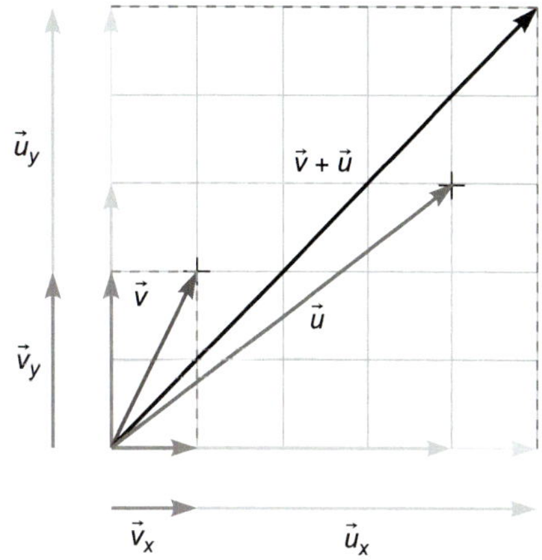

Figura 2.7. Suma de dos vectores sumando sus proyecciones sobre los ejes coordenados.

Por tanto, me dará igual sumar directamente los componentes de los vectores que sus proyecciones ya que el resultado, como es lógico, es el mismo. Hacerlo de un modo u otro dependerá del problema.

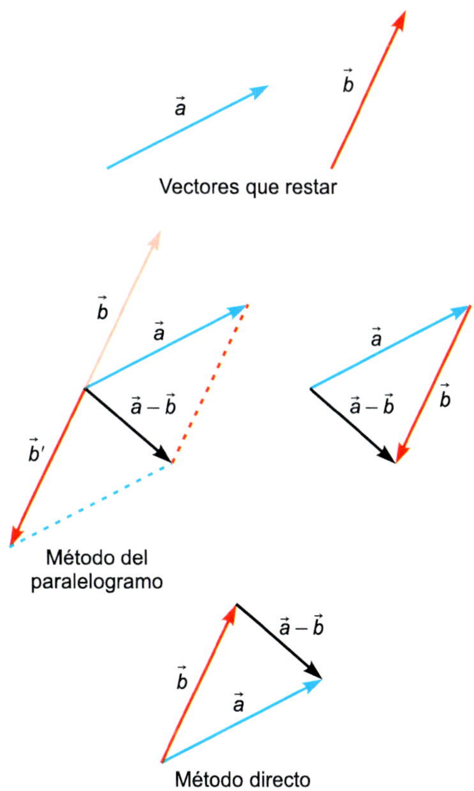

Figura 2.8. Resta de vectores.

Resta de vectores

La resta $5 - 2 = 3$ podemos escribirla como $5 + (-2) = 3$. Es lo mismo que decir que restar es sumar el inverso. Esto precisamente es lo que vamos a hacer para restar vectores, cambiar el sentido del vector que hace de sustraendo: sumar el opuesto (Figura 2.8). Para realizar la resta directamente, bastará con unir las puntas de los vectores desde el sustraendo hasta el minuendo. Finalmente colocaremos el vector resta en el punto de aplicación de las fuerzas. De forma numérica tendremos que, si restamos al vector $\boldsymbol{a} = (a_x, a_y)$ el vector $\boldsymbol{b} = (b_x, b_y)$, tendremos:

$$\vec{v} = \vec{a} - \vec{b} = (a_x - b_x, a_y - b_y)$$

Producto escalar

El producto escalar es un tipo de multiplicación de vectores en donde el resultado es un número escalar. Sean los vectores $\boldsymbol{a} = (a_x, a_y)$ y $\boldsymbol{b} = (b_x, b_y)$, el producto escalar $\boldsymbol{a} \cdot \boldsymbol{b}$ será:

$$\vec{a} \cdot \vec{b} = a_x \cdot b_x + a_y \cdot b_y$$

Otra forma de realizar el producto escalar es multiplicando la proyección del primero sobre el segundo ($a \cdot \cos\theta$) por el módulo del segundo (b):

$$\vec{a} \cdot \vec{b} = |\vec{a}| \cdot |\vec{b}| \cdot \cos\theta$$

En donde es el ángulo θ es el que existe entre los dos vectores (Figura 2.9).

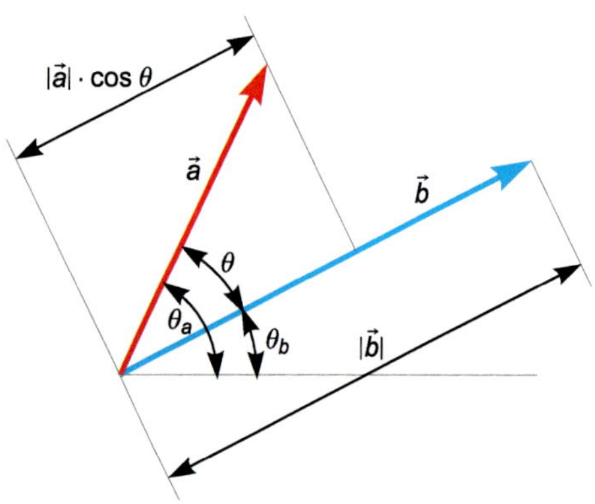

Figura 2.9. Producto escalar de dos vectores.

Los módulos de los vectores se pueden calcular fácilmente mediante el teorema de Pitágoras, ya que el módulo es la hipotenusa de un triángulo rectángulo cuyos catetos son sus componentes:

$$|\vec{a}| = \sqrt{a_x^2 + a_y^2} \qquad |\vec{b}| = \sqrt{b_x^2 + b_y^2}$$

El ángulo θ que forma cada vector con la horizontal (eje x) será:

$$\theta_a = \text{arctg}\,\frac{a_y}{a_x} \qquad \theta_b = \text{arctg}\,\frac{b_y}{b_x}$$

Y el ángulo entre los vectores:

$$\theta = \theta_a - \theta_b$$

Vemos, por tanto, que los vectores los podemos representar mediante sus componentes o proyecciones sobre los ejes cartesianos pero también mediante su módulo y el ángulo que forma con el eje de abscisas. A este ángulo se le denomina **argumento** del vector. Estamos representando el vector según un sistema de **coordenadas polares.**

NOTA

A LA REPRESENTACIÓN DE LAS COMPONENTES DE UN VECTOR SOBRE LOS EJES CARTESIANOS SE LA DENOMINA REPRESENTACIÓN CARTESIANA O RECTANGULAR.

Problemas resueltos

Suma el vector $\boldsymbol{v} = 3\boldsymbol{i} + \boldsymbol{j} - 2\boldsymbol{k}$ y el vector $\boldsymbol{u} = (0, 3, 2)$.

Solución

$$\vec{v} + \vec{u} = (3 + 0) \cdot \vec{i} + (1 + 3) \cdot \vec{j} + (-2 + 2) \cdot \vec{k} = 3 \cdot \vec{i} + 4 \cdot \vec{j} = (3,4,0)$$

Resta el vector $\boldsymbol{u} = (3, -1)$ al $\boldsymbol{v} = (-2, 3)$.

Solución

$$\vec{v} - \vec{u} = (-2 - 3) \cdot \vec{i} + (3 - (-1)) \cdot \vec{j} = -5 \cdot \vec{i} + 4 \cdot \vec{j} = (-5,4)$$

Realiza el producto escalar entre los vectores **v** = (3, −1) y **u** = (−2, 3).

Solución

$$\vec{v} \cdot \vec{u} = 3 \cdot (-2) + (-1) \cdot 3 = -9$$

Producto por un escalar

Multiplicar un vector por un escalar es tomar el vector tantas veces como indique el escalar, incluso si este escalar es negativo o una fracción. El resultado es obviamente otro vector con la misma dirección y mismo o contrario sentido en función del signo del escalar que lo multiplique.

Producto vectorial

Si multiplicamos dos vectores vectorialmente, el resultado será otro vector perpendicular a ambos con sentido según la «regla del sacacorchos» o de la mano derecha (Figura 2.10). El producto vectorial se representa mediante un aspa (×):

$$\vec{v} = \vec{a} \times \vec{b}$$

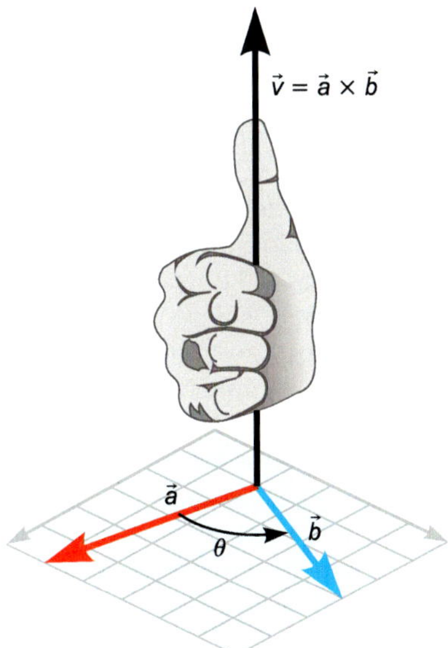

Figura 2.10. Producto vectorial de dos vectores.

El módulo del vector resultante será el producto de los módulos por el seno del ángulo que forman.

$$|\vec{v}| = |\vec{a}| \cdot |\vec{b}| \cdot \operatorname{sen} \theta$$

El producto vectorial es «anticonmutativo»; por tanto:

$$\vec{a} \times \vec{b} = -\vec{b} \times \vec{a}$$

El signo negativo simplemente nos dice que el vector tiene sentido contrario.

NOTA

LA REGLA DE LA MANO DERECHA PARA EL PRODUCTO VECTORIAL CONSISTE EN COLOCAR LA MANO DE TAL MANERA QUE LOS DEDOS ÍNDICE, MEDIO, CORAZÓN Y MEÑIQUE APUNTEN DESDE EL VECTOR ***a*** AL VECTOR ***b***. EL PULGAR APUNTARÁ EN LA DIRECCIÓN DEL VECTOR ***a*** × ***b***. A ESTA REGLA TAMBIÉN SE LA CONOCE POR EL NOMBRE DE «REGLA DEL SACACORCHOS».

Problemas resueltos

Realiza el producto vectorial entre los vectores **v** = (3, −1) y **u** = (−2, 3).

Solución

En primer lugar obtendremos las componentes polares de los vectores. Del vector **v**:

$$|\vec{v}| = \sqrt{v_x^2 + v_y^2} = \sqrt{3^2 + (-1)^2} = \sqrt{10} = 3{,}16$$

$$\theta_v = \operatorname{arctg} \frac{v_y}{v_x} = \operatorname{arctg} \frac{-1}{3} = -18{,}4^\circ$$

Y del vector u:

$$|\vec{u}| = \sqrt{u_x^2 + u_y^2} = \sqrt{(-2)^2 + 3^2} = \sqrt{13} = 3{,}6$$

$$\theta_u = \operatorname{arctg} \frac{u_y}{u_x} = \operatorname{arctg} \frac{3}{-2} = -56{,}3^\circ$$

Ahora bien, hay otro ángulo cuya tangente vale −1,5, que es 123,7°. De las coordenadas del vector *u*, sé que pertenece al segundo cuadrante, por lo que el ángulo que tengo que considerar es 123,7°:

$$\theta_u = 180^\circ - 56{,}3^\circ = 123{,}7^\circ$$

El ángulo que forman los vectores será:

$$\theta = \theta_u - \theta_v = 123{,}7^\circ - (-18{,}4^\circ) = 142{,}1^\circ$$

El producto vectorial será:

$$\vec{v} \times \vec{u} = |\vec{v}| \cdot |\vec{u}| \cdot \operatorname{sen} \theta \cdot \vec{k} =$$
$$= 3{,}16 \cdot 3{,}6 \cdot \operatorname{sen}(-37{,}9) \cdot \vec{k} =$$
$$= 7 \cdot \vec{k}$$

Continúa

Continuación

La dirección del vector será la perpendicular al plano *x-y*, esto es, tendrá la dirección del vector unitario ***k*** según el eje *z*. Empleando la regla de la mano derecha, se deduce que el sentido es el mismo que el vector unitario ***k***.

Tipos de vectores en el plano

Cuando los vectores son coplanares, esto es, se encuentran en el mismo plano, se pueden clasificar como **colineales, paralelos** o **concurrentes** (Figura 2.11). También se pueden clasificar como **resultantes** o **equilibrantes.**

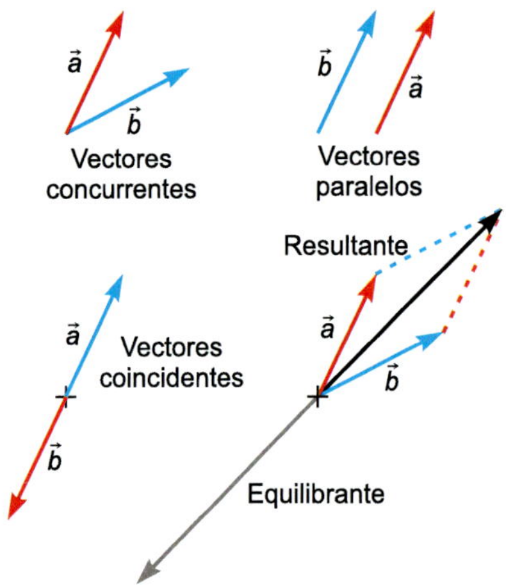

Figura 2.11. Tipos de vectores.

2.1.2. FUERZAS, MOMENTOS Y PARES

Las fuerzas, momentos y pares son magnitudes vectoriales. Por tanto, para definirlas, deberemos conocer su módulo, dirección y sentido. Las reglas de suma, resta y multiplicación de vectores se verifican en estas magnitudes.

Fuerza es toda causa capaz de modificar el estado de reposo o movimiento de un cuerpo, o su forma. A diario vemos el efecto de distintas fuerzas; incluso las sentimos en nuestro propio cuerpo, como nuestro peso, como la fuerza centrífuga que sufrimos cuando el coche o autobús en el que vamos al trabajo o al instituto toma una curva, frena o acelera; cuando comemos, trabajamos, etc., nos vemos sometidos a diversas fuerzas.

Si nos fijamos, el concepto de fuerza está íntimamente relacionado con el de movimiento, más concretamente con el de aceleración, de tal manera que, si aplicamos una fuerza a una masa, esta sufrirá una aceleración (o deceleración). No obstante, nosotros sabemos, por nuestra experiencia, que no siempre que se realiza una fuerza aparece una aceleración: intentemos mover la pared empujándola; realizamos una fuerza, pero no provocamos una aceleración de esta (la pared permanece en equilibrio). Esta es la situación que se presenta en el estudio de la estática: no hay aceleración.

NOTA

QUE UN CUERPO ESTÉ EN EQUILIBRIO NO QUIERE DECIR QUE NO HAYA FUERZAS ACTUANDO SOBRE ÉL. LO QUE SUCEDE ES QUE LA RESULTANTE TOTAL ES NULA, POR LO QUE NO SE PRODUCE UNA ACELERACIÓN.

La **unidad de fuerza** en el sistema internacional de unidades es el Newton (N). Otra unidad común es el kilogramo-fuerza o kilopondio (10 N = 1 kgf = 1 kp). En los países anglosajones se emplea la libra-fuerza (1 lbf = 0,45 kg). Es importante tener en cuenta que en la mayoría de los casos la unidad kilogramo-fuerza no se escribe como *kgf,* sino simplemente como *kg,* igual que la unidad de masa. Seremos nosotros los que deberemos tener en cuenta que se trata de una unidad de fuerza en vez de una unidad de masa, según el contexto.

El concepto de momento no es tan intuitivo. Se denomina **momento *T* de una fuerza F respecto de un punto *P*** al producto vectorial entre el vector posición (***p*** = ***PO***) por el vector fuerza (Figuras 2.12 y 2.13):

$$\vec{T} = \vec{p} \times \vec{F}$$

Por tanto:

$$|\vec{T}| = |\vec{p}| \cdot |\vec{F}| \cdot \operatorname{sen}\theta$$

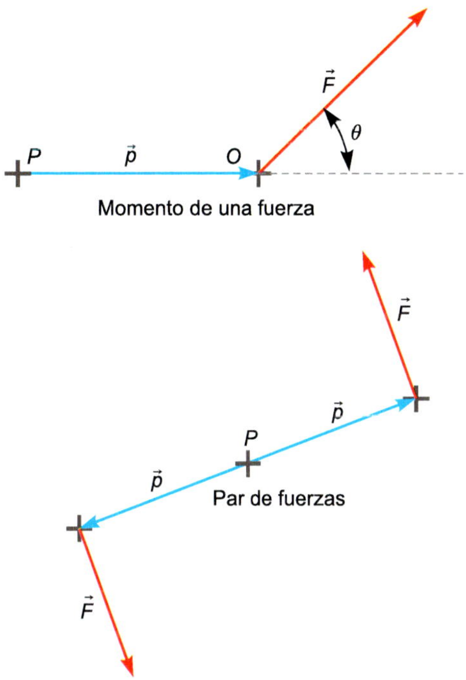

Figura 2.12. Momento de una fuerza respecto de un punto P. Par de fuerzas.

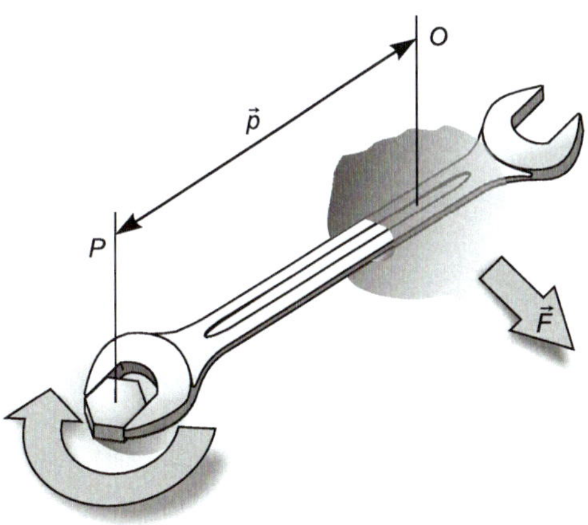

Figura 2.13. Cuando apretamos un perno o una tuerca, realizamos un par de apriete o torque que será tanto mayor cuanto más fuerza hagamos pero también cuanto más lejos esté el eje del perno del punto de aplicación de dicha fuerza.

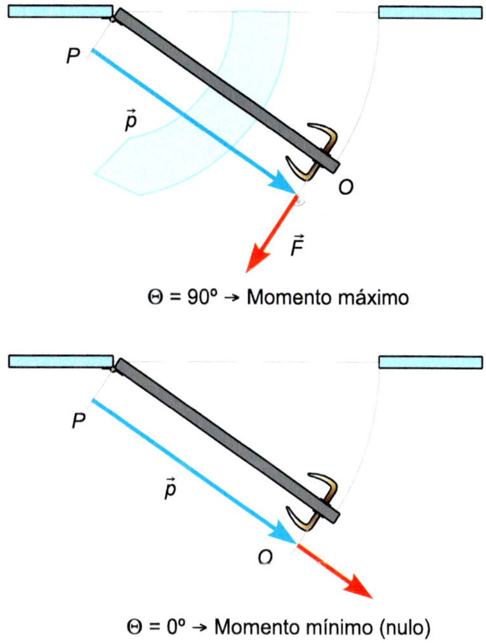

Figura 2.14. Momento en función de θ.

Pensemos en un mecanismo que no puede moverse de un lugar a otro pero que sí que puede girar en torno a un eje, por ejemplo, una puerta. Para abrirla, deberemos tirar del pomo, para que la puerta gire sobre sus bisagras y se abra. La puerta se abre porque provocamos la aparición de un momento en el eje de las bisagras, que será tanto mayor cuanto mayor sea la fuerza que aplicamos y mayor la distancia entre el pomo y las bisagras (Figura 2.14). No obstante, tenemos que tener en cuenta otro factor: la dirección de la fuerza. Si aplico la fuerza según la paralela a la puerta ($\theta = 0°$), como sabemos, esta no se abrirá. Esto era de esperar, porque el momento es directamente proporcional al seno del ángulo que forma el vector fuerza con el vector posición ($\operatorname{sen}0° = 0$). Por tanto, el momento será máximo cuando la fuerza sea perpendicular a la puerta (perpendicular al vector posición), y mínimo cuando sea paralelo (paralelo al vector posición). El último factor que se debe tener en cuenta es el sentido: si intentamos abrir la puerta, el momento va hacia dentro del papel (regla de la mano derecha) mientras que, si intentamos cerrarla, irá hacia fuera (regla de la mano derecha o del sacacorchos).

NOTA

PARA REPRESENTAR VECTORES QUE «SALEN» DEL PAPEL, SE EMPLEA UN PUNTO (•). SI LO QUE QUEREMOS ES REPRESENTAR UN VECTOR QUE «ENTRA» EN EL PAPEL, ENTONCES EMPLEAREMOS UNA CRUZ (+).

Un caso particular de momento es el **par de fuerzas.** Cuando tenemos dos fuerzas con el mismo módulo y dirección pero distinto sentido y punto de aplicación, tendremos un par de fuerzas (Figura 2.15). El momento producido por un par de fuerzas será:

$$M = F_1 \cdot d = F_2 \cdot d \qquad \text{con} \qquad F_1 = F_2$$

En donde d es la distancia que separa ambos vectores. Si analizamos el concepto de momento de una fuerza, deducimos con facilidad la ecuación del par de fuerzas.

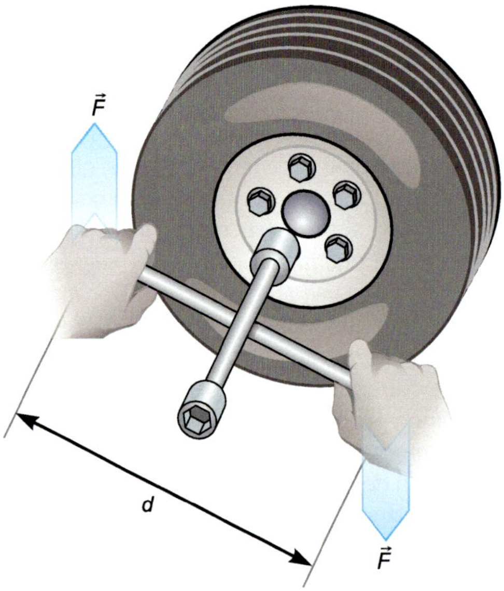

Figura 2.15. Par de fuerzas.

La unidad de momento y par en el sistema internacional es el Newton por metro (N · m). En los países anglosajones el par o torque se mide en libras por pulgada (1 lbf · in = 0,11 N · m). Sabiendo que 1 lb = 0,45 kg y que 25,4 mm = 1 in, se obtiene la conversión entre lb · in y N · m. Es muy importante conocer esta equivalencia, ya que en la documentación técnica (manuales de mantenimiento) de las aeronaves fabricadas en estos países de habla inglesa, se emplean este tipo de unidades: pulgada, pie, libra, etcétera.

Problemas resueltos

Se desea dar un torque de 20 N · m a una tuerca con una llave que tiene un mango de 20 cm. ¿Con qué fuerza deberemos tirar de la llave?

Solución

El par será:

$$|\vec{T}| = |\vec{p}| \cdot |\vec{F}| \cdot \operatorname{sen} \theta$$

Siempre que la fuerza se realice perpendicularmente al mango, el senθ será uno; así pues:

$$F = \frac{T}{p} = \frac{20}{0{,}2} = 100 \text{ N}$$

Para soltar los pernos de una rueda del tren de aterrizaje de una determinada avioneta, deberemos realizar un par superior a 15 N · m. Sujeto la llave con ambas manos (Figura 2.15), pero solo soy capaz de realizar una fuerza de 5 kg con cada brazo. ¿Qué separación mínima debe haber entre las manos para conseguir aflojar los pernos?

Solución

Sabiendo que 5 kgf = 50 N y aplicando la ecuación de par de fuerzas:

$$M = F \cdot d \quad \Rightarrow \quad d = \frac{M}{F} = \frac{15}{5 \cdot 10} = 0{,}3 \text{ m}$$

2.1.3. CENTRO DE GRAVEDAD

Los cuerpos están formados por pequeñas masas: moléculas y/o átomos. El peso es la fuerza con la que la tierra atrae los cuerpos con masa, por lo que el peso de cada una de las partículas del cuerpo será:

$$\vec{P} = m \cdot \vec{g}$$

En donde m será la masa de cada partícula y g la aceleración de la gravedad (intensidad de campo gravitatorio).

El peso total del cuerpo será la suma del peso de cada una de las partículas que lo componen. En lo que nos debemos fijar es en que, aunque las fuerzas actúan en la misma dirección y sentido, la línea de acción de cada una será distinta (Figura 2.16). Ahora bien, si yo apoyo el cuerpo sobre un punto tal que la suma del momento debido al peso de cada partícula respecto a este punto sea nulo, el cuerpo se mantendrá inmóvil, esto es, en equilibrio. En este caso, el cuerpo se comportará como si toda su masa estuviera concentrada en un lugar sobre la vertical del punto de apoyo, siendo nulo el momento respecto a dicho punto.

Si cojo el mismo cuerpo y vuelvo a buscar el equilibrio pero en otra posición, obtendré el mismo resultado: cuando se logra el equilibrio, el cuerpo se comporta como si toda su masa estuviera concentrada en un punto que se encuentra sobre la vertical del punto de apoyo. Este proceso lo puedo repetir cuantas veces quiera. Observaremos que la «vertical al punto de apoyo» siempre pasa por un punto. Este punto será el centro de gravedad. El **centro de gravedad** de un cuerpo es el punto en donde se considera que actúa toda la masa de dicho cuerpo.

Cuando el objeto dado tiene dos dimensiones (no tiene espesor y, por lo tanto, no tiene volumen), el centro de gravedad coincide con el **centroide** o baricentro del objeto (Figura 2.17). El centroide es un concepto puramente

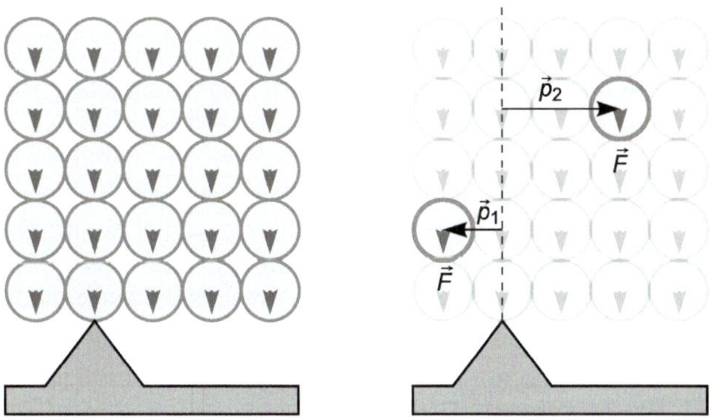

Cuando el punto de apoyo no se encuentra sobre un eje que pasa por el centro de gravedad, la suma de momentos no será nula. El sólido no permanecerá en equilibrio y caerá.

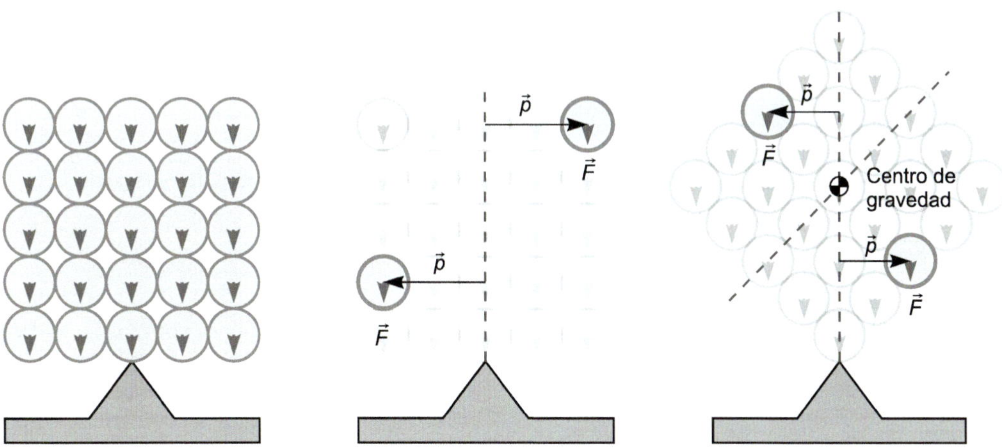

Cuando el punto de apoyo se encuentra sobre un eje que sí pasa por el centro de gravedad, la suma de momentos será nula.

Figura 2.16. Situación del centro de gravedad de un sólido.

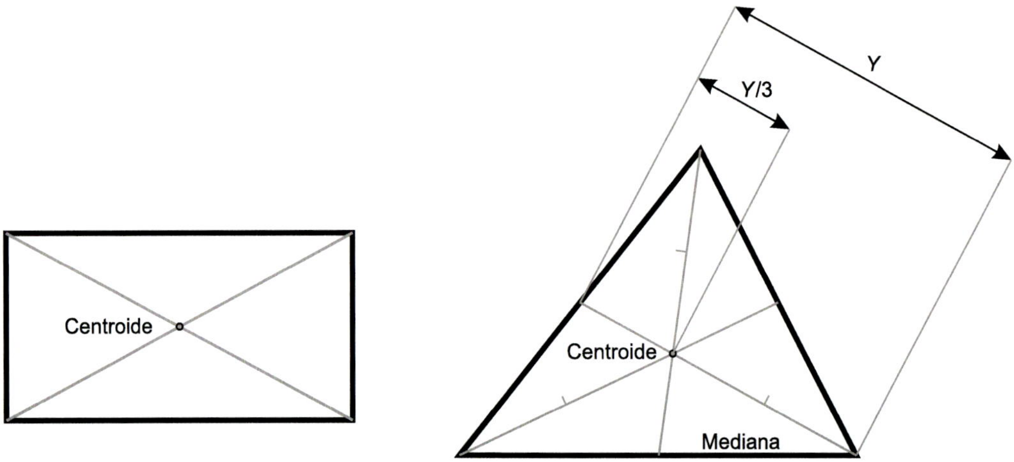

Figura 2.17. Centroide de figuras geométricas sencillas: rectángulo y triángulo.

geométrico pero que, cuando el espesor es nulo, coincide con el centro de gravedad. Por tanto, si apoyamos una chapa de aluminio en su centroide, esta permanecerá en equilibrio.

El centro de gravedad de un objeto puede estar «fuera de este». Por ejemplo, en un toroide (forma de «rosquilla»), el centro de gravedad se encuentra en el agujero y, por tanto, fuera del propio objeto.

Problemas resueltos

Se tienen dos bolas de acero de 8 y 2 kg unidas por una barra de masa despreciable de 50 cm de longitud. ¿A qué distancia de la bola de 8 kg se encuentra el CG del conjunto?

Solución

Solución: los momentos respecto al centro de gravedad de ambas bolas son iguales. Si llamo d a la distancia entre el CG y la bola de 8 kg, entonces la distancia del CG a la bola de 2 kg será de *50-d*. Al igualar los momentos, queda:

$$F_{8\,\text{kg}} \cdot d = F_{2\,\text{kg}} \cdot (50 - d)$$

$$8 \cdot d = 2(50 - d) \quad \Rightarrow \quad d = 10 \text{ cm}$$

En la aeronave, la posición del centro de gravedad es de suma importancia para un vuelo equilibrado (Figura 2.18). Si la distribución de masas en la aeronave (combustible, pasajeros, equipaje, etc.) es la apropiada, el avión estará en equilibrio y será fácil de volar. Cada vez que se efectúan cambios en la aeronave, se deberán realizar los cálculos necesarios para asegurarse de que el centro de gravedad se encuentra entre los límites especificados por el fabricante. Estos cambios pueden ser pequeños, como añadir una nueva capa de pintura, o más complejos, como transformar un avión de pasajeros en uno de carga.

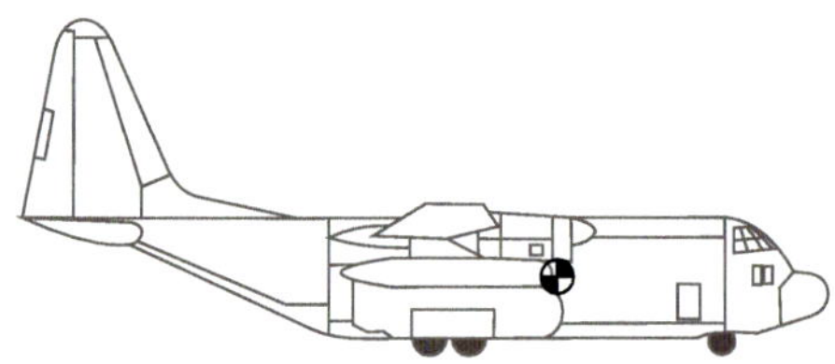

Figura 2.18. Centro de gravedad de un avión de transporte militar Lockheed Martin C130 «Hércules».

2.1.4. ESFUERZO Y DEFORMACIÓN

Cuando aplico una fuerza sobre una estructura, esta se distribuirá por toda la sección. A esta «fuerza distribuida» es lo que llamamos esfuerzo o tensión mecánica. Además, como sabemos, las fuerzas provocan deformaciones. En las siguientes líneas vamos a estudiar las relaciones entre los esfuerzos que soporta un cuerpo y la deformación que aparece.

Esfuerzo

Cuando se aplica una fuerza sobre un cuerpo, aparecerá una tensión o esfuerzo interno. Este esfuerzo será tanto mayor cuanto mayor sea la fuerza y menor la sección del objeto. Imaginemos una barra cilíndrica sometida a un esfuerzo de tracción (Figura 2.19). El esfuerzo será:

$$\sigma = \frac{F}{s}$$

En donde:

- σ: esfuerzo (Pa).
- F: fuerza (N).
- s: sección (m^2).

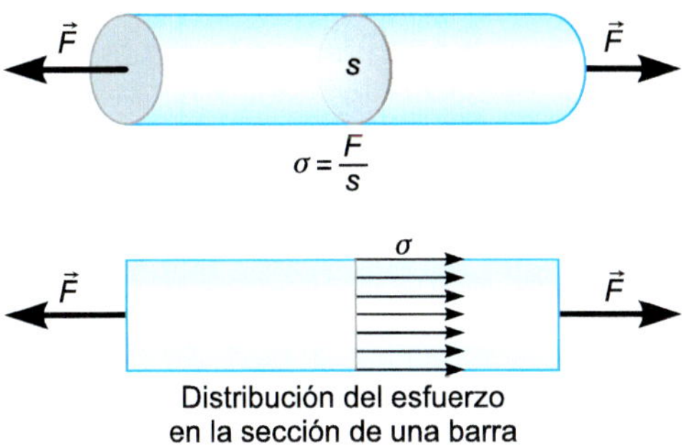

Figura 2.19. Esfuerzo o tensión mecánica.

NOTA

AUNQUE EL ESFUERZO ES UNA MAGNITUD VECTORIAL, NOSOTROS SOLO VAMOS A ESTUDIAR EL ESFUERZO UNIAXIAL. EN ESTE CASO LA DIRECCIÓN DE LA FUERZA Y EL ESFUERZO COINCIDEN Y SON PERPENDICULARES A LA NORMAL (PERPENDICULAR) A LA SUPERFICIE. POR TANTO, NOS LIMITAREMOS A TRABAJAR CON EL MÓDULO, COMO SI FUERA UNA MAGNITUD ESCALAR.

El material del que está construida la barra se verá sometido a un esfuerzo de tracción. La barra se romperá cuando el esfuerzo que soporta sea excesivo para el material con el que está construido. Vemos, por tanto, que la barra se romperá por un esfuerzo excesivo, no por una fuerza excesiva, ya que tenemos que tener también en cuenta la sección de la barra. Los ingenieros que diseñan las estructuras de las aeronaves tienen esto muy en cuenta, ya que estructuras con mayores secciones aguantan cargas (fuerzas) mayores, pero pesan más. Por tanto, la elección de los «espesores» de largueros, cuadernas, revestimiento, etc., es de gran importancia en el diseño del avión.

Podemos decir que las fuerzas externas producen unos esfuerzos internos que se oponen a dichas fuerzas. Además, dependiendo de las fuerzas que los causen, los esfuerzos pueden ser de compresión, tracción, torsión, flexión, cortadura y pandeo (Figuras 2.20 y 2.21).

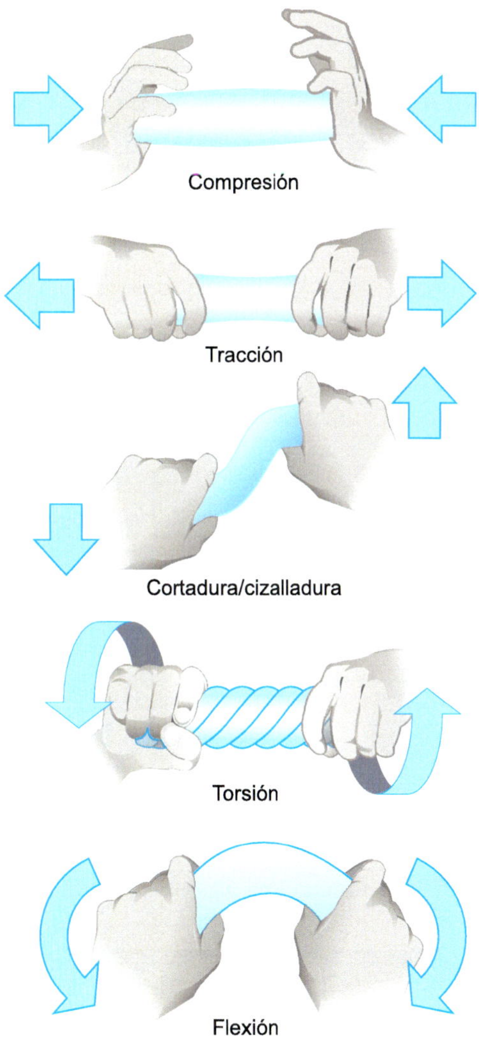

Figura 2.20. Tipos de esfuerzos.

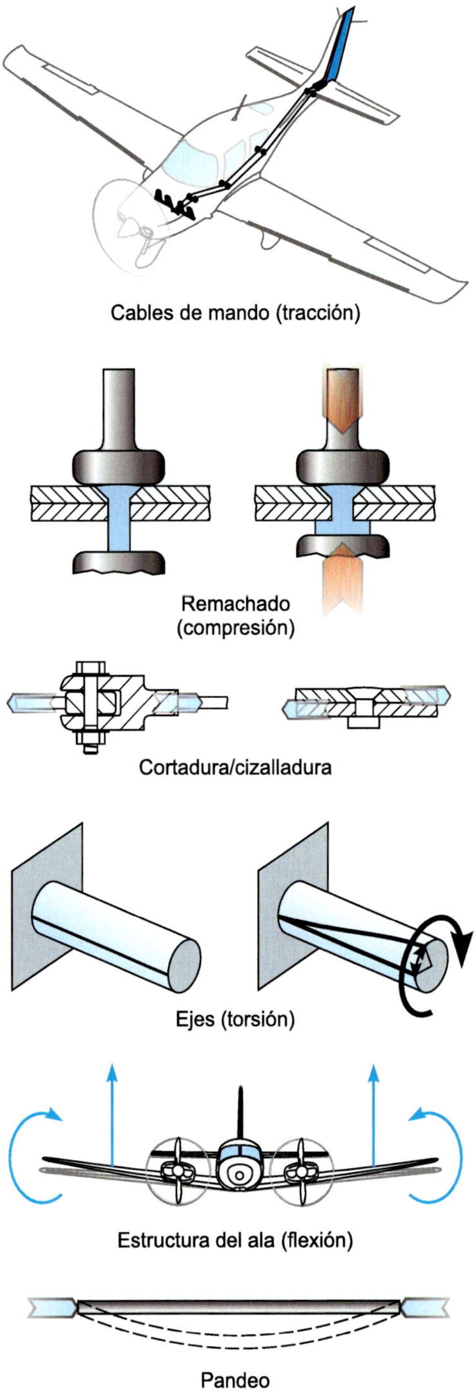

Figura 2.21. Tipos de esfuerzos.

Los cables de acero que controlan las superficies de control de la aeronave son un ejemplo de elementos que trabajan a tracción. Esto quiere decir que soportan grandes **esfuerzos a tracción** pero bajos a compresión, torsión, flexión, etcétera.

Cuando se va a colocar un remache macizo para unir dos elementos de la estructura de la aeronave, se deberá deformar uno de sus extremos para formar la cabeza de cierre. Para este cometido someteremos al remache a un **esfuerzo de compresión.** A la vez que disminuimos la longitud del remache al comprimirlo, aumenta su diámetro, ya que el volumen final deberá ser igual que el inicial.

Cada vez que se produce la explosión en un motor de pistón, los esfuerzos se transmiten a través de la biela hacia el cigüeñal, retorciéndolo, ya que la hélice se opone al giro del mismo. El cigüeñal (eje del motor) sufrirá, por tanto, un **esfuerzo de torsión.** El esfuerzo de torsión se transmite según la diagonal al eje.

Las alas del avión se deforman por la acción de la sustentación del avión. Esto es porque sufren un **esfuerzo de flexión.** La flexión es tal que el revestimiento del intradós (parte baja del ala) sufrirá esfuerzos de tracción, mientras que el extradós (parte superior del ala) sufrirá esfuerzos de compresión. En el encastre del ala (unión del ala al fuselaje) aparece un momento flector.

Los pasadores que mantienen en su sitio a los tensores de los cables de mando soportan **esfuerzos de cizalladura.** Estos esfuerzos tienden a cortar o cizallar al elemento. Los remaches también soportarán este tipo de esfuerzo.

Cuando sometemos a una barra de gran longitud y pequeño diámetro a un esfuerzo de compresión, podemos provocar que esta se doble. Cuando esto sucede, decimos que la barra ha sido sometida a un **esfuerzo de pandeo.**

Deformación

Todos los esfuerzos que acabamos de estudiar provocan en los cuerpos una deformación.

Imaginemos que aplicamos un esfuerzo de tracción a una barra. La longitud de esta aumenta, esto es, se alarga. Este alargamiento será mayor cuanto mayor sea la fuerza aplicada y menor sea la resistencia del material. También tenemos que tener en cuenta las dimensiones de la barra ya que, cuanto mayor sea la sección y menor la longitud, menor será el alargamiento o elongación. Se define la **Ley de Hooke:**

$$\delta = \frac{F \cdot L}{E \cdot s}$$

En donde:

- δ: elongación o alargamiento de la barra (m).
- F: fuerza aplicada (N).
- L: longitud inicial de la barra (m).
- E: módulo elástico o de Young (Pa). Representa la resistencia del material de la barra.
- s: sección de la barra (m^2).

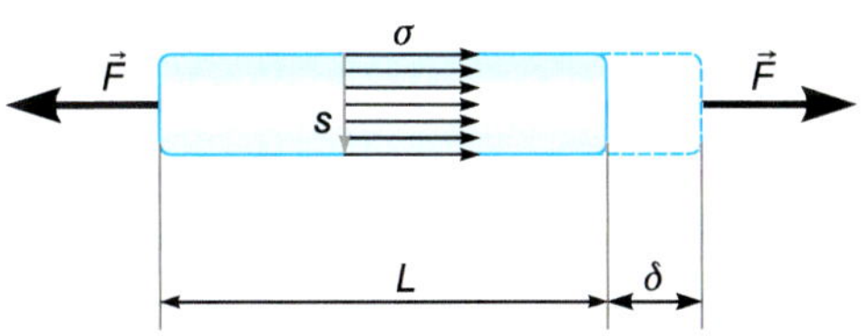

Figura 2.22. Alargamiento de una barra sometida a un esfuerzo de tracción.

Si el alargamiento lo expresamos en función de la longitud inicial de la barra L, tendremos la deformación unitaria ε, o simplemente **deformación** *(strain)*:

$$\varepsilon = \frac{\delta}{L}$$

Además, como hemos visto anteriormente, el esfuerzo es la relación de la fuerza entre la sección:

$$\sigma = \frac{F}{s}$$

Por lo tanto:

$$\varepsilon = \frac{\sigma}{E}$$

Problemas resueltos

Calcula el esfuerzo que soporta una barra maciza de acero de 20 mm de diámetro cuando se la somete a una fuerza de tracción de 100 kg.

Solución

En primer lugar se calculará la sección de la barra:

$$s = \pi \frac{\phi^2}{4} = \pi \frac{0{,}02^2}{4} = 3{,}14 \cdot 10^{-4}\ \text{m}^2$$

El esfuerzo será:

$$\sigma = \frac{F}{s} = \frac{1.000}{3{,}14 \cdot 10^{-4}} = 3{,}18\ \text{MPa}$$

Si estiramos longitudinalmente una plancha de revestimiento de 4 m de largo, 20 cm de ancho y 2 mm de espesor, ¿qué fuerza deberemos realizar para lograr un alargamiento de 2 mm (módulo elástico de la fibra de carbono 300 GPa)?

Solución

En primer lugar se calculará la sección de la plancha:

$$s = 20 \cdot 0{,}2 = 4\ \text{cm}^2 = 4 \cdot 10^{-4}\ \text{m}^2$$

Despejo la fuerza de la ecuación del alargamiento y calculo:

$$\delta = \frac{F \cdot L}{E \cdot s} \Rightarrow F = \frac{\delta \cdot E \cdot s}{L} =$$

$$= \frac{2 \cdot 10^{-3} \cdot 300 \cdot 10^{9} \cdot 4 \cdot 10^{-4}}{4} = 60\ \text{kN}$$

Sometemos a una barra a un esfuerzo de 40 kPa, de modo que se obtiene una deformación del 10%. ¿Cuál será el módulo elástico del material de la probeta?

Solución

De la Ley de Hooke:

$$\varepsilon = \frac{\sigma}{E} \Rightarrow E = \frac{\sigma}{\varepsilon} = \frac{40 \cdot 10^3}{0{,}1} = 400\ \text{kPa}$$

La deformación de un cuerpo es directamente proporcional al esfuerzo que soporta e inversamente proporcional al módulo elástico del material con el que está hecho. Esta expresión es conocida como **Ley de Hooke.** La deformación se suele expresar en % (Figura 2.22).

Deformación elástica y plástica

Se define deformación como el cambio de forma que sufre una determinada pieza o estructura, al aplicarse sobre esta un conjunto de fuerzas. Si cuando estas fuerzas cesan, la pieza recobra su forma original, diremos que ha sufrido una **deformación elástica** mientras que si no recobra su forma original, habrá sufrido una **deformación plástica.**

Si sometemos a una barra a un esfuerzo de tracción, esta empezará a deformarse de forma elástica, y a partir de un determinado punto empezará a deformarse plásticamente. Esto se puede representar de forma gráfica en el diagrama esfuerzo-deformación (Figura 2.23).

La **Ley de Hooke** se aplica en exclusividad para **deformaciones elásticas,** nunca para deformaciones plásticas. En una deformación elástica, la deformación es directamente proporcional al esfuerzo aplicado e inversamente proporcional al módulo elástico (rigidez) del material (tramo recto del diagrama esfuerzo-deformación). En una deformación plástica, cuanto mayor sea el esfuerzo y menor la rigidez, la deformación también será mayor, solo que no lo hará proporcionalmente. De esta forma podemos definir el **límite elástico o de proporcionalidad** como el límite dentro del cual se cumple la Ley de Hooke, donde toda la deformación es elástica.

La pendiente del tramo recto de la curva esfuerzo-deformación coincide con el valor del módulo elástico o de Young E. Esto era de esperar ya que, si despejamos el módulo elástico E de la expresión de la Ley de Hooke, nos queda:

$$E = \frac{\sigma}{\varepsilon} = \frac{\Delta y}{\Delta x}$$

Esta expresión es la de la pendiente de una recta. Por tanto podemos decir que, si α es el ángulo que forma la recta con el eje de abscisas, el módulo elástico será:

$$E = \operatorname{tg} \alpha$$

Cuanto más «empinada» sea la recta de la zona elástica, mayor será el módulo elástico. El valor de E se obtiene mediante el test de esfuerzo-deformación, caracterizando a cada material. Por ejemplo, el módulo elástico de

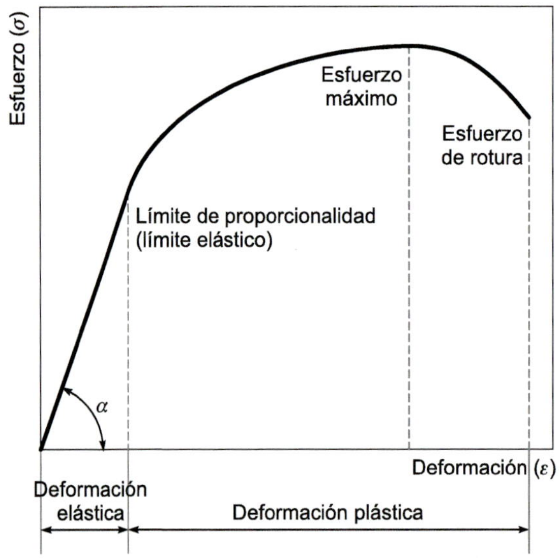

Figura 2.23. Curva de esfuerzo-deformación.

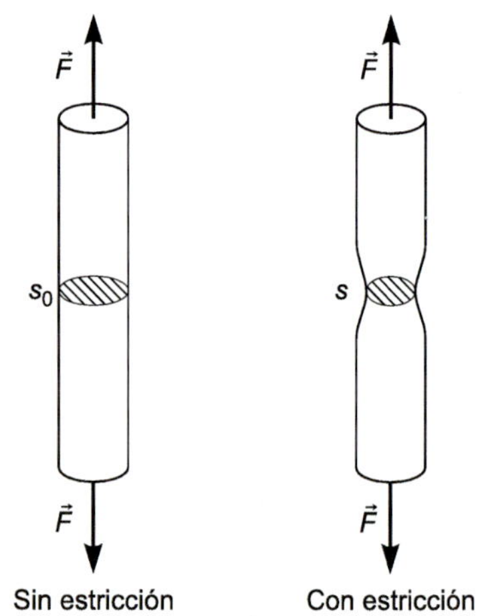

tracción del acero suave es de 200 GPa y el del aluminio, 70 GPa. Esto quiere decir que me costará un mayor esfuerzo deformar el acero que el aluminio, como ya sabíamos.

Ahora bien, imaginemos que queremos doblar un tubo de acero (Figura 2.24). Lo colocaremos sobre un punto de apoyo en la zona central y aplicaremos una fuerza en sus extremos para doblarlo el ángulo que precisemos. Cuando retiramos la fuerza, el tubo recupera parte de la deformación. De esta forma comprobamos que, cuando hay una deformación plástica, también hay una deformación elástica, que se «recupera» cuando cesan las fuerzas aplicadas.

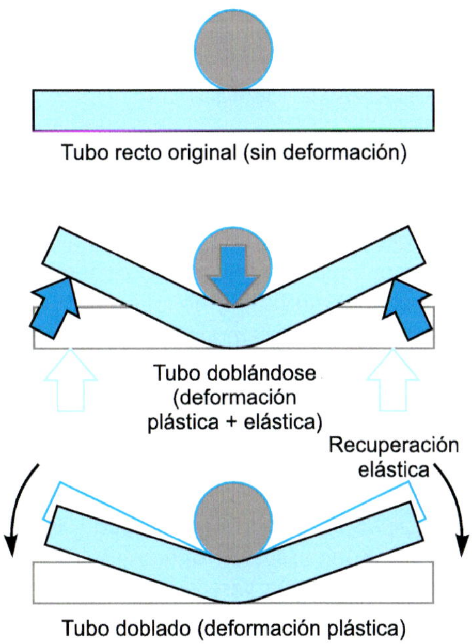

Figura 2.24. Deformación total (elástica + plástica) y recuperación elástica.

Veamos cómo se representa este fenómeno de **recuperación elástica** en la curva de esfuerzo-deformación (Figura 2.25). En un primer momento el esfuerzo y la deformación son nulos. Al ir aumentando el esfuerzo poco a poco, la pieza se empieza a deformar elásticamente hasta que se alcanza el límite elástico o de proporcionalidad. Si la fuerza cesase en este momento, la pieza recuperaría su forma original. Al seguir aumentando el esfuerzo, la pieza sigue deformándose pero de forma plástica. Si, cuando llegamos al punto A, cesa la fuerza, la pieza recuperará parte de la deformación: la correspondiente a la deformación elástica. Para determinar la deformación plástica con la que finalmente quedará la pieza, trazaremos una paralela a la recta de deformación elástica desde el punto A, hasta que corte al eje de abscisas. El valor obtenido será la deformación plástica con la que finalmente ha quedado la pieza.

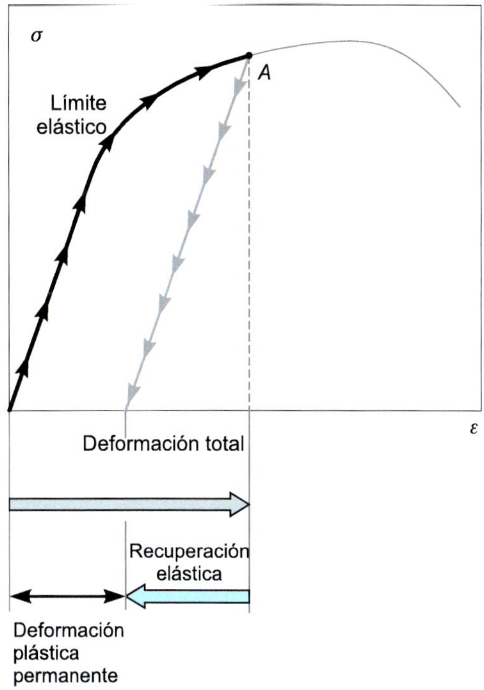

Figura 2.25. Recuperación elástica en una curva de esfuerzo-deformación.

Problemas resueltos

El ángulo formado por el tramo recto de la curva de esfuerzo-deformación (MPa-%) con el eje de abscisas es de 80°. Calcula el módulo elástico.

Solución

El módulo elástico es la pendiente del tramo recto de la curva de esfuerzo-deformación. Dado que las unidades de la gráfica son MPa y %, tendremos que multiplicar por 100 la pendiente:

$$E = 100 \cdot \mathrm{tg}\,\alpha = 100 \cdot \mathrm{tg}\ 80° = 567 \text{ MPa}$$

2.1.5. NATURALEZA Y PROPIEDADES DE SÓLIDOS, LÍQUIDOS Y GASES

Anteriormente hemos estudiado las propiedades físico-químicas de sólidos, líquidos y gases. En este apartado estudiaremos las propiedades macroscópicas de estos.

Propiedades de los sólidos

Dos conceptos ligados son la **ductilidad** y la **maleabilidad.** Ductilidad es la capacidad de deformar un sólido en forma de hilo sin romperse, mientras que maleabilidad es la capacidad de deformar un sólido en forma de lámina sin romperse. Ambos conceptos son opuestos en el sentido de que los materiales dúctiles no suelen ser especialmente maleables y viceversa. No obstante ambos quieren decir que el sólido es capaz de deformarse sin romperse, por lo que en ocasiones, si se dice que un material determinado es dúctil, realmente se refiere a que se deforma sin romperse.

Otros dos conceptos fundamentales son la **fragilidad** y la **tenacidad.** Un sólido es tenaz cuando se necesita una gran cantidad de energía para romperlo (por ejemplo, una estructura de acero). Un sólido es frágil cuando se rompe tras sufrir una deformación muy pequeña (por ejemplo, el cristal). Se podría decir que son propiedades antagónicas, ya que habitualmente los materiales frágiles no son tenaces, aunque esto no siempre es así. Si nos fijamos en el diagrama de esfuerzo-deformación, la energía para romper el sólido se corresponde con el área bajo la curva. De esta manera, si esta área es grande, el material será tenaz.

La **dureza** de un sólido es la resistencia de este a ser rayado por otro. También se puede definir como la resistencia de un material a ser penetrado por otro. Los compuestos duros son inherentemente frágiles.

La **elasticidad** es la propiedad general de los cuerpos sólidos, en virtud de la cual recobran más o menos completamente su extensión y forma, tan pronto como cesa la acción de la fuerza que los deformaban.

La **flexibilidad** es la capacidad de los objetos de doblarse sin romperse. Es un término ligado a los esfuerzos de flexión, como es lógico. A su vez, la **rigidez** es la capacidad de un cuerpo a soportar esfuerzos de flexión sin deformarse. Frecuentemente nos referimos a la rigidez como resistencia a la deformación, siendo un objeto con una rigidez alta aquel que bajo grandes esfuerzos sufre pequeñas deformaciones.

La **resistencia** es la causa que se opone a la acción de una fuerza. También podemos definirlo como la capacidad de un sólido a soportar pesos sin romperse. Este concepto está relacionado con el esfuerzo máximo que un sólido es capaz de soportar.

Propiedades de los líquidos

Una de las principales propiedades de los líquidos es la viscosidad. La **viscosidad** es la propiedad de los fluidos que caracteriza su resistencia a fluir, debida al rozamiento entre sus moléculas. La viscosidad depende de la temperatura del fluido, de tal manera que, cuanto mayor sea la temperatura, menor será la viscosidad. Esto lo podemos comprobar cuando echamos aceite en una sartén: en un principio, cuando el aceite está frío, le cuesta fluir, pero, cuando se calienta, su viscosidad baja y fluye más fácilmente. Es frecuente confundir los conceptos de densidad y viscosidad, pero son cosas muy diferentes. Si echamos aceite frío en un vaso con agua, el aceite se queda en la parte superior por ser menos denso, aunque sea más viscoso.

La **volatilidad** es la facilidad con la que los líquidos se evaporan. De esta forma podemos decir que el alcohol es más volátil que el agua, ya que el primero se evapora más fácilmente. Además, cuanto menor sea la presión a la que se ve sometido un líquido, más fácilmente se evaporará. Por tanto, la volatilidad de los líquidos es una magnitud fundamental en las aeronaves, ya que vuelan en altitudes donde la presión es muy baja. Si los fluidos presentes en la aeronave como, por ejemplo, el combustible son muy volátiles, se pueden formar tapones de vapor en los conductos del sistema de combustible. Si, por el contrario, es poco volátil, tendremos dificultades para pulverizarlo y mezclarlo con el aire para quemarlo correctamente.

Propiedades de los gases

Los gases no tienen forma; se adaptan al recipiente que los contienen. Esto es gracias a las débiles fuerzas intermoleculares que existen entre las partículas que lo forman. Son altamente **compresibles,** ya que el espacio intermolecular es muy grande, sin necesidad de aportar mucho trabajo. De igual manera, se **difunden** con facilidad, esto es, sus moléculas se distancian fácilmente. Además, los gases se **dilatan** fácilmente, siendo su volumen directamente proporcional a la temperatura

2.1.6. PRESIÓN Y FLOTABILIDAD

La presión es la fuerza por unidad de superficie.

$$P = \frac{F}{s}$$

En donde:

- *P:* presión (Pa).
- *F:* fuerza (N).
- *s:* superficie (m).

El origen de la presión es por tanto una fuerza, sin importar su procedencia (muelle, palanca, cable, un peso, etc.). En este apartado estudiaremos cómo afecta la presión provocada por el peso de los líquidos y gases. También estudiaremos por qué flotan algunos objetos sobre los líquidos, o por qué asciende un globo aerostático.

Presión barométrica

Cuando hablamos de presión atmosférica, la fuerza que la provoca es el peso de la columna de aire que tenemos sobre nuestras cabezas. Esta presión actúa en todas direcciones pero siempre perpendicular a las superficies. Imaginemos un balón de playa; la presión actúa sobre la superficie exterior de este, en contraposición con la presión que tenga dentro de él (Figura 2.26). Aunque la presión es debido a la columna de aire sobre el balón, la presión actúa en todas las direcciones por igual.

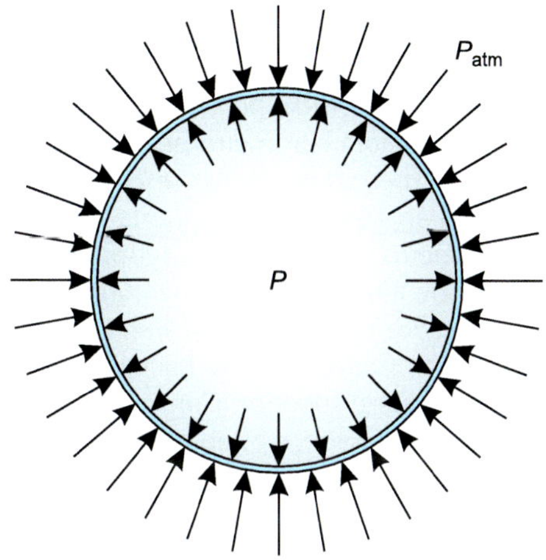

Figura 2.26. En un balón de playa, la presión atmosférica actúa de forma uniforme sobre la superficie exterior del balón.

Conforme aumenta la altitud, la presión disminuye, ya que cada vez hay menos cantidad de aire sobre nosotros. Este hecho es útil para determinar la altitud de vuelo de una aeronave. A esta altitud se la denomina **altitud barométrica,** ya que medimos presión y deducimos la altitud a partir de esta. Según la Atmósfera Estándar Internacional (ISA), el valor de la presión se obtiene de la siguiente ecuación:

$$p = p_0\left(1 - 0{,}0065\,\frac{h}{T_0}\right)^{5{,}258}$$

En donde:

- p: presión en una altura h (Pa).
- p_0: presión a nivel del mar (101.325 Pa).
- h: altitud (m).
- T_0: temperatura a nivel del mar (288 K).

Esta ecuación es válida para determinar la presión que nos vamos a encontrar a una determinada altitud pero también la altitud que corresponde a una determinada presión. La altitud barométrica no es la altitud real, ya que la ISA (International Standard Atmosphere), como su propio nombre indica, es una estandarización, en donde se supone el aire formado por un gas ideal, en equilibrio hidrostático, y en presencia de un campo gravitatorio constante. Esto hace que la altitud barométrica no sea exacta, pero resulta una indicación muy práctica para el piloto.

Hemos visto la relación entre la altitud y la presión barométrica, pero ¿qué es un barómetro? La palabra barómetro proviene del latín *(baros:* «peso de»; *metro:* «medida»). Fue inventado en 1643 por Evangelista Torricelli. Un barómetro consiste en un tubo, de unos 850 mm de altura, lleno de mercurio que se invierte sobre otro recipiente lleno también de mercurio. Cuando esto se hace, se crea un vacío en la parte superior. Como la altura de la columna permanece estable, podremos escribir el equilibrio de fuerzas que aparecen o, en este caso, equilibrio de presiones:

$$P_{\text{atm}} = P_0 + \frac{m \cdot g}{s}$$

En donde:

- P_{atm}: presión atmosférica.
- P_0: presión del vacío superior (presión nula: vacío).
- m: masa de la columna de mercurio.
- g: gravedad.
- s: sección del tubo.

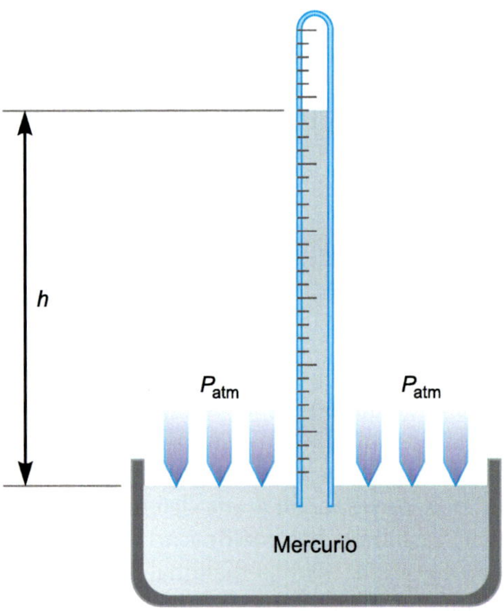

Figura 2.27. La altura de la columna de mercurio solo depende de la presión atmosférica.

La masa de mercurio se puede expresar en función del volumen y la densidad de este:

$$m = \rho \cdot V = \rho \cdot s \cdot h$$

Por lo tanto:

$$P_{\text{atm}} = P_0 + \frac{m \cdot g}{s} = 0 + \frac{\rho \cdot s \cdot h \cdot g}{s}$$

Simplificando queda:

$$P_{\text{atm}} = g \cdot \rho \cdot h \qquad \text{por tanto:} \qquad h = \frac{P_{\text{atm}}}{g \cdot \rho}$$

Puesto que la densidad del mercurio ρ y la gravedad g son constantes conocidas, tenemos que la altura que alcanza la columna de mercurio depende exclusivamente de la presión exterior, siendo directamente proporcional a esta. Existen factores que afectan al barómetro como la temperatura, capilaridad y gravedad, que en muchos casos resultan insignificantes.

Problemas resueltos

Durante un vuelo, un avión mide la presión barométrica exterior obteniendo 40 kPa. ¿A qué altitud se encuentra?

Solución

De la ecuación de la presión para la ISA:

$$p = p_0\left(1 - 0{,}0065\,\frac{h}{T_0}\right)^{5{,}258}$$

$$\frac{p}{p_0} = \left(1 - 0{,}0065\,\frac{h}{T_0}\right)^{5{,}2561} \Rightarrow$$

$$\Rightarrow \left(\frac{p}{p_0}\right)^{1/5{,}25} = 1 - 0{,}0065\,\frac{h}{T_0} \Rightarrow$$

$$\Rightarrow 0{,}0065\,\frac{h}{T_0} = 1 - \left(\frac{p}{p_0}\right)^{1/5{,}25} \Rightarrow$$

$$\Rightarrow h = \frac{T_0}{0{,}0065}\left[1 - \left(\frac{p}{p_0}\right)^{1/5{,}25}\right] \Rightarrow$$

$$\Rightarrow h = \frac{288}{0{,}0065}\left[1 - \left(\frac{40.000}{101.325}\right)^{1/5{,}25}\right]$$

$$h = 7.181{,}4 \text{ m}$$

En un barómetro de Torricelli, ¿cuántos Pa de presión se corresponden con una altura de 700 mmHg? (ρ_{Hg}=13,6 g/cm^3).

Solución

De la ecuación del barómetro:

$$h = \frac{P_{atm}}{g \cdot \rho} \Rightarrow P_{atm} = h \cdot g \cdot \rho =$$

$$= 0{,}7 \cdot 10 \cdot 13{,}6 \cdot 10^3 = 95.200 \text{ Pa}$$

Se pretende hacer un viaje en un globo de helio de 10 m de diámetro. Si el despegue se hace a nivel del mar, ¿qué peso máximo podrá tener la canastilla para poder despegar si la tela del globo pesa 100 kg (ρ_{He} = 0,18 kg/m^3, ρ_{Aire}=1,325 kg/m^3 en SL)?

Solución

El volumen del globo será:

$$V = \frac{4}{3}\pi R^3 = \frac{4}{3}\pi \cdot 5^3 = 523{,}6 \text{ m}^3$$

El peso de helio es:

$$m_{He} = \rho_{He} \cdot V = 0{,}18 \cdot 523{,}6 = 94{,}24 \text{ kg}$$

El peso del volumen desalojado:

$$E = \rho_{Aire} \cdot V = 1{,}325 \cdot 523{,}6 = 693{,}7 \text{ kg}$$

El peso total del globo será el peso de la tela del globo, más el del helio y el de la barquilla. Igualando el empuje al peso total del globo, tenemos:

$$P_{He} + P_{Tela} + P_{Canastilla} = E$$

$$P_{Canastilla} = E - P_{He} - P_{Tela} =$$

$$= 693{,}7 - 94{,}24 - 100 = 499{,}53 \text{ kg}$$

Flotabilidad

En el siglo III a. C., Arquímedes de Siracusa promulgó su más famoso hallazgo: «Cuando un cuerpo se sumerge total o parcialmente en un fluido, aparece una fuerza hacia arriba igual al peso del volumen del líquido desalojado». Esta fuerza se conoce como **empuje hidrostático.** Si el empuje *E* es mayor que el peso del cuerpo sumergido, este flotará; si no, se hundirá. La ecuación que define la ley es:

$$E = m \cdot g = \rho \cdot V \cdot g$$

En donde:

- *E:* fuerza del empuje hidróstatico (N).
- *m:* masa (kg).
- *g:* gravedad (m/s^2).
- *V:* volumen del líquido desalojado (m^3).
- *ρ:* densidad del líquido (kg/m^3).

Esta propiedad se puede aplicar a cualquier fluido, por lo que también se aplica al aire. Los globos aerostáticos se elevan porque el volumen de aire desalojado es mayor que el peso del propio globo, incluido el gas que este tenga en su interior. Para conseguir que el globo sea suficientemente ligero, normalmente se calentará el aire de su interior, para que se expanda y salga de este, disminuyendo su peso. En algunos casos se introduce en el globo un gas ligero como el helio, como en el globo utilizado por Felix Baumgartner en 2012 para alcanzar una altitud de 36.600 m antes de lanzarse en caída libre para romper la barrera del sonido.

2.2. CINÉTICA

La cinemática (o cinética) es la rama de la física que estudia el movimiento prescindiendo de las fuerzas que lo producen. Las magnitudes fundamentales serán el espacio y el tiempo y, a su vez, la velocidad y la aceleración que derivan de las dos primeras.

2.2.1. MOVIMIENTO RECTILÍNEO

En primer lugar definiremos las magnitudes que intervienen en la cinemática. Espacio y tiempo no requieren definición pero velocidad y aceleración sí.

La **velocidad** es una magnitud de carácter vectorial que expresa la variación de la posición de un objeto, en función del tiempo empleado para dicha variación. Dicho de otra manera, es la relación entre la distancia que recorre un objeto y el tiempo empleado en dicho movimiento. El módulo de la velocidad será por tanto:

$$v = \frac{x}{t}$$

En donde:

- v: velocidad (m/s).
- x: desplazamiento (m).
- t: tiempo (s).

Reflexionemos un instante acerca de lo siguiente: estamos realizando un viaje en coche donde recorremos una distancia de 980 km en 14 h; así pues, la velocidad empleada será de 980/14 = 70 km/h. No obstante, durante el viaje, cuando íbamos por la autopista, circulábamos a 120 km/h; cuando atravesamos un poblado a 50 km/h, incluso hemos parado 45 minutos a descansar un rato y comer un bocadillo. Vemos que esta velocidad tiene poco de «real», por lo que la llamaremos **velocidad promedio.**

En el mismo viaje, cronometramos el tiempo que nos lleva recorrer 1 km del recorrido, obteniendo 31 s. Dividiendo la distancia recorrida entre el tiempo empleado, tenemos que hemos ido a 116,12 km/h. Aunque hemos acortado el período de tiempo, sigue siendo una velocidad promedio: velocidad media durante 1 km. Si pudiéramos realizar la misma medición cuando hemos recorrido 500 m, 100 m, 25 m, 1 m, etc., cada vez nos acercaríamos a la velocidad real que llevamos en un determinado instante. A esta velocidad la denominamos **velocidad instantánea.** En la velocidad instantánea sí que tiene lógica hablar de dirección y sentido (magnitud vectorial).

Cuando hablamos de velocidad «instantánea», decimos que el período de tiempo que ha transcurrido durante el movimiento es infinitamente pequeño o, dicho de otra manera, es **infinitesimal.** Cuando en matemáticas se habla de variaciones infinitesimales, se habla de **derivadas.** Por tanto, la velocidad se puede definir también como la derivada del espacio en función del tiempo. Aunque esta será la definición más precisa, en el caso que nos ocupa resulta una precisión excesiva, por lo que nos limitaremos a realizar cálculos con velocidades promedio.

La **aceleración** es la variación de la velocidad en función del tiempo. También es una magnitud vectorial. Este hecho tiene especial relevancia no solo cuando un móvil aumente o disminuya su velocidad, sino también cuando haya un cambio de dirección en el vector velocidad.

Esto lo entenderemos con un ejemplo. Imaginemos que vamos en un coche que toma una curva con una velocidad constante. Podemos pensar que no hay aceleración, porque no hay variación de velocidad, pero esto no es así. Siempre que hay un cambio de dirección, aparece una aceleración. Cuando tomamos la curva, notamos una fuerza «hacia fuera» de la curva, como consecuencia de la aparición de una aceleración. Esta es la aceleración centrífuga, que estudiaremos posteriormente en el apartado de movimiento circular.

Por otra parte, cuando la aceleración provoca un aumento en la velocidad, se considera positiva mientras que, si provoca una disminución de la velocidad, será negativa.

Movimiento rectilíneo uniforme

Como es obvio, en el movimiento rectilíneo la trayectoria del móvil es una línea recta. Si además es uniforme, la aceleración es nula, por lo que la velocidad al principio y al final de la trayectoria del movimiento es la misma. La ecuación que describe el movimiento rectilíneo uniforme (MRU) de un móvil desde el punto 1 al punto 2 es muy sencilla:

$$v = \frac{x_2 - x_1}{t_2 - t_1}$$

Habitualmente el origen de tiempos se toma $t_1 = 0$, y a la posición inicial se la denomina x_0, mientras que a la posición del móvil en el instante t se la denomina x. Por tanto la ecuación queda:

$$x = x_0 + v \cdot t$$

Movimiento rectilíneo uniformemente acelerado

En este caso el movimiento es uniformemente acelerado (MRUA), esto es, que la aceleración es constante. En las ecuaciones que describen este movimiento se debe incluir la velocidad inicial y la aceleración:

$$v = v_0 + a \cdot t$$

$$x = x_0 + v_0 \cdot t + \frac{1}{2} \cdot a \cdot t^2$$

$$v^2 = v_0^2 + 2 \cdot a \cdot (x - x_0)$$

Con estas tres ecuaciones se pueden resolver todos los problemas de movimiento rectilíneo uniformemente acelerado que se nos vayan a presentar. En los movimientos de objetos cayendo o lanzados hacia arriba, bastará con decir que la aceleración del movimiento es la de la gravedad g (g = 9,81 m/s^2 ~ 10 m/s^2). Si el objeto cae, será positiva; si asciende, negativa.

Problemas resueltos

Un tren A sale de Santander con destino Madrid a 100 km/h. Una hora y media más tarde sale otro tren B de Madrid con destino Santander a 250 km/h. Sabiendo que la distancia entre Madrid y Santander es de 450 km, ¿a qué distancia de Santander se cruzarán ambos trenes?

Solución

De la ecuación del MRU tenemos que

$$v = \frac{x_2 - x_1}{t_2 - t_1}$$

Por tanto:

$$t_2 = \frac{x_2 - x_1}{v} + t_1$$

Si decimos que la distancia recorrida por el tren que parte de Santander es d, la distancia recorrida por el tren que sale desde Madrid será de 450-d. Asimismo, el tiempo inicial del tren de Santander es nulo, mientras que el tiempo inicial (t_{1B}) del tren de Madrid es de 1,5 h.

$$t_{2A} = \frac{d}{v_A} \qquad t_{2B} = \frac{450 - d}{v_B} + t_{1B}$$

Dado que, en el instante en el que se cruzan, el tiempo es igual para ambos (t_2), entonces:

$$t_{2A} = t_{2B} \Rightarrow \frac{d}{v_A} = \frac{450 - d}{v_B} + 1{,}5$$

Despejando d, tenemos que

$$d = \frac{450 \cdot v_A + 1{,}5 \cdot v_A \cdot v_B}{v_A + v_B}$$

Sustituyendo los valores:

$$d = \frac{450 \cdot 100 + 1{,}5 \cdot 100 \cdot 250}{100 + 250} = 235{,}7 \text{ km}$$

Se tira una piedra verticalmente hacia abajo desde un puente sobre un río a una altura de 20 m con una velocidad inicial de 4 m/s. ¿Cuánto tiempo tardará en tocar el agua?

Solución

La aceleración será la de la gravedad (10 m/s^2); así pues:

$$x = x_0 + v_0 \cdot t + \frac{1}{2} \cdot a \cdot t^2 \Rightarrow$$

$$\Rightarrow 20 = 4 \cdot t + \frac{1}{2} 10 \cdot t^2 \Rightarrow$$

$$\Rightarrow 5 \cdot t^2 + 4 \cdot t - 20 = 0$$

Para resolver una ecuación de segundo grado, bastará con aplicar la fórmula correspondiente:

$$t = \frac{-4 \pm \sqrt{4^2 - 4 \cdot 5 \cdot (-20)}}{2 \cdot 5} = 1{,}64 \text{ s}$$

Se utiliza la solución positiva de la raíz, ya que la negativa nos daría un tiempo negativo, lo que no es posible.

Un automóvil Porsche 911 GT3 acelera de 0 a 100 km/h en 4 s. ¿Qué distancia habrá avanzado durante la aceleración?

Continúa

Solución

En primer lugar pasamos la velocidad a unidades del SI:

$$v = 100\ \frac{\text{km}}{\text{h}} \cdot \frac{1\ \text{h}}{3.600\ \text{s}} \cdot \frac{1.000\ \text{m}}{1\ \text{km}} = 27{,}77\ \text{m}$$

Se calcula la aceleración aplicando la ecuación del MRUA:

$$v = v_0 + a \cdot t \quad \Rightarrow \quad 27{,}77 = 0 + a \cdot 4 \quad \Rightarrow$$

$$\Rightarrow \quad a = 6{,}94\ \text{m/s}^2$$

La distancia recorrida será:

$$x = x_0 + v_0 \cdot t + \frac{1}{2} \cdot a \cdot t^2 \quad \Rightarrow$$

$$\Rightarrow \quad x = 0 + 0 \cdot 4 + \frac{1}{2} \cdot 6{,}94 \cdot 4^2 = 55{,}5\ \text{m}$$

Circulamos a 72 km/h con el coche cuando frenamos para detenernos ante un semáforo en rojo. Si hemos recorrido 80 m hasta que nos hemos detenido por completo, ¿qué deceleración habremos sufrido?

Solución

Como 72 km/h = 20 m/s, empleando las ecuaciones del MRUA:

$$v_2 = v_0^2 + 2 \cdot a \cdot (x - x_0) \quad \Rightarrow$$

$$\Rightarrow \quad 0 = 20^2 + 2 \cdot a \cdot (80 - 0) \quad \Rightarrow$$

$$\Rightarrow \quad a = -2{,}5\ \text{m/s}^2$$

El signo negativo se debe a que el coche está decelerando.

2.2.2. MOVIMIENTO CIRCULAR

El movimiento circular es aquel en el que la trayectoria es un círculo. Para el estudio de este movimiento deberemos definir dos magnitudes nuevas: la velocidad angular y la aceleración angular.

La **velocidad angular** es el ángulo recorrido en un movimiento circular por unidad de tiempo. Dicho de otra forma, es la velocidad de rotación. Su unidad en el sistema internacional es el radián/segundo (rad/s). Dado que el radián no tiene dimensiones, con frecuencia se dice que las unidades de la velocidad angular es el s^{-1} (segundo «menos uno»).

$$\omega = \frac{\theta}{t}$$

En donde:

- ω: velocidad angular (s^{-1}).
- θ: ángulo (rad).
- t: tiempo (s).

Al igual que la velocidad, es una magnitud vectorial. La dirección del vector velocidad angular es perpendicular al plano del movimiento y su sentido, según la regla de la mano derecha o del sacacorchos.

La **aceleración angular** α es la variación de la velocidad angular por unidad de tiempo. Por tanto:

$$\alpha = \frac{\omega}{t}$$

La unidad en el sistema internacional de la aceleración angular es el rad/s^2, o simplemente s^{-2}. La aceleración angular también es un vector, pero su dirección y sentido se obtienen de realizar cálculos complejos, que no son objeto de estudio en estos apuntes.

Movimiento Circular Uniforme

Las ecuaciones del movimiento circular uniforme (MCU) se definen de forma similar al movimiento rectilíneo. En primer lugar definimos el **arco** recorrido s:

$$s = R \cdot \theta$$

En donde:

- s: arco recorrido (m).
- R: radio de la trayectoria circular (m).
- θ: ángulo recorrido (rad).

El ángulo recorrido por un móvil en movimiento circular con una velocidad angular ω en un tiempo t será:

$$\theta = \theta_0 + \omega \cdot t$$

La **velocidad tangencial** v_t a la trayectoria será:

$$v_t = R \cdot \omega$$

La **aceleración centrípeta** a_c es aquella que fuerza al móvil a cambiar de dirección (Figura 2.28). Tiene carácter vectorial, tomando dirección radial y sentido hacia el centro del círculo:

$$a_c = \frac{v_t^2}{R} = \omega^2 \cdot R$$

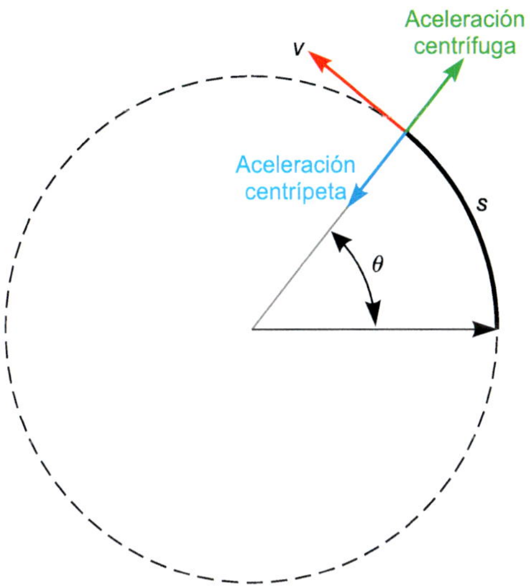

Figura 2.28. La aceleración centrípeta es la que obliga al cambio de dirección del movimiento; por ello está dirigida hacia dentro del círculo. La centrífuga es consecuencia de las fuerzas de inercia que estudiaremos más adelante.

Problemas resueltos

La rueda de una *scooter* tiene un diámetro de 40 cm. Si circulamos a 50 km/h y frenamos para detenernos en 3 s, calcula:

- Velocidad angular inicial de las ruedas.
- Aceleración angular durante el frenado.
- Aceleración tangencial durante el frenado.
- Número de vueltas que dan las ruedas hasta que se paran.

Solución

La velocidad de avance es igual a la velocidad tangencial; así pues:

$$v_t = v = 50 \text{ km/h} = 13{,}88 \text{ m/s}$$

Por tanto la velocidad angular inicial será:

$$v_t = R \cdot \omega \Rightarrow \omega = \frac{v_t}{R} = \frac{13{,}88}{0{,}2} = 69{,}4 \text{ s}^{-1}$$

Que equivalen a 662,7 RPM.

Aplicando una de las ecuaciones del MCUA, se obtiene la aceleración angular:

$$\omega = \omega_0 + \alpha \cdot t \Rightarrow \alpha = \frac{\omega - \omega_0}{t} =$$

$$= \frac{0 - 69{,}4}{3} = -23{,}13 \text{ s}^{-2}$$

La aceleración tangencial será:

$$a_t = \alpha \cdot R = -23{,}13 \cdot 0{,}2 = -4{,}626 \text{ m/s}^2$$

Para calcular el número de vueltas, se debe aplicar una de las ecuaciones del MCUA:

$$\theta = \theta_0 + \omega_0 \cdot t + \frac{1}{2} \cdot \alpha \cdot t^2 =$$

$$= 0 + 69{,}4 \cdot 3 + \frac{1}{2} \cdot (-23{,}13) \cdot 3^2 =$$

$$= 104{,}1 \text{ rad}$$

Como una vuelta son 2π radianes, tenemos:

$$\theta = 104{,}1 \text{ rad} \cdot \frac{1 \text{ rev}}{2\pi \text{ rad}} = 16{,}57 \text{ vueltas}$$

Expresándolo de forma más correcta:

$$\theta = 16 \text{ vueltas} + 205^\circ + 21' + 0''$$

Una hélice de 2 m de diámetro gira a 2.200 RPM. ¿Cuál será la aceleración centrífuga en la punta de las palas?

Solución

2.200 RPM son 230,4 rad/s; por tanto:

$$a_c = \omega^2 \cdot R = 230{,}4^2 \cdot 1 = 53.076{,}5 \text{ m/s}^2$$

Un piloto pretende realizar un viraje con un radio de giro de 2 km. Si su velocidad de vuelo son 432 km/h, ¿qué aceleración centrífuga sufrirá?

Solución

Dado que 432 km/h son 120 m/s, la aceleración será:

$$a_c = \frac{v_t^2}{R} = \frac{120^2}{2.000} = 7{,}2 \text{ m/s}^2$$

No debemos confundir la aceleración centrípeta con la **aceleración centrífuga.** Mientras que la aceleración centrípeta es la causante del cambio de dirección en el movimiento, la centrífuga provoca la fuerza de reacción a la que nos vemos sometidos si estamos sentados en el móvil. Los valores de la aceleración centrífuga y centrípeta son idénticos, así como la dirección de aplicación, pero de sentidos contrarios. Mientras que la centrípeta apunta hacia el centro del círculo, la centrífuga apunta hacia fuera.

Movimiento Circular Uniformemente Acelerado

Las ecuaciones del movimiento circular uniformemente acelerado (MCUA) son similares a las del movimiento lineal, sustituyendo la posición lineal por el ángulo, la velocidad lineal por la angular y la aceleración lineal por la angular:

$$\omega = \omega_0 + \alpha \cdot t$$

$$\theta = \theta_0 + \omega_0 \cdot t + \frac{1}{2} \cdot \alpha \cdot t^2$$

$$\omega^2 = \omega_0^2 + 2 \cdot \alpha \cdot (\theta - \theta_0)$$

Además hay que tener en cuenta la relación entre la aceleración tangencial y la aceleración angular:

$$a_t = \alpha \cdot R$$

2.2.3. MOVIMIENTO PERIÓDICO

Hemos estudiado las leyes que rigen el movimiento de cuerpos que se mueven de un lugar a otro en línea recta, y los que tienen un movimiento circular. Existen cuerpos que se mueven de un punto a otro, y a continuación vuelven al punto inicial para volver a iniciar el mismo movimiento repetidas veces. Esto se conoce como movimiento periódico. El ejemplo típico de movimiento periódico es el movimiento del péndulo de un reloj.

Movimiento armónico simple

La ecuación del movimiento armónico simple se define con ayuda de una función armónica, como son el seno o el coseno. Cuando se necesita más de una función armónica para definir el movimiento, entonces se trata de un movimiento «no armónico», más complejo, que no estudiaremos.

Un ejemplo de movimiento armónico simple es un muelle que oscila en torno a su posición de equilibrio (Figura 2.29). La única fuerza que actúa es la del muelle:

$$F = -k \cdot x$$

En donde:

- F: fuerza del muelle (N).
- k: constante elástica del muelle (N/m).
- x: elongación del muelle (m).

El signo negativo indica que el sentido de la fuerza siempre va dirigido hacia el centro, esto es, hacia la posición de equilibrio.

De las leyes de Newton (cuyo estudio detallado se realizará más adelante) tenemos que

$$F = m \cdot a$$

En donde:

- F: fuerza (N).
- m: masa (kg).
- a: aceleración (m/s^2).

Igualando ambas fuerzas, queda:

$$m \cdot a = -k \cdot x \quad \text{por tanto} \quad a = -\frac{k}{m} \cdot x$$

Ahora bien, a la raíz cuadrada de la relación entre la constante del muelle y la masa se la denomina frecuencia angular (rad/s) del movimiento o **pulsación** ω. Por tanto:

$$\omega^2 = \frac{k}{m} \quad \text{y finalmente} \quad a = -\omega^2 \cdot x$$

Anteriormente hemos visto que la aceleración es la derivada de la velocidad respecto del tiempo, y que la velocidad es a su vez la derivada del espacio respecto del tiempo. Por tanto, la aceleración es la derivada segunda del espacio respecto del tiempo, así que la ecuación queda:

$$\frac{d^2x}{dt^2} = -\omega^2 \cdot x$$

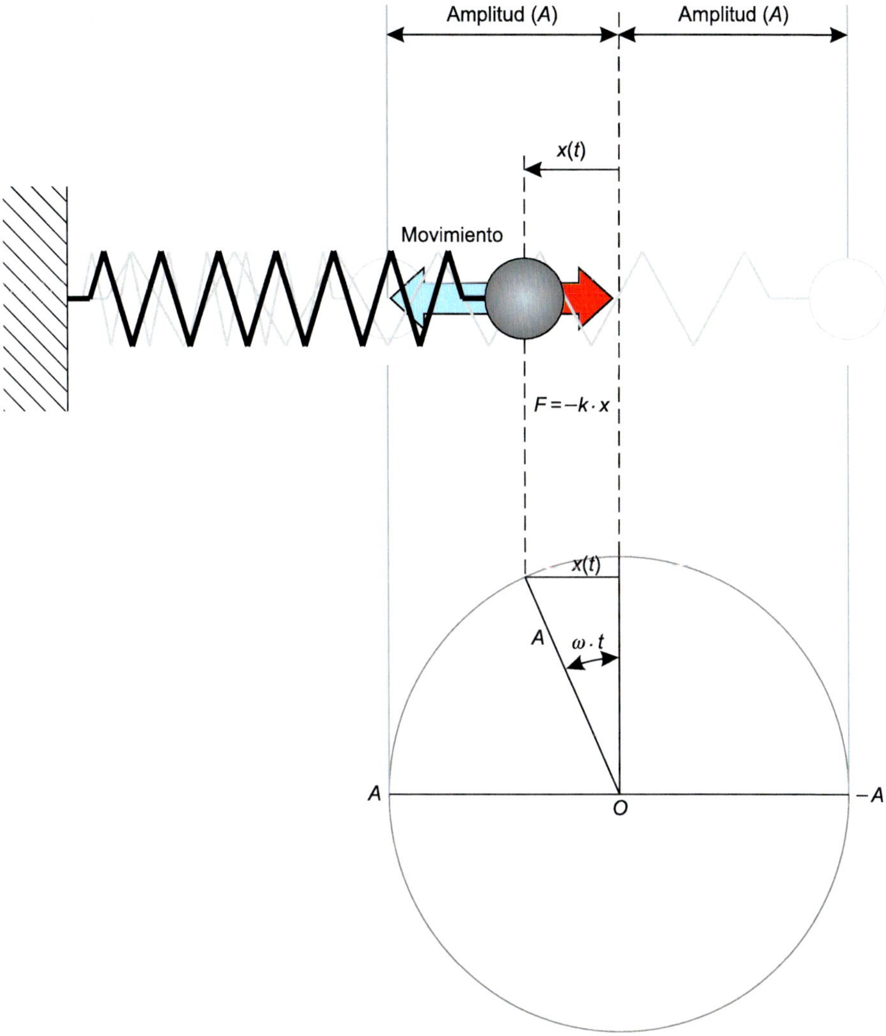

Figura 2.29. Movimiento armónico simple.

Si resolvemos esta ecuación diferencial, obtendremos:

$$x(t) = A \cdot \text{sen}\,(\omega t + \phi)$$

En donde:

- $x(t)$: elongación en función del tiempo (m).
- A: amplitud del movimiento (m).
- ω: pulsación (s^{-1}).
- t: tiempo (s)
- ϕ: fase inicial (rad).

La velocidad y la aceleración serán respectivamente:

$$v(t) = A \cdot \omega \cdot \cos\,(\omega \cdot t + \phi)$$
$$a(t) = -A \cdot \omega^2 \cdot \text{sen}\,(\omega \cdot t + \phi)$$

Podemos ver cómo la velocidad será máxima al pasar por el punto medio o de equilibrio, y nula cuando la elongación coincide con la amplitud del movimiento. En cambio, la aceleración es máxima en los extremos y nula en la parte central del movimiento. Por tanto:

$$v_{\text{máx}} = A \cdot \omega \qquad a_{\text{máx}} = -A \cdot \omega^2$$

El signo negativo de la aceleración nos indica que el movimiento armónico simple es un movimiento acelerado hacia el centro de oscilación, esto es, la partícula se acelera cuando se dirige hacia la posición de equilibrio.

Dos magnitudes relacionadas son la **frecuencia** f y el **período** T. Se relacionan a través de la pulsación del movimiento. El período es el tiempo que tarda el móvil en realizar un ciclo completo. Dado que el ciclo completo corresponde a $2 \cdot \pi$ radianes (360°), la pulsación será:

$$\omega = \frac{2\pi}{T}$$

La frecuencia es el número de ciclos realizados por unidad de tiempo (hertzios – Hz). En un tiempo igual al período T, se habrá completado un ciclo, por lo que:

$$f = \frac{1}{T} \quad \text{por tanto:} \quad \omega = 2 \cdot \pi \cdot f$$

Anteriormente hemos definido la pulsación en función de la masa y de la constante elástica del muelle. Ahora podemos definir el período de la oscilación en función de m y k, dado que

$$\omega^2 = \frac{k}{m} \quad \text{y} \quad \omega = \frac{2\pi}{T}$$

El período T finalmente será:

$$T = 2 \cdot \pi \cdot \sqrt{\frac{m}{k}}$$

Movimiento pendular

Un péndulo consiste en una masa que pende de un hilo. Cuando movemos esta masa fuera de su punto de equilibrio, esta empezará a oscilar de un lado a otro debido a la acción de la fuerza de la gravedad (Figura 2.30). La fuerza de la gravedad se puede descomponer en una componente según el hilo, y otra perpendicular a esta, que será la que provoque el movimiento de la masa. Según la masa oscila de lado a lado, cambia la dirección de esta componente, manteniendo un **movimiento oscilatorio periódico.** Cuando la masa pasa por el punto de equilibrio, esta componente que provoca el movimiento es nula, pero la energía cinética de la masa es máxima, por lo que mantiene el movimiento hasta el otro extremo, en donde cambia el sentido.

Por tanto, el comportamiento será muy parecido al de un móvil con movimiento armónico simple. De hecho, si la amplitud de la oscilación es suficientemente pequeña, el movimiento se considera armónico simple. En este caso, el período de la oscilación no depende de la masa, siendo su expresión matemática:

$$T = 2 \cdot \pi \cdot \sqrt{\frac{L}{g}}$$

En donde:

- T: período (s).
- L: longitud del hilo (m).
- g: gravedad (m/s²).

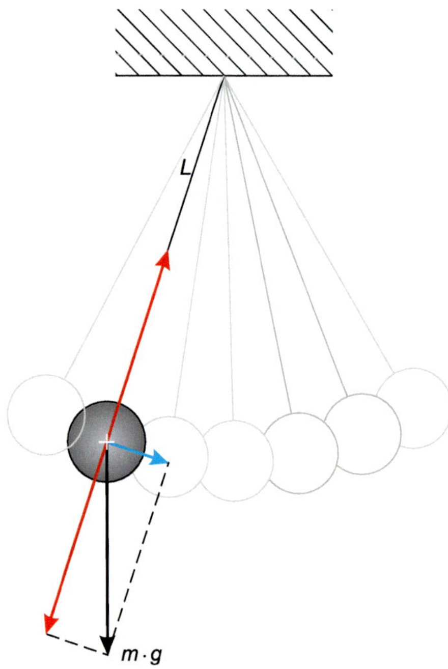

Figura 2.30. Movimiento pendular.

2.2.4. VIBRACIÓN Y RESONANCIA

Vibrar es oscilar alternativamente en torno a una posición de equilibrio. Por tanto, podemos definir una vibración según un movimiento oscilatorio, armónico simple, pendular, etc. La vibración queda definida en la mayoría de los casos al dar la frecuencia y la amplitud de la oscilación.

Problemas resueltos

Se tiene un muelle de 5 cm de longitud con constante de 2 kN/m. Uno de sus extremos está firmemente sujeto a la pared y en el otro se coloca una masa de 400 g. Si en todo momento el muelle permanece horizontal, calcula:

- Fuerza que se deberá realizar para comprimir el muelle hasta que tenga una longitud de 3 cm.
- Valor de la pulsación.
- Aceleración de la masa cuando suelte el muelle.
- Velocidad máxima que alcanza la masa.
- Posición en la que se encuentra la masa transcurridos 2,5 s.
- Frecuencia del movimiento oscilante.
- Período del movimiento.

Solución

La elongación del muelle es la longitud inicial menos la longitud final:

$$x = 5 - 3 = 2 \text{ cm} = 0{,}02 \text{ m}$$

Por tanto la fuerza necesaria es:

$$F = k \cdot x = 2.000 \cdot 0{,}02 = 40 \text{ N}$$

En este caso la fuerza es positiva ya que es una fuerza que yo hago para comprimir el muelle, por lo que será igual y de sentido contrario a la que ejerce el muelle contra mí (principio de acción y reacción).

Para calcular la pulsación, se aplica la fórmula:

$$\omega^2 = \frac{k}{m} \quad \Rightarrow \quad \omega = \sqrt{\frac{k}{m}} = \sqrt{\frac{2.000}{0{,}4}} = 70{,}7 \text{ s}^{-1}$$

La aceleración de la masa:

$$a = -\omega^2 \cdot x = -\frac{k}{m} \cdot x = -\frac{2.000}{0{,}4} \cdot 0{,}02 \quad \Rightarrow$$

$$\Rightarrow \quad a = -100 \text{ m/s}^2$$

El signo negativo indica que el extremo del muelle con la masa se acelera hacia el punto de equilibrio.

La velocidad máxima se alcanza cuando la masa pasa por el punto de equilibrio. La amplitud será la elongación provocada inicialmente:

$$v_{máx} = A \cdot \omega = 0{,}02 \cdot 70{,}7 = 1{,}41 \text{ m/s}$$

La posición transcurridos 2,5 s ($\phi = 0$):

$$\begin{aligned} x(t) &= A \cdot \cos(\omega t + \phi) = \\ &= 0{,}02 \cdot \cos(70{,}7 \cdot 2{,}5 + 0) = \\ &= 0{,}02 \cdot \cos(176{,}75 \text{ rad}) = \\ &= 0{,}02 \cdot \cos(10.127^{\circ}) = 0{,}02 \cdot 0{,}68 = \\ &= 0{,}0136 \text{ m} = 1{,}36 \text{ cm} \end{aligned}$$

Es importante pasar de radianes a grados antes de calcular el coseno.

La frecuencia será:

$$\omega = 2 \cdot \pi \cdot f \quad \Rightarrow \quad f = \frac{\omega}{2 \cdot \pi} = \frac{70{,}7}{2 \cdot \pi} = 11{,}25 \text{ Hz}$$

El período será:

$$f = \frac{1}{T} \quad \Rightarrow \quad T = \frac{1}{f} = \frac{1}{11{,}25} = 0{,}088 \text{ s}$$

Calcula el período del movimiento de un péndulo formado por una masa de 2 kg que pende de un hilo de masa despreciable de 40 cm de longitud.

Solución

El período depende de la longitud y de la gravedad (10 m/s^2):

$$T = 2 \cdot \pi \cdot \sqrt{\frac{L}{g}} = 2 \cdot \pi \cdot \sqrt{\frac{0{,}4}{10}} = 1{,}25 \text{ s}$$

La vibración de la cuerda de una guitarra es un ejemplo de movimiento armónico simple. Como sabemos, la cuerda no está vibrando eternamente sino que, según va transcurriendo el tiempo, la amplitud de la oscilación va disminuyendo, hasta que finalmente cesa la vibración. Este fenómeno se denomina **amortiguación.** La amortiguación es la consecuencia de que la energía cinética del movimiento no se transforma completamente en potencial, ni la potencial totalmente en cinética, debido a fricciones, fuerzas aerodinámicas, deformaciones, etc. Todos los cuerpos que oscilan o vibran se ven sometidos a algún tipo de amortiguación.

Ahora bien, pensemos por un momento que nos encontramos subidos en un columpio. Si nos dejamos caer desde un extremo, la amplitud del movimiento va reduciéndose poco a poco debido al efecto de la amortiguación. No obstante, aunque la amplitud va disminuyendo, resulta que la frecuencia (y, por lo tanto, el período) permanece constante. Como hemos visto en el movimiento pendular, el período depende de la longitud de la cadena del columpio y de la gravedad, siendo independiente de nuestro peso. Por tanto, en un columpio determinado, el tiempo que se tarda en completar una oscilación será el mismo si lo hacemos montándonos nosotros, un niño, o nosotros con el niño en brazos. Esta frecuencia de oscilación se denomina **frecuencia natural de vibración,** y es característica de este columpio determinado. Otro columpio, con otra longitud en sus cadenas, tendrá una frecuencia natural de oscilación distinta.

Las cuerdas de la guitarra, en función de su grosor y tensión, tienen distintas frecuencias de vibración natural. Un muelle oscilando también tendrá una determinada frecuencia natural de vibración que dependerá del tamaño y forma de este. Por tanto podemos decir de forma general que, cuando a un sólido se le aplica una fuerza puntual que lo saca de su posición de equilibrio, este vibrará según una frecuencia propia denominada frecuencia natural de vibración. Debido a la amortiguación, la amplitud de la oscilación irá disminuyendo, pero la frecuencia permanecerá constante.

Pero volvamos a «subirnos» al columpio. Si alguien nos da impulso cuando llegamos al punto más alto de la oscilación, la amplitud del movimiento será cada vez mayor. La frecuencia se mantiene constante e igual a la natural de vibración debido a que la velocidad con la que nos columpiamos aumenta, y la distancia (amplitud) que recorremos también aumenta. Por tanto, si tardamos 3 s en completar una oscilación, y nos dan un impulso justo al final de la misma, nos estarán dando impulso también cada 3 s. En este caso podemos decir que la frecuencia de la fuerza que nos impulsa está en fase con la frecuencia natural de vibración del columpio. Cuando esto sucede, decimos que estamos en **resonancia,** y a la frecuencia excitadora se la denomina **frecuencia de resonancia.**

Cuando se alcanza la condición de resonancia, no hay amortiguación, y la amplitud del movimiento aumentará más y más. Para los sólidos, el hecho de entrar en resonancia puede suponer su destrucción. Esto es lo que sucede cuando una soprano rompe una copa de cristal con su voz. Si damos un golpecito a la copa, esta vibrará según su frecuencia natural, generando una nota determinada. Si la soprano da esa nota exacta durante suficiente tiempo, la copa se romperá. La copa se rompe porque no es capaz de deformarse más allá de una determinada amplitud.

El fenómeno de la resonancia es estudiado en profundidad por los diseñadores de aeronaves y motores, ya que puede dar lugar a fallos catastróficos. En general podemos decir que, cuanto mayor sea la frecuencia natural de vibración de un sólido, menor será la amplitud asociada a dicha vibración. A su vez, cuanto menor sea la amplitud de la vibración, menos energía tendrá asociada. Cuanto menor sea la energía asociada, menores serán las deformaciones producidas. Por tanto, interesa construir estructuras cuyas frecuencias naturales de vibración sean lo más altas posible, para minimizar los problemas con este asunto.

Ahora bien, resulta que, para conseguir estructuras con frecuencias de vibración altas, los espesores de estas deben ser grandes, lo que aumenta su peso. Por tanto se debe alcanzar una solución de compromiso.

La estructura de las aeronaves deberá evitar o soportar la resonancia y, a la vez, deberá ser lo más ligera posible.

Por último hay que tener en cuenta lo que llamamos **modos de vibración.** Los modos de vibración son las formas con las que una estructura puede oscilar (Figura 2.31). El modo más energético es el de menor frecuencia; por tanto, será el más peligroso (modo 1). En el diseño de una aeronave se suelen estudiar los cinco primeros modos. Si con estas frecuencias no hay problema, no es probable que lo haya con frecuencias mayores, menos energéticas.

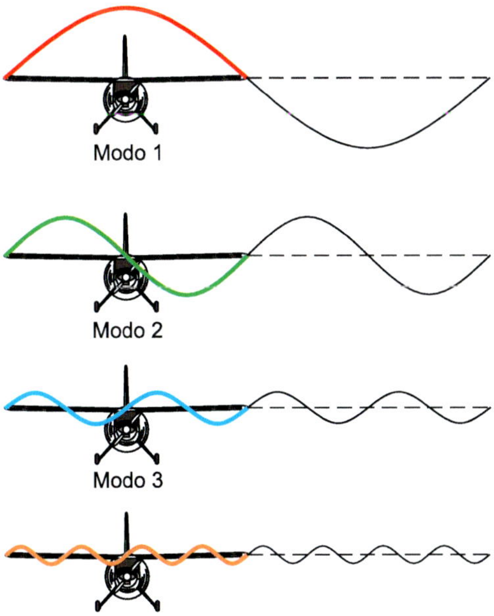

Figura 2.31. Modos de vibración del ala de un avión.

2.2.5. MÁQUINAS SIMPLES

Una máquina es un dispositivo que permite mover cargas pesadas con pequeñas fuerzas. Las máquinas simples son:

- Plano inclinado.
- Palanca.
- Poleas.
- Ruedas.
- Tornillo.

Palanca

La palanca es una máquina simple compuesta por una barra rígida que puede girar libremente alrededor de un punto de apoyo, o **fulcro.** La palanca se emplea normalmente para amplificar una fuerza: aplicando una pequeña fuerza, se levantan pesadas masas. Es famosa la cita de Arquímedes: «Dadme una palanca y un punto de apoyo y moveré el mundo». También se puede utilizar la palanca para amplificar el desplazamiento.

Problemas resueltos

Se pretende levantar una masa de 5 kg con una palanca de 2 m. Si la fuerza máxima que se pretende realizar es de 2 N, ¿a qué distancia de la masa deberá estar el fulcro de la palanca?

Solución

En primer lugar calculamos el peso de la masa en N sabiendo que la gravedad es $g = 10\ \text{m/s}^2$.

$$P = m \cdot g = 5 \cdot 10 = 50\ \text{N}$$

Si decimos que la distancia del fulcro a la masa es d, la distancia del fulcro al punto de aplicación de la fuerza es $(2 - d)$. Aplicando el equilibrio de momentos:

$$50 \cdot d = (2 - d) \cdot 2 \Rightarrow d = \frac{4}{52} = 7{,}7\ \text{cm}$$

Dependiendo de la posición relativa del fulcro y el punto de aplicación de las fuerzas, se pueden distinguir tres tipos o géneros de palancas (Figura 2.32). El principio matemático y físico de la palanca es aplicable independientemente del género: equilibrio de momentos en torno al fulcro:

$$P \cdot d_P = F \cdot d_F$$

En donde:

- P: peso que se desea mover.
- d_P: distancia del punto de aplicación del peso al fulcro.
- F: fuerza que se aplica a la palanca.
- d_F: distancia del punto de aplicación de la fuerza al fulcro.

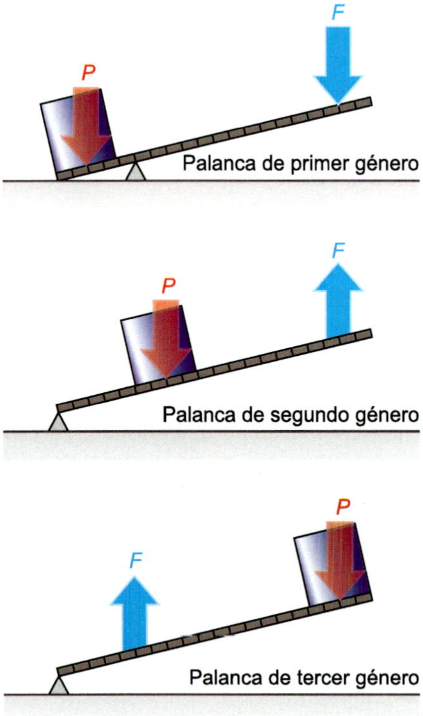

Figura 2.32. Palanca. Las de primer género se emplean en tijeras, tenazas, remos de embarcaciones, alicates, etc.; las de segundo género, en carretillas y cascanueces; las de tercer tipo se emplean cuando se quiere multiplicar la distancia recorrida, como en el tren de aterrizaje de un avión.

Plano inclinado

El plano inclinado permite elevar objetos a una determinada altura, empleando una fuerza menor que la necesaria para ascenderlos directamente (Figura 2.33). En el esquema de la figura, para ascender un cuerpo de masa m, bastará con aplicar una fuerza igual al peso del objeto:

$$F = m \cdot g$$

Si subimos el objeto por un plano inclinado, la fuerza para deslizarlo sobre este será:

$$F = m \cdot g \cdot \operatorname{sen} \alpha + F_R$$

En donde:

- *F:* fuerza aplicada.
- *m:* masa del objeto.
- *g:* aceleración de la gravedad.
- α: ángulo de inclinación del plano.
- F_R: fuerza de rozamiento.

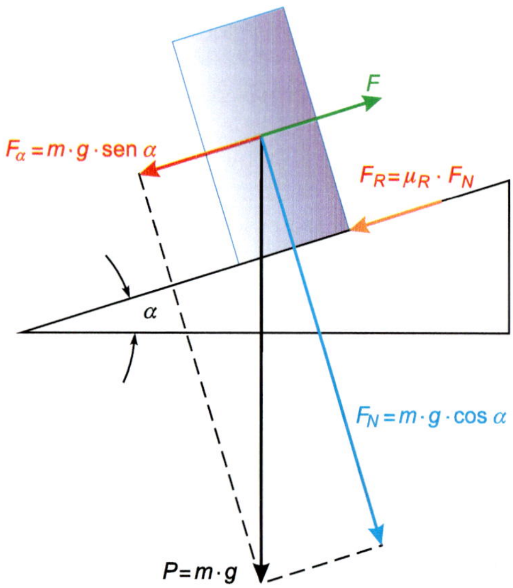

Figura 2.33. Plano inclinado.

La fuerza de rozamiento depende de la componente del peso normal (perpendicular) a la superficie de contacto, y del coeficiente de rozamiento. El coeficiente de rozamiento depende exclusivamente de los materiales en contacto, y de si hay o no movimiento relativo entre los cuerpos. De esta forma se definen el **coeficiente de rozamiento estático** (cuando no hay movimiento relativo) y el **coeficiente de rozamiento dinámico** (cuando hay movimiento relativo). El dinámico es menor que el estático. Esto lo sabemos por experiencia propia; si, por ejemplo, arrastramos una mesa, nos cuesta una fuerza mayor empezar a moverla que mantener su movimiento. El **coeficiente de rozamiento no depende del área de las superficies en contacto, ni de la velocidad relativa entre ambas.** Por tanto:

$$F_R = \mu \cdot F_N = \mu \cdot m \cdot g \cdot \cos \alpha$$

Por lo que la fuerza que se necesita para subir el objeto será:

$$F = m \cdot g \cdot \operatorname{sen} \alpha + \mu \cdot m \cdot g \cdot \cos \alpha$$

Simplificando:

$$F = m \cdot g \cdot (\operatorname{sen} \alpha + \mu \cdot \cos \alpha)$$

Si, por ejemplo, el coeficiente de rozamiento estático es de $\mu = 0,3$ y el ángulo del plano inclinado es de $\alpha = 30°$, la fuerza que tenemos que aplicar para mover el objeto será del 75% del peso del mismo.

Poleas

Las poleas consisten en unas ruedas acanaladas sobre las que se pasa una cuerda. Las fuerzas se transmiten a través de la cuerda. Las poleas pueden ser simple fija, simple móvil o compuesta.

En la **polea simple fija** no hay una amplificación de la fuerza ejercida; simplemente hay un cambio en la dirección y/o sentido de la fuerza. El desplazamiento de la carga será igual al del extremo en que aplicamos la fuerza. En la polea **simple móvil,** el peso se reparte entre el extremo del que tiramos y el extremo fijo. Por tanto, en este tipo de polea, la fuerza que necesitamos para mover la carga será la mitad de su peso. En cambio, si queremos ascender la carga 1 m, deberemos tirar 2 m de la cuerda. En definitiva, la fuerza es la mitad, pero la distancia es el doble.

En una **polea compuesta** (también denominada **polipasto** o aparejo) se van añadiendo ruedas fijas y móviles, para disminuir la fuerza necesaria para ascender una determinada masa. Si tenemos dos ruedas, la fuerza necesaria será la mitad del peso, y la distancia el doble. Si tenemos tres ruedas, la fuerza será un tercio y la distancia el triple, y así sucesivamente (Figura 2.34). La carga siempre se fija a las ruedas móviles.

Transmisiones

Se denomina transmisión a un mecanismo encargado de transmitir potencia entre dos o más elementos dentro de una máquina. En la gran mayoría de los casos, estas transmisiones se realizan a través de elementos rotantes. Una transmisión mecánica es una forma de intercambiar energía mecánica distinta a las transmisiones neumáticas o hidráulicas ya que, para ejercer su función, emplea el movimiento de cuerpos sólidos, como lo son los engranajes y las correas de transmisión. En torno a las transmisiones hay una serie de definiciones que es necesario conocer:

- Se llama **árbol conductor** (o árbol motor) al eje que transmite el movimiento originario. De forma paralela, se llama **árbol conducido** (o árbol resistente) al que recibe el movimiento.
- Se llama **relación de transmisión,** o relación de velocidades, al cociente que resulta de dividir la velocidad de giro del árbol conducido entre la velocidad de giro del árbol conductor. La relación de transmisión necesaria se obtiene, por ejemplo, mediante engranajes con distinto número de dientes.
- Se denomina **relación de reducción** al cociente de la velocidad de giro del árbol conductor entre la velocidad de giro del árbol conducido, justo a la inversa de la relación de transmisión.
- Se llama **tren de engranajes** a una combinación de varios engranajes destinados a transmitir un movimiento circular. Pueden tener distintos objetivos: variar el sentido de giro, transmitir el movimiento sin necesidad de grandes ruedas de engranajes u obtener una gran relación de transmisión o reducción empleando ruedas de diámetros pequeños.

Las rpm de giro de las ruedas dentadas (Figura 2.35) son inversamente proporcionales a su número de dientes:

$$\frac{N_1}{N_2} = \frac{Z_2}{Z_1}$$

En donde:

- N_1: rpm de la conductora.
- N_2: rpm de la conducida.
- Z_1: número de dientes de la conductora.
- Z_2: número de dientes de la conducida.

Si lo que queremos es cambiar el sentido de giro, o transmitir el movimiento entre ejes distantes sin necesidad de utilizar ruedas grandes, se utilizarán las denominadas **ruedas parásitas o intermedias.** Se les da este nombre porque no intervienen en la relación de

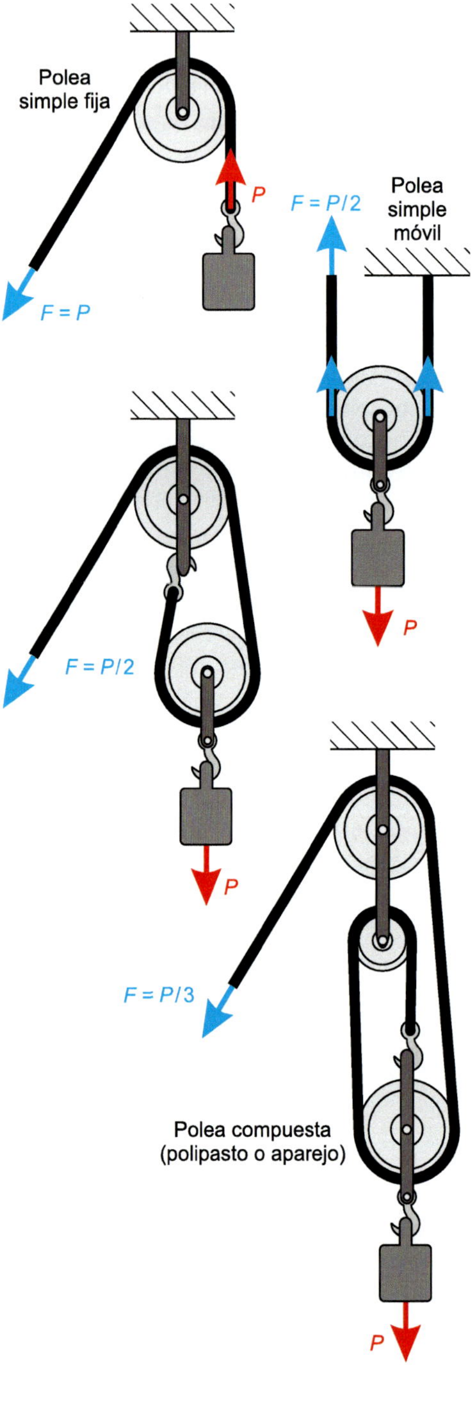

Figura 2.34. Poleas y polipastos.

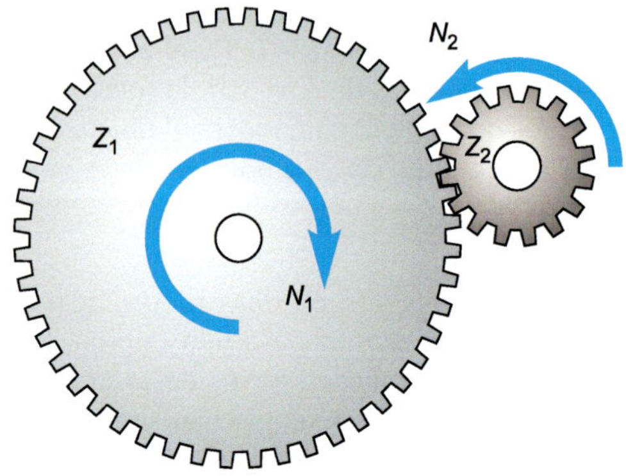

Figura 2.35. Tren de engranajes.

Figura 2.36. Tren de engranajes con ruedas parásitas.

Problemas resueltos

Para elevar una masa de 40 kg a una altura de 8 m, se emplea un plano inclinado de 20°. Calcula:

- La fuerza que se debe realizar para mover la carga despreciando la fricción.
- La fuerza que se deberá realizar para mover la carga por el plano inclinado si el coeficiente de fricción es de 0,3.

Solución

Si la fricción fuera nula, entonces:

$$F = m \cdot g \cdot \operatorname{sen} \alpha \quad \Rightarrow$$

$$\Rightarrow \quad F = 40 \cdot 10 \cdot \operatorname{sen} 20^{\circ} = 136{,}8 \text{ N}$$

Si existe rozamiento, se realiza un equilibrio de fuerzas como se muestra en la Figura 2.33:

$$F = m \cdot g \cdot \operatorname{sen} + F_R$$

La fuerza de rozamiento es proporcional a la fuerza normal (perpendicular) a la superficie y al coeficiente de rozamiento; por tanto:

$$F_R = \mu \cdot F_N = \mu \cdot m \cdot g \cdot \cos \alpha \quad \Rightarrow$$

$$\Rightarrow \quad F_R = 0{,}3 \cdot 40 \cdot 10 \cdot \cos 20^{\circ} = 112{,}7 \text{ N}$$

Por tanto:

$$F = m \cdot g \cdot \operatorname{sen} \alpha + F_R = 136{,}8 + 112{,}7 \quad \Rightarrow$$

$$\Rightarrow \quad F = 249{,}5 \text{ N}$$

Para elevar una masa de 10 kg por un plano inclinado, se pretende realizar una fuerza máxima de 2 kg. Si despreciamos el rozamiento, ¿qué ángulo máximo deberá tener el plano inclinado para lograr mover la masa?

Solución

Dado que 2 kgf = 20 N, y con la fricción nula:

$$F = m \cdot g \cdot \operatorname{sen} \alpha \quad \Rightarrow$$

$$\Rightarrow \quad \alpha = \arcsen \frac{F}{m \cdot g} =$$

$$= \arcsen \frac{20}{10 \cdot 10} = 11{,}54^{\circ}$$

transmisión. Si nos fijamos en los engranajes de la Figura 2.36, tenemos que en la rueda 2

$$N_2 = N_1 \cdot \frac{Z_1}{Z_2}$$

En la rueda 3

$$N_3 = N_2 \cdot \frac{Z_2}{Z_3} = N_1 \cdot \frac{Z_1}{Z_2} \cdot \frac{Z_2}{Z_3} = N_1 \cdot \frac{Z_1}{Z_3}$$

Problemas resueltos

En la figura se observa un tren de engranajes en donde la conductora es la rueda número 1, siendo el resto conducidas. El número de dientes de cada engranaje es $Z_1 = 48$, $Z_2 = 16$, $Z_3 = 30$, $Z_4 = 16$. Sabiendo que el piñón 2 y el 3 giran solidarios y que la rueda 1 gira a 200 rpm, ¿cuál será la relación de transmisión?

Solución

La relación entre el número de dientes Z y las rpm N es la siguiente:

$$\frac{N_1}{N_2} = \frac{Z_2}{Z_1}$$

Las rpm de la rueda 2 será:

$$N_2 = N_1 \cdot \frac{Z_1}{Z_2} = 200 \cdot \frac{48}{16} = 600 \text{ rpm}$$

Las ruedas 2 y 3 giran solidarias por lo que giran a las mimas rpm. Las rpm en la rueda 4 será:

$$N_4 = N_3 \cdot \frac{Z_3}{Z_4} = 600 \cdot \frac{30}{16} = 1.125 \text{ rpm}$$

Continúa

▸*Continuación*

La relación de transmisión será:

$$\tau = \frac{N_4}{N_1} = \frac{1.125}{200} = 5{,}625:1$$

Esto quiere decir que el piñón 4 gira 5,625 veces más rápido que el 1. Es un tren multiplicador.

Se tienen tres ruedas dentadas engranadas según se observa en la figura con $Z_1 = 30$, $Z_2 = 16$, $Z_3 = 48$. Si la velocidad de giro de la conducida son 400 rpm, ¿cuál será la relación de transmisión en la rueda 3?

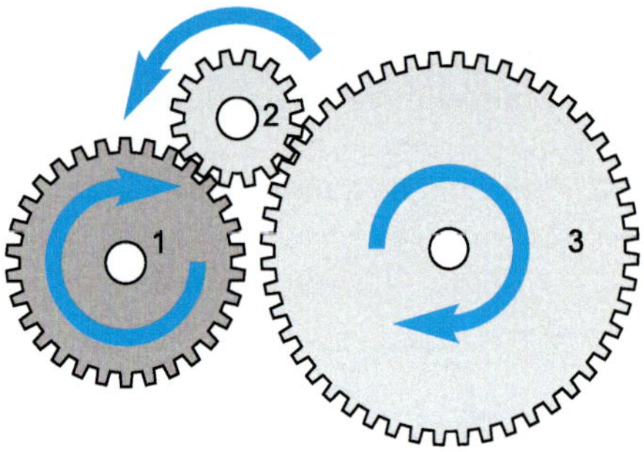

Solución

La relación de transmisión depende exclusivamente del número de dientes de la conductora y de la última conducida:

$$\tau = \frac{Z_1}{Z_3} = \frac{30}{48} = 1:1{,}6$$

La relación de transmisión será:

$$\tau = \frac{N_1 \cdot \frac{Z_1}{Z_3}}{N_1} = \frac{Z_1}{Z_3}$$

Como vemos, la relación de transmisión no depende del número de dientes de la rueda 2; solo depende de la conductora y de la última conducida. A estas ruedas que no influyen en la relación de transmisión se las denomina **ruedas parásitas.**

Esta construcción se emplea para transmitir el movimiento sin necesidad de grandes ruedas de engranajes. A la rueda 2 también se puede engranar una rueda 4, de tal manera que su velocidad solo dependerá del número de dientes de esta y de la conductora.

Ventaja mecánica y relación de velocidades

Las máquinas simples nos permiten mover grandes cargas aplicando pequeñas fuerzas. La relación entre la fuerza resistente y la fuerza aplicada es lo que conocemos como **ventaja mecánica** *VM*:

$$VM = \frac{P}{F}$$

En donde:

- *VM:* ventaja mecánica (adimensional).
- *P:* carga o peso que queremos vencer.
- *F:* fuerza realizada.

Como hemos visto al estudiar las máquinas simples, la ventaja mecánica se obtiene aumentando el desplazamiento realizado. En una palanca, cuanto más largo sea el brazo d_F sobre el que aplicamos la fuerza, mayor será el peso *P* que podemos mover pero menor será su desplazamiento. Dado que el tiempo es común para todos los elementos de la palanca, podemos decir que, cuanto mayor sea la velocidad del extremo donde aplicamos la fuerza, comparado con el extremo donde está colocado el peso, mayor será la ventaja mecánica. A esto se le conoce de forma general como **relación de velocidades** *RV* de una máquina simple. En una palanca:

$$RV = \frac{d_F}{d_P}$$

Por tanto:

$$VM = \frac{P}{F} = \frac{d_F}{d_P} = RV$$

En donde:

- *RV:* relación de velocidades.
- *VM:* ventaja mecánica.

- P: peso que se desea mover.
- d_P: distancia del punto de aplicación del peso al fulcro.
- F: fuerza que se aplica a la palanca.
- d_F: distancia del punto de aplicación de la fuerza al fulcro.

En las poleas, cuantas más ruedas pongamos, mayor será el peso que podemos elevar, pero subirá una distancia proporcionalmente menor. Si tenemos un polipasto de tres ruedas, el peso que podemos mover se triplica, pero la distancia que lo podemos elevar se divide entre 3. Por tanto:

$$VM = RV = \frac{d_F}{d_P} = \text{n.}^{\text{o}} \text{ de ruedas}$$

En un plano inclinado, cuanto menor sea el ángulo del plano inclinado, menor esfuerzo pero mayor distancia. Si comparamos la distancia recorrida sobre el plano inclinado con la elevación que producimos al peso, tendremos la RV y VM:

$$RV = VM = \frac{P}{F} = \frac{d_F}{d_P} = \frac{1}{\operatorname{sen}\alpha} = \operatorname{cosec}\alpha$$

En donde α es el ángulo de inclinación del plano inclinado. Podemos ver que, cuanto menor es el ángulo, mayor es la ventaja mecánica y, por tanto, mayor será el desplazamiento que deberemos realizar con el objeto que deseamos subir.

En una transmisión por engranajes, cadenas o correas, cuanto menor sea la relación de transmisión, mayor será el par en la rueda conducida, pero más lento girará esta:

$$VM = RV = \frac{N_1}{N_2} = \frac{Z_2}{Z_1} = \frac{T_2}{T_1}$$

En donde:

- N_1: velocidad de la rueda conductora.
- N_2: velocidad de la rueda conducida.
- Z_1: número de dientes de la rueda conductora.
- Z_2: número de dientes de la rueda conducida.
- T_1: torque aplicado en la rueda conductora.
- T_2: torque recibido en la rueda conducida.

Es importante tener en cuenta que la relación de velocidades de una máquina simple es constante y depende exclusivamente de la geometría de la máquina pero no así la ventaja mecánica. En una maquina real, tendremos algún tipo de fricción, que se opondrá al movimiento. La fuerza que nosotros aplicamos deberá vencer la acción del peso pero también de dicha fuerza de fricción. Por tanto, la ventaja mecánica real VMR será:

$$VMR = \frac{P}{F + F_{\text{Fric.}}}$$

Si queremos desplazar un peso pequeño, que sea del mismo orden de magnitud que las fuerzas de fricción, la *VM* real disminuirá, alejándose bastante de la ideal *(VM = RV)* mientras que, si el peso que vamos a desplazar es muy grande comparado con las fuerzas de fricción, la *VMR* real será prácticamente igual a la ideal. Por tanto, la ventaja mecánica depende del valor de las fuerzas que aparecen en la máquina, mientras que la relación de velocidades depende exclusivamente de la geometría de dicha máquina.

Problemas resueltos

Se desea elevar una carga de 100 kg a una altura de 8 m con un plano inclinado de 10°. Calcula:

- La relación de velocidades.
- La ventaja mecánica si la fuerza de fricción es de 240 N.
- El rendimiento de la máquina.

Continúa

Solución

La RV en un plano inclinado es:

$$RV = \frac{1}{\operatorname{sen}\alpha} = \frac{1}{\operatorname{sen}10^{\circ}} = 5{,}75$$

Para calcular la VMR, deberemos determinar antes la fuerza total que se va a realizar:

$$F = m \cdot g \cdot \operatorname{sen}\alpha + F_R =$$

$$= 100 \cdot 10 \cdot \operatorname{sen}10^{\circ} + 240 = 173{,}6 + 240 =$$

$$= 413{,}64 \text{ N}$$

Por tanto:

$$VMR = \frac{m \cdot g}{F} = \frac{1.000}{413{,}64} = 2{,}41$$

El rendimiento será la relación entre la VMR y la RV:

$$\eta = \frac{VMR}{RV} = \frac{2{,}41}{5{,}75} = 0{,}419 = 41{,}9\,\%$$

Rendimiento mecánico

El rendimiento mecánico o eficiencia mecánica de una máquina es la relación de la energía obtenida a la salida, entre la energía aplicada a la entrada. Imaginemos que estamos dando un paseo en bicicleta; la energía que gastamos en pedalear se transmite a la rueda a través de la cadena. No obstante, no toda la energía del pedaleo se transmite a la rueda, ya que la fricción entre el plato y el piñón con la cadena consumen parte de esta energía. El rendimiento en este caso (transmisión por cadena) será la relación de la energía presente en la rueda entre la energía que hemos transmitido a los pedales. La diferencia entre estas energías es lo que se conoce como pérdidas, y en este caso son debidas a pérdidas por fricción. De forma general:

$$\eta = \frac{W_{\text{aprovechado}}}{W_{\text{aportado}}} = \frac{P \cdot d_P}{(F + F_{\text{Fric.}}) \cdot d_F} =$$

$$= \frac{\dfrac{P}{F + F_{\text{Fric.}}}}{\dfrac{d_F}{d_P}} = \frac{VMR}{RV}$$

En una máquina perfecta (ideal e inexistente) el rendimiento es la unidad (o el 100%). Una máquina ideal es por tanto aquella en que $VMR = RV$; en la realidad, $VMR < RV$ siempre.

2.3. DINÁMICA

La dinámica es la parte de la mecánica que trata las leyes del movimiento en relación con las fuerzas que lo producen. En las siguientes líneas estudiaremos dichas leyes.

2.3.1. MASA Y PESO

La masa de un objeto es la cantidad de materia que este contiene. En el sistema internacional la unidad de masa es el kilogramo. El peso es la fuerza con que la tierra atrae a los objetos, y también lo medimos frecuentemente en kg, por lo que en ocasiones provoca confusiones. El peso es una fuerza, y en el sistema internacional su unidad es el Newton (N). La relación que existe entre el Newton y el kg es la aceleración de la gravedad (9,81 m/s^2). De esta manera, una masa de 1 kg tiene un peso de 1kg o 9,81 N.

NOTA

POR COMODIDAD, NORMALMENTE LA GRAVEDAD SE APROXIMA A 10 m/s^2.

Hemos dicho que el peso es la fuerza con que la tierra atrae a un objeto de tal manera que, si nosotros dejamos caer un lapicero desde la mesa al suelo, este se verá atraído por la gravedad terrestre, y se moverá hacia el suelo. No obstante, la fuerza de la gravedad provocada por el lapicero, por el hecho de tener masa, también atrae a la tierra y obliga a esta a moverse hacia él. Este movimiento de la tierra hacia el lapicero no lo tenemos en cuenta porque el desplazamiento de la tierra es extremadamente pequeño, ya que la fuerza con que el lapicero atrae a la tierra también lo es.

La Ley de Gravitación Universal enunciada por Newton define la interacción que experimentan los cuerpos con masa.

$$F = -G \cdot \frac{M \cdot m}{r^2}$$

En donde

- G: constante de gravitación universal ($G = 6{,}67 \cdot 10^{-11}$ N · m²/ kg²).
- M y m: masa de los objetos (kg).
- r: distancia que separa los centros de gravedad de los objetos (m).

La fuerza es una magnitud vectorial. El signo negativo hace referencia a que las fuerzas que aparecen en las masas son de atracción (Figura 2.37). La aceleración de la gravedad ($g = 9{,}81$ m/s²), o **intensidad de campo gravitatorio** g, es equivalente a

$$g = -G \cdot \frac{M_{\text{Tierra}}}{r^2}$$

La gravedad es una aceleración, por lo que tiene carácter vectorial. Su dirección es la radial a la tierra, y sentido hacia el centro de gravedad de esta. Por tanto podemos decir que la atracción que sufre un objeto de masa m atraído por el campo gravitatorio terrestre g, esto es, el peso P, es:

$$P = m \cdot g$$

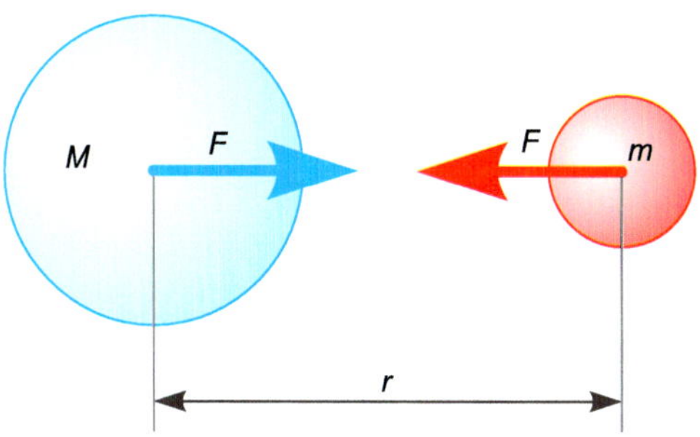

Figura 2.37. Fuerza de atracción gravitatoria.

Problemas resueltos

Calcula la fuerza de atracción entre dos masas de 40 kg cada una separadas una distancia de 10 cm.

Solución

Sabiendo que la constante G es $6{,}67 \cdot 10^{-11}$ N · m²/kg², la fuerza de atracción será:

$$F = G \cdot \frac{M \cdot m}{r^2} = 6{,}67 \cdot 10^{-11} \cdot \frac{40 \cdot 40}{0{,}1^2} =$$

$$= 1{,}0672 \cdot 10^{-5} = 10{,}67\ \mu\text{N}$$

2.3.2. FUERZA E INERCIA

Una fuerza es toda causa capaz de modificar el estado de reposo o de movimiento de un cuerpo, o de deformarlo. La fuerza es una magnitud vectorial. La interacción entre fuerzas, masas y movimiento se describe en las **leyes de Newton,** publicadas en 1687. Son tres.

Primera Ley

La Primera Ley o **ley de la inercia** nos dice que «todo cuerpo permanece en su estado inicial de reposo o movimiento rectilíneo uniforme a menos que sobre él actúe una fuerza externa neta no nula».

Dicho de otro modo, cuando un cuerpo se acelera, frena o cambia la dirección de su movimiento, es debido a la acción de una fuerza. Cuanto mayor sea la aceleración, deceleración o giro producido, y mayor sea la masa, mayor será la inercia.

Segunda Ley

La Segunda Ley o **ley de la fuerza** nos dice que «la aceleración a producida por una fuerza F sobre una masa m es directamente proporcional al valor de la fuerza e inversamente proporcional al valor de la masa». El resultado es la conocida expresión:

$$F = m \cdot a$$

Tercera Ley

La Tercera Ley enuncia el **principio de acción y reacción**: «Para cada acción, existe una reacción igual y de sentido opuesto». Esto lo puedo comprobar si empujo una pared con la mano: soy yo el que empuja, el que realiza la fuerza, pero a la vez siento en la palma de la mano la presión o fuerza de reacción que presenta la pared.

2.3.3. TRABAJO

El trabajo es una magnitud que da información sobre la «diferencia de energía que manifiesta un cuerpo al pasar entre dos estados o puntos». A su vez, la energía es la «capacidad de los cuerpos para producir trabajo, o producir cambios a su alrededor». Vemos la íntima relación entre trabajo y energía que, aunque son parecidos, no son iguales. El trabajo aparece cuando se efectúa una transformación, mientras que la energía es simplemente la capacidad para realizar esa transformación.

El trabajo mecánico W es el producto escalar entre una fuerza F aplicada sobre una masa m y el desplazamiento r de esta:

$$W = F \cdot r \cdot \cos\alpha$$

Es importante tener en cuenta que, si no hay desplazamiento, no hay trabajo. Si empujamos un objeto de 300 kg y no podemos moverlo en absoluto, por mucho que nos cansemos, no hemos realizado ningún trabajo sobre dicho objeto. Si nos quedamos quietos y de pie con una pesada mochila a nuestras espaldas, aunque nos cansemos, no estaremos realizando ningún trabajo.

Además, si la fuerza se realiza perpendicularmente al desplazamiento realizado, el trabajo será nulo, ya que el $\cos\alpha$ también lo será (Figura 2.38).

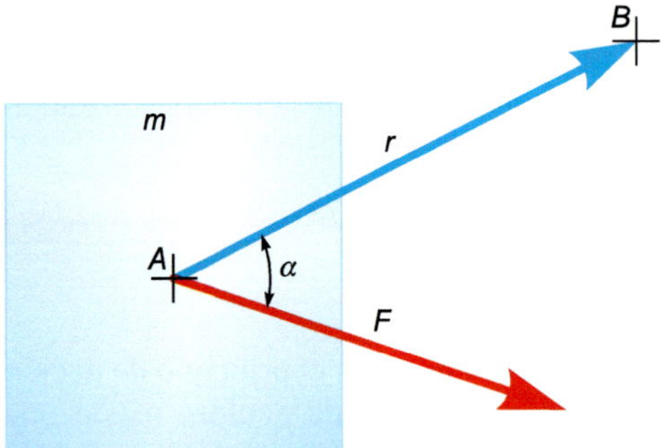

Figura 2.38. Trabajo realizado por una fuerza para mover una masa de un punto A a otro B.

La unidad de trabajo y energía en el sistema internacional es el julio (J). En la Tabla 2.1 podemos ver equivalencias entre las distintas unidades de trabajo y energía que nos podemos encontrar.

Tabla 2.1. Equivalencias entre unidades de trabajo y energía

Unidad	Equivalencia con el julio
Julio (J) SI	–
Kilovatio hora (kwh)	1 kwh = $3{,}6 \cdot 10^{6}$ J
Caloría (cal)	1 cal = 4,18 J
Electrón-voltio (eV)	1 eV = $1{,}602 \cdot 10^{-19}$ J
Ergio (erg)	1 erg = 10^{-7} J
Kilográmetro (kgm)	1 kgm = 9,8 J
Pie libra (ftlb)	1 ftlb = 1,36 J
Unidad térmica británica (BTU)	1 BTU = 1.054 J
Caballo vapor hora (HPh)	1 J = $3{,}725 \cdot 10^{-7}$ HPh

2.3.4. POTENCIA

La potencia es la rapidez con la que se realiza un trabajo. No es lo mismo realizar un trabajo en un minuto que hacerlo en una hora; en el primer caso realizamos una potencia considerablemente mayor. De esta manera obtenemos la siguiente ecuación:

$$P = \frac{W}{t}$$

La unidad de potencia en el sistema internacional es el vatio (w). Nosotros solemos utilizar el kw para medir potencias eléctricas mientras que, para medir potencias mecánicas, utilizamos el caballo (CV).

Tabla 2.2. Equivalencias entre unidades de potencia.

Unidad de potencia	Equivalencia con el w
Vatio (w)	–
Caballo (HP)	1 HP = 745,7 w = 76,6 kgm/s
Caballo (CV)	1 CV = 735,75 w = 75 kgm/s

NOTA

EXISTEN DOS TIPOS DE CABALLOS: LOS CV Y LOS HP O *HORSE POWER* (UTILIZADOS POR INGLESES Y AMERICANOS). EN MUCHAS OCASIONES SE PUEDEN REPRESENTAR COMO BHP (*BRAKE HORSE POWER*).

Cuando hablamos de potencia entregada por un motor en forma de eje giratorio, hablamos de **potencia al freno.** Se la denomina así por la forma de medir la potencia de estos motores, con un torquímetro y un tacómetro. De esta forma la potencia será:

$$P = T \cdot \omega$$

En donde:

- P: potencia (w).
- T: par medido por el torquímetro (N · m).
- ω: velocidad angular del eje medida por el tacómetro (s^{-1}).

Problemas resueltos

Para desplazar una masa de 20 kg una distancia de 10 m, se realiza una fuerza de 120 N. Si el ángulo entre el vector desplazamiento y la fuerza es de 60°, calcula:

- Trabajo realizado.
- Potencia en HP si el tiempo empleado en realizar el desplazamiento es de 2 s.

Solución

De la ecuación del trabajo:

$$W = F \cdot r \cdot \cos\alpha = 120 \cdot 10 \cdot \cos 60^{o} = 600 \text{ J}$$

La potencia será:

$$P = \frac{W}{t} = \frac{600}{2} = 300 \text{ w}$$

Para convertir los w en HP:

$$P = 300 \text{ w} \cdot \frac{1 \text{ HP}}{745{,}7 \text{ w}} = 0{,}4 \text{ HP}$$

Calcula el trabajo realizado por una fuerza $\boldsymbol{F}$ (2, 1) N para lograr un desplazamiento $\boldsymbol{r}$ (2, 3) m.

Solución

El trabajo es el producto escalar de la fuerza por el vector desplazamiento:

$$W = \vec{F} \cdot \vec{r} = 2 \cdot 2 + 1 \cdot 3 = 7 \text{ J}$$

Un motor de pistón de avioneta Teledyne-Continental O-200 desarrolla 100 HP a 2.750 rpm durante el despegue. ¿Qué par en N · m absorberá la hélice?

Solución

En primer lugar convertiremos las unidades de la velocidad angular y la potencia a unidades del sistema internacional:

$$\omega = 2.750 \text{ rpm} \cdot \frac{1 \text{ min}}{60 \text{ s}} \cdot \frac{2\pi \text{ rad}}{1 \text{ rev}} = 288 \text{ s}^{-1}$$

$$P = 100 \text{ HP} \cdot \frac{745{,}7 \text{ w}}{1 \text{ HP}} = 74.570 \text{ w}$$

El par será:

$$P = T \cdot \omega \quad \Rightarrow$$

$$\Rightarrow \quad T = \frac{P}{\omega} = \frac{74.570}{288} = 258{,}9 \text{ N} \cdot \text{m}$$

2.3.5. ENERGÍA

La energía es la capacidad de los cuerpos para producir trabajo, o producir cambios a su alrededor. La unidad de energía en el sistema internacional es el julio.

Un concepto importante que tenemos que tener en cuenta es el **principio de conservación de la energía.** Este principio nos dice que la energía ni se crea ni se destruye; simplemente se transforma. Se transforma en otro tipo de energía.

Energía potencial

La energía asociada a la posición dentro de un campo de fuerzas conservativo se denomina energía potencial. Un campo de fuerzas conservativo es, por ejemplo, el gravitatorio o el electroestático. La fuerza de rozamiento no supone un campo de fuerzas conservativo.

Un campo de fuerzas conservativo es aquel en el que el trabajo realizado por una fuerza en una trayectoria cerrada es cero. Por ejemplo, si yo dejo caer un objeto de masa *m* desde una altura *h,* para luego recogerlo y ponerlo a la misma altura *h,* el trabajo total realizado sobre el lapicero es cero, ya que el desplazamiento total es cero.

La **energía potencial gravitatoria** será por tanto:

$$E_P = m \cdot g \cdot h$$

En donde:

- E_p: Energía potencial (J).
- *m:* masa (kg).
- *g:* aceleración de la gravedad (m/s^2).
- *h:* altura (m).

La **energía potencial electroestática** se define como:

$$E_P = k \cdot \frac{Q \cdot q}{r}$$

En donde:

- E_p: energía potencial (J).
- *Q* y *q:* cargas electroestáticas (culombios, C).
- *r:* distancia entre las cargas (m).
- *k:* constante de Culomb ($9 \cdot 10^9$ V · m / C).

La **energía potencial elástica** es la almacenada en un muelle comprimido o en una viga deformada elásticamente. La ecuación que describe esta energía es:

$$E_P = \frac{1}{2} \cdot K \cdot x^2$$

En donde:

- E_p: energía potencial (J).
- *K*: constante del muelle (N/m).
- *x*: elongación del muelle (m).

Aunque no es estrictamente una energía potencial, por no estar sometida a un campo de fuerzas conservativo, el potencial químico que tiene un combustible también se puede considerar como **energía potencial química** de tal manera que, cuanto mayor es el calor específico de una gasolina, mayor cantidad de energía seremos capaces de sacar de ella en la combustión.

Energía cinética

La energía cinética es la energía que posee un cuerpo por el hecho de encontrarse en movimiento. La energía cinética de partículas materiales está definida por la ecuación

$$E_c = \frac{1}{2} \cdot m \cdot v^2$$

En donde:

- E_c: energía cinética (J).
- *m:* masa (kg).
- *v* velocidad de la partícula (m/s).

Energía total

La energía total es la suma de la energía potencial y la cinética:

$$E_T = E_p + E_c$$

Como se desprende del principio de conservación de la energía, la energía total permanece constante. Si dejo caer un objeto, la energía potencial que este posee por estar a una determinada altura se transformará en energía cinética, conforme va cayendo, manteniendo la E_T constante. De igual manera, si lanzo un cuerpo verticalmente, irá declarándose progresivamente, perdiendo energía cinética pero ganando altura y energía potencial.

2.3.6. CALOR

Se define calor como la transferencia de energía que tiene lugar entre dos cuerpos por el hecho de estar a distintas temperaturas. La temperatura de un objeto depende de la cantidad de movimiento de las partículas que lo forman: a mayor cantidad de movimiento, mayor temperatura. Cuando pongo en contacto dos objetos a distinta temperatura, la cantidad de movimiento de sus partículas tiende a igualarse, igualando por tanto sus temperaturas.

Las transferencias de calor entre los cuerpos que están a distintas temperaturas son la base de numerosas máquinas y dispositivos, ya que podemos cambiar la energía calorífica por energía mecánica, como hacemos en el motor de pistón o turbina de una aeronave.

Problemas resueltos

Un cuerpo de 2 kg de masa se deja caer libremente desde una altura de 20 m. ¿Qué energía cinética tendrá al tocar el suelo?

Solución

Se podría calcular la velocidad del cuerpo al tocar el suelo empleando las ecuaciones del MRUA. En este caso es mucho más fácil realizar el cálculo con la energía total:

$$E_T = E_p + E_c$$

Justo antes de soltar el objeto, la energía cinética será nula, y la potencial será:

$$E_P = m \cdot g \cdot h = 2 \cdot 10 \cdot 20 = 400 \text{ J}$$

Por tanto la energía total a 20 metros con velocidad nula es:

$$E_T = E_p + E_c = 400 + 0 = 400 \text{ J}$$

Dado que la energía total se conserva, y que cuando el objeto toca el suelo su energía potencial es nula, la energía cinética será:

$$E_c = E_T - E_p = 400 - 0 = 400 \text{ J}$$

Calcula la energía potencial almacenada en un muelle con constante elástica de 10 kN/m que está comprimido 3 cm.

Solución

De la ecuación de la energía potencial elástica:

$$E_P = \frac{1}{2} \cdot K \cdot x^2 = \frac{1}{2} \cdot 10.000 \cdot 0{,}03^2 = 4{,}5 \text{ J}$$

2.3.7. CANTIDAD DE MOVIMIENTO

La cantidad de movimiento p se define como el producto de la masa m de un cuerpo por la velocidad v de dicho cuerpo, en un instante determinado:

$$p = m \cdot v$$

La cantidad de movimiento también se conoce como **momento lineal,** ímpetu o moméntum. Es una magnitud vectorial, cuya dirección y sentido coinciden con el de la velocidad. Su unidad en el SI es el kg · m/s.

Podemos deducir con facilidad que un cuerpo con mucha masa que se mueva despacio puede tener la misma cantidad de movimiento que un cuerpo ligero que se mueva rápido.

Un fenómeno muy importante es la **conservación de la cantidad de movimiento.** Este principio nos dice que, si sobre un sistema no actúa ninguna fuerza exterior, la cantidad de movimiento de este permanece constante. Dicho de otra manera: «En cualquier sistema o grupo de cuerpos que interactúan, la cantidad de movimiento total, antes de las acciones, es igual a la cantidad de movimiento total después de las acciones».

Veamos un ejemplo. Supongamos que una bola de masa M se dirige directamente hacia otra de masa m que permanece en reposo. Cuando se produce el impacto, la masa M se quedará en reposo, mientras que la m empezará a moverse. Esto sucede en un choque elástico ideal. La cantidad de movimiento total será:

$$p_T = p_M + p_m$$

Antes del impacto:

$$v_m = 0 \quad \Rightarrow \quad p_m = 0 \quad \Rightarrow \quad p_T = p_M$$

Después del impacto:

$$v_M = 0 \quad \Rightarrow \quad p_m = 0 \quad \Rightarrow \quad p_T = p_m$$

Como la cantidad de movimiento se conserva entonces:

$$p_T = p_M \quad \text{y} \quad p_T = p_m$$

Lo que implica:

$$p_M = p_m \quad \Rightarrow \quad M \cdot v_M = m \cdot v_m$$

La consecuencia es clara. Si la masa M es 10 veces mayor que la masa m, la velocidad que adquiere la masa m será 10 veces mayor que la de la masa M. Esta es la principal consecuencia del principio de conservación de la cantidad de movimiento.

2.3.8. IMPULSO

Cuando se aplica una fuerza a un cuerpo, la cantidad de movimiento de este varía. La variación de la cantidad de movimiento es lo que denominamos impulso.

$$I = m \cdot v_2 - m \cdot v_1 = m \cdot (v_2 - v_1)$$

Problemas resueltos

Una bola de 2 kg que avanza a una velocidad de 4 m/s impacta con otra, inicialmente en reposo. Tras el impacto, la segunda bola alcanza una velocidad de 10 m/s. Suponiendo el choque perfectamente elástico, calcula la masa de la segunda bola:

Solución

Dado que la cantidad de movimiento se conserva:

$$M \cdot v_M = m \cdot v_m \quad \Rightarrow$$

$$\Rightarrow \quad m = \frac{M \cdot v_M}{v_m} = \frac{2 \cdot 4}{10} = 0{,}8 \text{ kg}$$

Un avión de 5.000 kg con vuelo rectilíneo y nivelado avanza a 432 km/h. En un momento dado sufre una aceleración constante hasta alcanzar una velocidad de 720 km/h. Si esta aceleración dura 20 s, y sin tener en cuenta las fuerzas aerodinámicas, calcula:

- Impulso sufrido por la aeronave.
- Fuerza realizada por los motores para acelerar la aeronave.

Solución

En primer lugar convertimos las velocidades de km/h a m/s:

$$v_1 = 432 \text{ km/h} \cdot \frac{1.000 \text{ m}}{1 \text{ km}} \cdot \frac{1 \text{ h}}{3.600 \text{ s}} =$$

$$= 120 \text{ m/s}$$

$$v_1 = 720 \text{ km/h} \cdot \frac{1.000 \text{ m}}{1 \text{ km}} \cdot \frac{1 \text{ h}}{3.600 \text{ s}} =$$

$$= 200 \text{ m/s}$$

De la ecuación del impulso:

$$I = m \cdot (v_2 - v_1) = 5.000 \cdot (200 - 120) =$$

$$= 400.000 \text{ kg} \cdot \text{m/s}$$

Y la fuerza será:

$$I = F \cdot \Delta t \Rightarrow F = \frac{I}{\Delta t} = \frac{400.000}{20} = 20.000\ N$$

El impulso es un factor muy importante en un motor de reacción ya que, cuanto mayor sea el impulso que proporciona el motor, mayor será el empuje (fuerza) de este.

2.3.9. PRINCIPIOS GIROSCÓPICOS

En primer lugar vamos a estudiar los principios físicos que están detrás del funcionamiento de los giróscopos: el momento angular y su conservación y la relación de este con el momento mecánico.

Momento angular

¿Por qué la peonza se mantiene «de pie» cuando esta gira, pero se cae cuando dicho giro cesa? ¿Por qué nos resulta fácil mantener la verticalidad sobre la bici cuando nos movemos, pero perdemos el equilibrio cuando nos paramos? Para entender estos fenómenos giroscópicos, debemos estudiar en primer lugar qué es el momento angular.

El **momento angular** o **momento cinético** de una partícula que está girando en torno a un eje es la resistencia que ofrece dicho cuerpo a la variación de la velocidad angular. La ecuación que define al momento angular ***L*** es:

$$\vec{L} = \vec{r} \times \vec{p} = \vec{r} \times m \cdot \vec{v}$$

En donde:

- *L:* momento angular o cinético (kg · m²/s).
- *r:* distancia al eje de giro (m).
- *p:* cantidad de movimiento de la partícula (kg · m/s).
- *m:* masa de la partícula (kg).
- *v:* velocidad de la partícula (m/s).

Cuando la trayectoria que sigue la partícula es una circunferencia (Figura 2.39), el módulo del momento angular o cinético será:

$$L = r \times p = r \cdot m \cdot v$$

Ahora bien, ¿cómo varía el momento angular en función del tiempo? Si se deriva la ecuación del momento angular **L** en función del tiempo, se tiene que:

$$\frac{d\vec{L}}{dt} = \vec{r} \times \vec{F} = \vec{M}$$

O, lo que es lo mismo, de forma discreta:

$$\frac{L_2 - L_1}{t_2 - t_1} = M$$

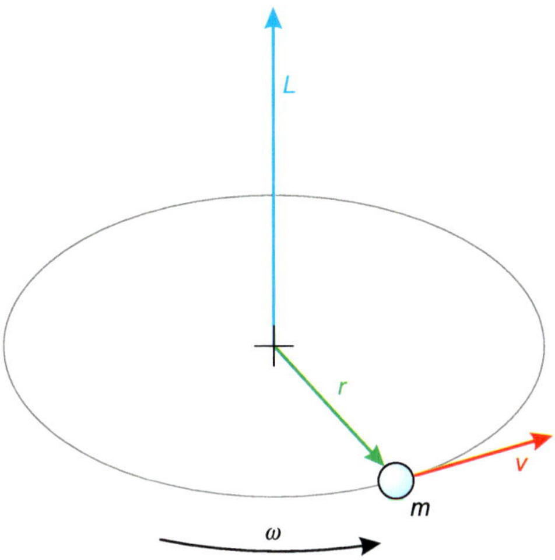

Figura 2.39. Momento angular o cinético de una partícula de masa m con movimiento circular.

Esto quiere decir que, si aplicamos un momento dinámico M sobre un sólido que gira en torno a un eje, se producirá una variación en el momento angular de dicho cuerpo. La interacción es tal que el momento dinámico M tiende a orientar el vector momento angular L en su misma dirección. No obstante, si no aplicamos ningún momento sobre el sólido $(M = 0)$, el momento angular se conserva:

$$\frac{L_2 - L_1}{t - t_1} = 0 \quad \Rightarrow \quad L_2 - L_1 = 0 \quad \Rightarrow \quad L_2 = L_1$$

Esto es lo que se conoce como principio de **conservación del momento angular** o cinético. Si el movimiento es circular, entonces:

$$r_1 \cdot m_1 \cdot v_1 = r_2 \cdot m_2 \cdot v_2$$

Y como

$$v = r \cdot \omega$$

Queda finalmente:

$$r_1^2 \cdot m_1 \cdot \omega_1 = r_2^2 \cdot m_2 \cdot \omega_2$$

Llegado a este punto, tenemos que definir una nueva magnitud: el momento de inercia.

El **momento de inercia** I es una medida de la inercia de rotación que tiene un cuerpo:

$$I = m \cdot r^2$$

Por tanto podremos escribir el principio de conservación del momento angular en su forma más conocida:

$$I_1 \cdot \omega_1 = I_2 \cdot \omega_2$$

Problemas resueltos

Con una onda de 60 cm de longitud y masa despreciable se pretende lanzar una piedra de 200 g. Si la hago girar a 200 rpm, calcula:

- El momento angular.
- El momento de inercia.
- Sin dejar de hacer girar la onda, la sujeto a una distancia de 20 cm de la piedra. Calcula la velocidad angular en este caso.

Solución

Se empieza convirtiendo las rpm a rad/s:

$$\omega = 200\ \text{rpm} \cdot \frac{2\pi\ \text{rpm}}{1\ \text{rev}} \cdot \frac{1\ \text{min}}{60\ \text{s}} = 20{,}94\ \text{s}^{-1}$$

La velocidad tangencial de la piedra será:

$$v = r \cdot \omega$$

Por tanto, el momento angular:

$$L = r \cdot m \cdot v = r^2 \cdot m \cdot \omega \quad \Rightarrow$$

$$\Rightarrow \quad L = 0{,}6^2 \cdot 0{,}2 \cdot 20{,}94 = 1{,}51\ \text{kg} \cdot \frac{\text{m}^2}{\text{s}}$$

El momento de inercia será:

$$I = m \cdot r^2 = 0{,}2 \cdot 0{,}6^2 = 0{,}072\ \text{kg} \cdot \text{m}^2$$

Dado que el momento angular se conserva, la velocidad angular cuando sujeto la onda a 20 cm de la piedra:

$$r_1^2 \cdot m_1 \cdot \omega_1 = r_2^2 \cdot m_2 \cdot \omega_2 \quad \Rightarrow$$

$$\Rightarrow \omega_2 = \frac{r_1^2 \cdot m_1 \cdot \omega_1}{r_2^2 \cdot m_2} = \frac{0{,}6^2 \cdot 0{,}2 \cdot 20{,}94}{0{,}2^2 \cdot 0{,}2} \quad \Rightarrow$$

$$\Rightarrow \omega = 188{,}46\ \text{rad/s}$$

Si pensamos en un patinador, cuando este gira sobre sí mismo y recoge los brazos, su velocidad de giro aumenta, ya que disminuye su momento de inercia. Esto es debido a que el momento angular se conserva. Cuando abre de nuevo los brazos, el momento de inercia aumenta, por lo que la velocidad de giro disminuye.

Giróscopos

Las aeronaves aprovechan las propiedades de los giróscopos para determinar la actitud y rumbo de estas. También son la base de los sistemas de navegación inerciales, que permiten la navegación sin necesidad de radiobalizas. En este apartado estudiaremos el funcionamiento y principio físico de estos dispositivos.

Los giróscopos forman parte de sistemas de control de actitud:

- ADI: Attitude Director Indicator.
- EADI: Electronic Attitude Director Indicator.
- AHRS: Attitude Heading Reference System.

También forman parte de sistemas de control del rumbo (navegación):

- RMI: Radio Magnetic Indicator.
- HSI: Horizontal Situation Indicator.
- EHSI: Electronic Horizontal Situation Indicator.
- INS: Inertial Navigation System.

Un giróscopo consta de una masa cilíndrica, denominada **volante**, que gira alrededor de su propio eje. Este eje apoya sobre una articulación tipo cardán (Figura 2.40). Supongamos que el giróscopo consta de un mango, que sostendremos con una mano. Si el volante está

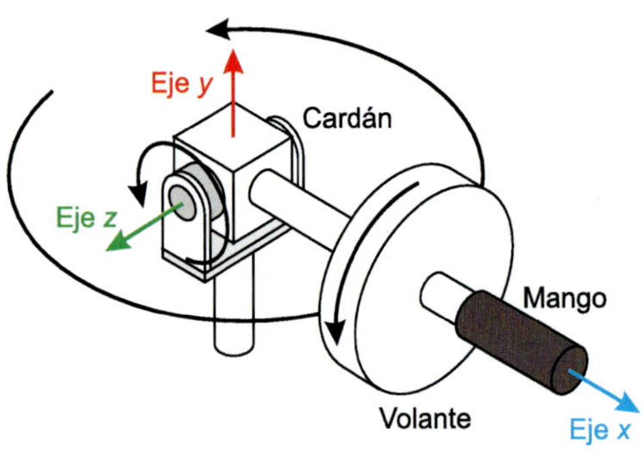

Figura 2.40. Partes y ejes del giróscopo.

parado y suelto el mango, el volante cae, por la acción de la gravedad. Esto era de esperar ya que, como vemos en la Figura 2.41, el peso del volante **P** está aplicado a una distancia **r** del eje z de giro. Esto provoca la aparición de un momento **M** según el eje z, así que el volante cae.

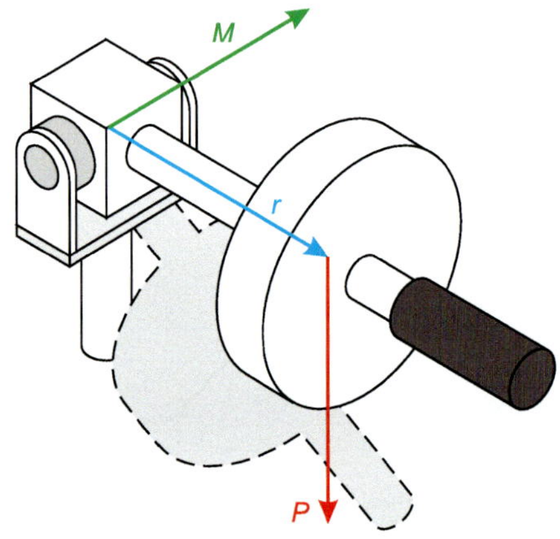

Figura 2.41. Cuando el volante del giróscopo no está girando, en cuanto dejo de sostenerlo por el mango, el conjunto cae.

Lo que sucede cuando el volante se encuentra girando a suficiente velocidad es muy interesante. Como sabemos, cuando el volante está girando, aparece un momento angular **L** (Figura 2.42). Como hemos estudiado anteriormente, el momento **M** tiende a orientar el momento angular **L** en su misma dirección. Esto provoca que el volante no caiga y además empiece a girar según el eje Y. A este giro es a lo que se conoce como **movimiento de precesión giroscópico.** De tal manera que

$$\Omega = \frac{M}{L}$$

En donde:

- Ω: velocidad angular de precesión.
- M: momento dinámico.
- L: momento angular.

Como la velocidad de precesión es una velocidad angular, tiene carácter vectorial. La dirección del movimiento de precesión del volante se obtiene de girar 90° la fuerza que actúa sobre el volante, según el sentido de giro del mismo (Figura 2.43).

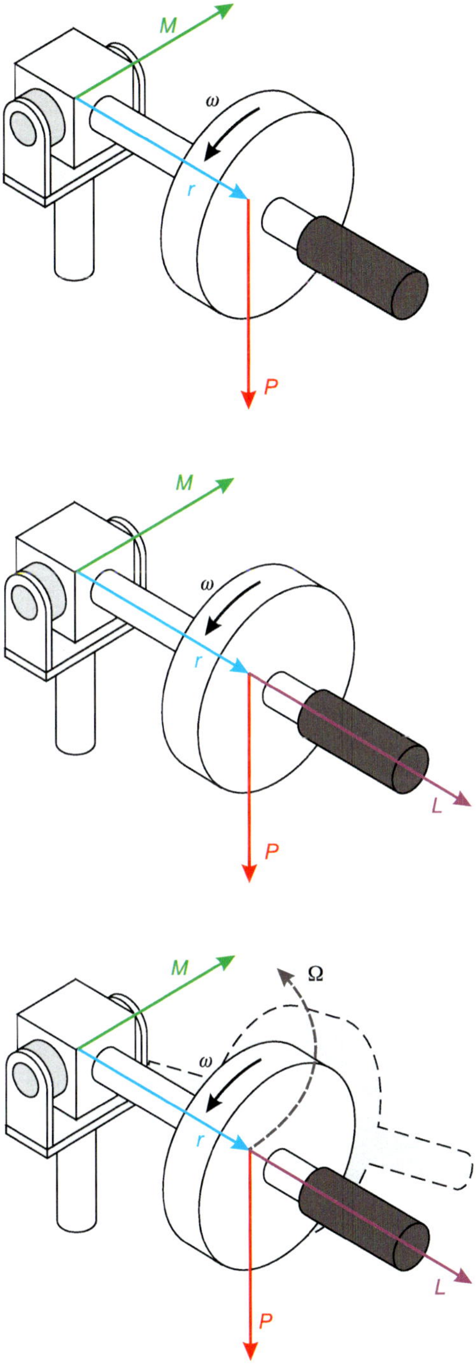

Figura 2.42. Cuando el volante gira con una velocidad angular ω, aparece un momento angular L. El momento angular tiende a orientarse según el momento dinámico M, por lo que el volante empezará a girar en torno al eje y con una velocidad $\boldsymbol{\Omega}$ (velocidad de precesión).

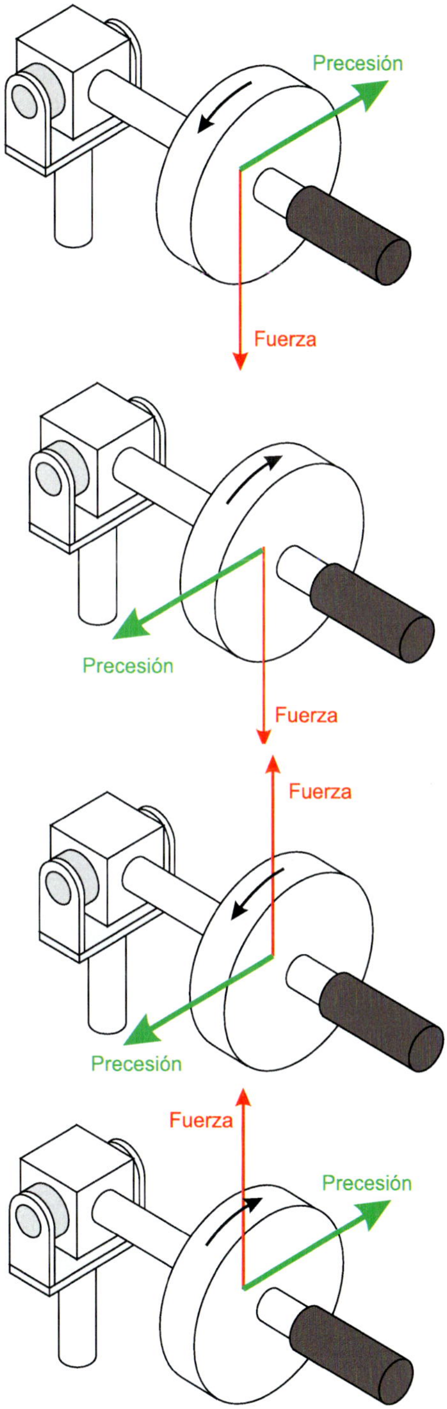

Figura 2.43. Sentido de la precesión en función de la dirección y sentido de la fuerza aplicada sobre el volante, y el sentido de giro de este.

La velocidad de precesión se puede calcular combinando las ecuaciones de momento angular, momento dinámico y movimiento circular uniforme, para obtener la velocidad angular de precesión:

$$L = R \cdot m \cdot v \quad \text{y} \quad M = r \cdot P \cdot \operatorname{sen} \theta$$

En donde R es el radio del volante. Dado que el ángulo θ entre el peso P y la distancia al eje r es 90°, tenemos:

$$\Omega = \frac{M}{L} = \frac{r \cdot P}{R \cdot m \cdot v}$$

Y como:

$$v = R \cdot \omega \quad \text{y} \quad P = m \cdot g$$

Quedará:

$$\Omega = \frac{M}{L} = \frac{r \cdot P}{R \cdot m \cdot v} = \frac{r \cdot m \cdot g}{R \cdot m \cdot \omega \cdot R} = \frac{r \cdot g}{\omega \cdot R^2}$$

Así pues, la precesión resulta:

$$\Omega = \frac{r \cdot g}{\omega \cdot R^2}$$

Por tanto, cuanto mayor sea el radio R y velocidad ω de giro del volante, y menor la distancia r del centro de gravedad de esta al eje de precesión, menor será la precesión provocada por el peso del disco. Los giróscopos se fabrican para minimizar la precesión debida al peso.

NOTA

SI UN GIRÓSCOPO ESTÁ EQUILIBRADO EN SU CENTRO DE MASA, LA FUERZA DE LA GRAVEDAD NO LE HARÁ TENER PRECESIÓN.

Por tanto, en los giróscopos de las aeronaves, el eje de precesión pasará por el centro de gravedad del volante, y este girará rápidamente (Figura 2.44). En cuanto al radio del volante, se llega a una solución de compromiso, ya que grandes radios mejoran el comportamiento del giróscopo, pero aumenta el peso y el volumen del equipo de a bordo.

El efecto giroscópico es un fenómeno curioso, pero ¿cómo ayuda el fenómeno de la precesión al vuelo de las aeronaves? Pues bien, en el panel de instrumentos existe un incitador denominado inclinómetro *(turn and slip indicator)*.

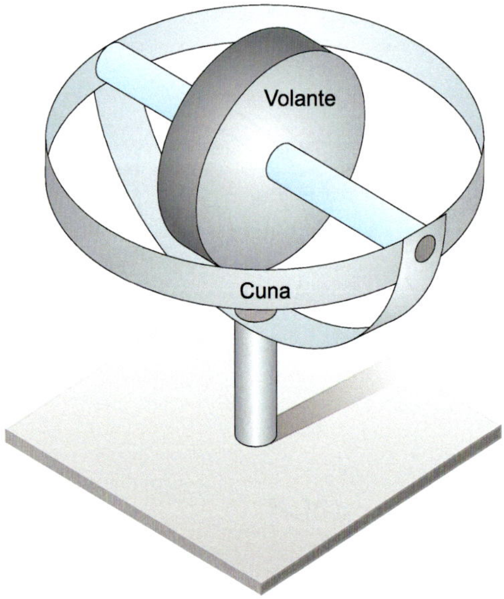

Figura 2.44. Estructura de un giróscopo empleado en instrumentación.

Este instrumento indica por medio de una aguja la velocidad angular de los giros que realiza la aeronave a uno u otro lado (L o R). El instrumento además consta de una bola que indicará al piloto si el viraje es coordinado o no (Figura 2.45). Un viraje coordinado es aquel donde no existe resbalamiento ni derrape. En este momento nos interesa el funcionamiento de la aguja.

El instrumento posee un giróscopo, cuyo volante es movido por un pequeño motor

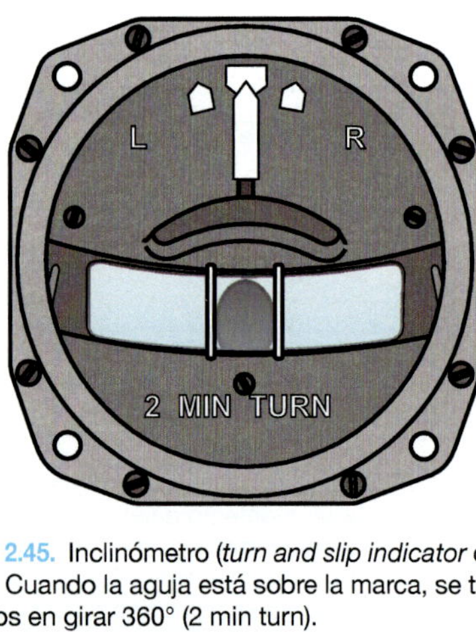

Figura 2.45. Inclinómetro (*turn and slip indicator* o *turn & bank*). Cuando la aguja está sobre la marca, se tardan 2 minutos en girar 360° (2 min turn).

eléctrico. Cuando el avión realiza un viraje hacia la izquierda, el instrumento soportará una fuerza dirigida hacia el lado derecho, por ser una reacción. Esta fuerza de reacción es la que provoca la precesión del giróscopo. Esta precesión será tanto mayor cuanto mayor sea la fuerza y, por tanto, cuanto mayor sea el viraje. La cuna en la que gira el volante está dispuesta de tal manera que solo le afecten los movimientos de guiñada del avión, y no los de cabeceo y alabeo.

Otros instrumentos basan su funcionamiento en la conservación del momento angular de los giróscopos. A este fenómeno se le conoce como **rigidez giroscópica.** Se dispone de un volante sobre una cuna que puede girar en torno a los tres ejes (Figura 2.44). Si cogemos este conjunto por la base y empezamos a moverlo, comprobaremos que el eje de giro del volante no cambia de dirección. Esto es consecuencia de la inercia del volante o, dicho de otra forma, consecuencia de la conservación del momento angular.

La rigidez giroscópica es la base del indicador de rumbo o *course indicator* (Figura 2.46) que muestra la dirección de la aeronave. El instrumento consta de un dial giratorio que indica hacia dónde «apunta» la aeronave. Esto se consigue con un giróscopo que mantiene la dirección del eje de giro de su volante, aunque el avión gire en el plano horizontal. Otro instrumento basado en la rigidez del giróscopo es el horizonte artificial, que permite conocer al piloto el alabeo de la aeronave.

Figura 2.46. El indicador de rumbo *(heading indicator)* señala la dirección de la aeronave sobre el plano horizontal al suelo.

Problemas resueltos

Se tiene un giróscopo con un volante de 8 cm de diámetro que gira a 6.000 rpm. Si aparece una velocidad de precesión de 3,2 vueltas/hora, ¿a qué distancia se encuentra el centro de gravedad del volante del eje de precesión?

Solución

Se empieza convirtiendo las vueltas/hora y las rpm a rad/s:

$$\Omega = 3{,}2\ \frac{\text{vuelta}}{\text{h}} \cdot \frac{1\ \text{h}}{3.600\ \text{s}} \cdot \frac{2\pi\ \text{rad}}{1\ \text{vuelta}} \Rightarrow$$

$$\Rightarrow \quad \omega = 5{,}58 \cdot 10^{-3}\ \text{s}^{-1}$$

$$\omega = 6.000\ \text{rpm} \cdot \frac{2\pi\ \text{rad}}{1\ \text{rev}} \cdot \frac{1\ \text{min}}{60\ \text{s}} =$$

$$= 628{,}3\ \text{s}^{-1}$$

De la ecuación de la velocidad de precesión:

$$\Omega = \frac{r \cdot g}{\omega \cdot R^2} \quad \Rightarrow \quad r = \frac{\Omega \cdot \omega \cdot R^2}{g} \quad \Rightarrow$$

$$\Rightarrow \quad \Omega = \frac{5{,}58 \cdot 10^{-3} \cdot 628{,}3 \cdot 0{,}04^2}{10} =$$

$$= 5{,}61 \cdot 10^{-4}\ \text{m} = 0{,}5671\ \text{mm}$$

Llegados a este punto, conocemos dos propiedades fundamentales del giróscopo, y las principales desde el punto de vista de la instrumentación. No obstante, los giróscopos constan de otro movimiento particular: la **nutación giroscópica.** La nutación consiste en un movimiento oscilatorio transitorio brusco en torno al eje del volante (eje x). Cuando el volante está girando, este tiende a mantener la dirección de su eje de giro (rigidez). Si yo muevo este eje, el giróscopo responde intentando volver a su posición original con un movimiento oscilatorio amortiguado. Nutación es la oscilación que adquiere una peonza cuando su velocidad ha disminuido considerablemente, y está a punto de caer. También aparece si, cuando gira a gran velocidad, le doy un golpecito según la perpendicular a su eje.

2.3.10. ROZAMIENTO

La fricción o rozamiento es la fuerza que se opone al movimiento relativo entre dos cuerpos en contacto. Esta fuerza está presente en todos los mecanismos que empleamos, provocando una disminución del rendimiento y desgaste de las piezas en contacto. La **tribología** (del griego *tribos,* «frotar o rozar») es la ciencia que estudia la fricción, el desgaste y la lubricación durante el contacto entre superficies sólidas con movimiento relativo.

Aunque una superficie nos parezca con un acabado muy suave o fino, si la observamos bajo el microscopio, veremos que está formada por picos y valles, como si de una cordillera se tratara. Estas irregularidades no tienen por qué pertenecer todas ellas al cuerpo; pueden ser arena adherida, humedad, polvo, etcétera.

Cuando ponemos en contacto dos superficies, no habrá un contacto total. Algunos picos harán contacto entre ellos, evitando que las dos superficies encajen perfectamente (Figura 2.47). Si aplico una fuerza perpendicular a las superficies, obligaré a sus respectivos picos a introducirse en los valles de la superficie opuesta, aumentando el área de contacto real. Obviamente, esto dificultará el movimiento de una superficie respecto a la otra. A esta dificultad es a lo que llamamos **fuerza de rozamiento.** En resumen, cuanto mayor es la fuerza normal a la superficie (perpendicular), mayor será el rozamiento.

Matemáticamente:

$$\mu = \frac{F_R}{F_N}$$

En donde:

- μ: coeficiente de rozamiento.
- F_R: fuerza de rozamiento.
- F_N: fuerza normal a la superficie (perpendicular).

De esta manera se define el **coeficiente de rozamiento** como la relación entre la fuerza de rozamiento y la fuerza normal a la superficie de contacto. Este coeficiente depende de la naturaleza y del acabado superficial de las superficies en contacto. Cuanto más duro y pulido sea el material, menor será el coeficiente de rozamiento. El valor del coeficiente de rozamiento suele ser menor de la unidad. Para superficies metálicas con buen acabado superficial es del orden de 0,3.

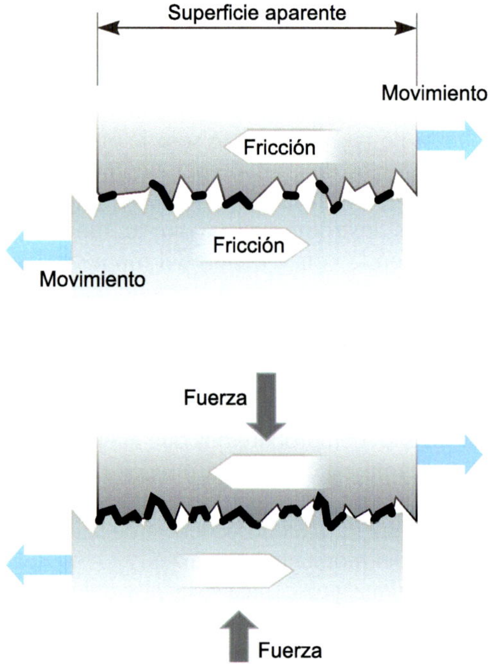

Figura 2.47. Rozamiento entre dos superficies.

Tabla 2.3. Coeficientes de rozamiento para distintos materiales.

Tipo de contacto	Coeficiente de rozamiento dinámico
Acero sobre acero	0,18
Acero sobre hielo (patines)	0,02-0,03
Acero sobre hierro	0,19
Hielo sobre hielo	0,028
Patines de madera sobre hielo y nieve	0,035
Goma (neumático) sobre terreno firme	0,4-0,6
Correa de cuero (seca) sobre metal	0,56
Bronce sobre bronce	0,2
Bronce sobre acero	0,18
Roble sobre roble en la dirección de la fibra	0,48
Goma sobre asfalto	1,0

También es importante tener en cuenta que la fuerza de rozamiento que aparece cuando los cuerpos se encuentran en movimiento es menor que cuando están quietos. De esta forma se definen el **coeficiente de rozamiento estático** (cuando no hay movimiento relativo) y el **coeficiente de rozamiento dinámico** (cuando hay movimiento relativo). El dinámico es menor que el estático. Esto lo sabemos por experiencia propia; si, por ejemplo, arrastramos una mesa, nos cuesta una fuerza mayor empezar a moverla que mantener su movimiento. El **coeficiente de rozamiento no depende del área de las superficies en contacto ni de la velocidad relativa entre ambas.**

Hemos visto qué sucede cuando un cuerpo desliza sobre otro, pero ¿qué sucede cuando un objeto rueda sin deslizar sobre otro? Imaginemos una rueda perfectamente circular que gira sobre una superficie plana. Si tanto la rueda como el piso son indeformables, la superficie de contacto entre ambos es simplemente un punto (Figura 2.48). En este caso, tanto el peso **P** como la reacción $\mathbf{F_N}$ pasan por el eje de giro, por lo que no generarán ningún momento respecto a este. Por su parte, la fuerza de rozamiento $\mathbf{F_R}$ tiene la misma dirección y sentido opuesto que la acción **F,** y aplicada en el punto de contacto entre el piso y la rueda. La fuerza **F** pasa por el eje de giro, por lo que no produce ningún momento, pero la de rozamiento $\mathbf{F_R}$ está aplicada a una distancia igual al radio R de la rueda, por lo que sí que produce un momento que provoca el giro de la rueda. Este giro será perpetuo, ya que no hay ninguna fuerza que se oponga al mismo.

En la realidad, las ruedas no son perfectamente circulares y, sobre todo, se deforman al entrar en contacto con el piso (Figura 2.48). Esto provoca que la fuerza normal $\mathbf{F_N}$ se desplace una distancia δ hacia la parte frontal de la rueda, apareciendo un momento que tiende a frenar el giro de la rueda. Por tanto, para mantener la velocidad de giro de una rueda que apoya sobre el piso, será necesario aplicar una fuerza **F,** que provoque la aparición de un momento **M,** de tal manera que:

$$M = R \cdot F_R = R \cdot F$$

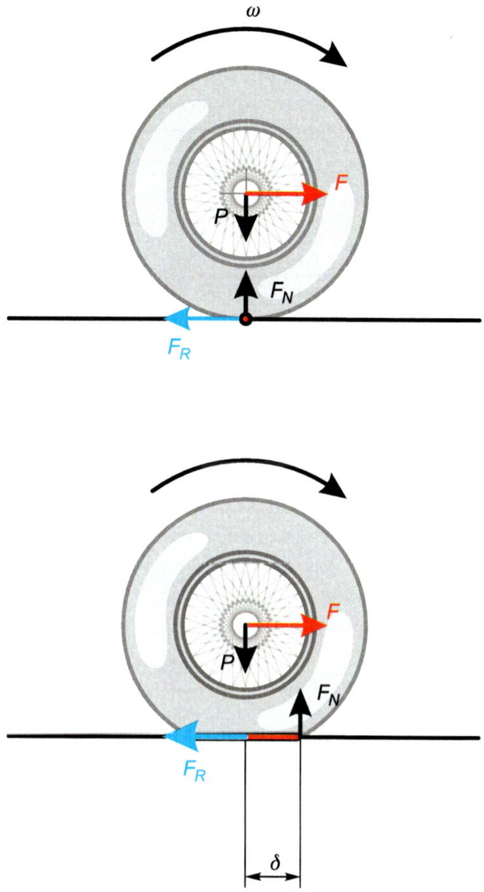

Figura 2.48. Resistencia a la rodadura.

Si el piso es perfectamente horizontal $F_N = P$, la resistencia a rodadura provoca la aparición de un momento resistente M_R:

$$M_R = \delta \cdot F_N = \delta \cdot P$$

Así pues, para mantener el giro de la rueda, la fuerza deberá ser:

$$M = M_R \quad \Rightarrow \quad R \cdot F = \delta \cdot P \quad \Rightarrow \quad F = P \cdot \frac{\delta}{R}$$

El **coeficiente de resistencia a rodadura** μ_R es la relación entre la fuerza horizontal necesaria para lograr en la rueda una velocidad de avance constante y la fuerza normal ejercida por el piso, en nuestro caso el peso. Por tanto:

$$\mu_R = \frac{F}{P} = \frac{P \cdot \delta / R}{P} = \frac{\delta}{R}$$

El coeficiente de resistencia a rodadura es considerablemente menor al de rozamiento, y será tanto menor cuanto menos se deforme la rueda (o el piso), y mayor sea el radio. En cuanto al ancho de la rueda, cuanto más ancha sea, menor será el esfuerzo que soporte y, por tanto, menor será su deformación. Pensemos en un coche de 2.000 kg con cuatro ruedas. Cada rueda soportará por tanto 500 kg. Si tenemos un ancho de 10 cm, el esfuerzo «lineal» será de 50 kg/cm mientras que, si el ancho es de 20 cm, será de 25 kg/cm. Por tanto, al tener ruedas más anchas, el esfuerzo que soportan disminuye, haciendo lo propio la deformación de la rueda y de esta manera la resistencia a rodadura.

Por otra parte, la rodadura puede ser con deslizamiento (coche acelerando sobre hielo) o sin deslizamiento. La condición necesaria para que haya rodadura sin deslizamiento es que el coeficiente de fricción a deslizamiento μ sea mayor que el coeficiente de resistencia a rodadura μ_R:

$$\mu_R \leqslant \mu$$

Problemas resueltos

Una rueda de 600 mm de diámetro y 20 cm de ancho de un automóvil de 4.000 kg tiene una superficie de contacto de 200 cm^2. Calcula:

- El coeficiente de resistencia a la rodadura.
- La fuerza necesaria en cada rueda para mantener la velocidad de avance del coche.

Solución

La deformación de la circunferencia de la rueda será:

$$\delta = \frac{s}{t} = \frac{200}{20} = 10 \text{ cm}$$

El coeficiente de rodadura será:

$$\mu_R = \frac{\delta}{R} = \frac{0,1}{0,6} = 0,16$$

La fuerza necesaria para mantener el avance será:

$$\mu_R = \frac{F}{P} \quad \Rightarrow \quad F = \mu_R \cdot P \Rightarrow$$

$$\Rightarrow F = 0,16 \cdot 1.000 = 166,6 \text{ kg} = 1.666 \text{ N}$$

2.4. DINÁMICA DE FLUIDOS

Los fluidos son todas aquellas sustancias capaces de fluir o circular. Así que tanto los gases como los líquidos son fluidos. La diferencia principal entre gases y líquidos será que, mientras que los gases son compresibles, los líquidos son incompresibles, entendiéndose por compresibilidad la capacidad de cambiar su volumen.

2.4.1. DENSIDAD Y GRAVEDAD ESPECÍFICA

La **densidad** es la cantidad de masa contenida en un volumen determinado:

$$\rho = \frac{m}{V}$$

En donde:

- ρ: densidad (kg/m^3).
- m: masa (kg).
- V: volumen (m^3).

La densidad de sólidos y líquidos varía levemente con la temperatura. Como norma general, cuanto mayor sea la temperatura, menor será la densidad **(dilatación/contracción).** Una excepción a esta regla es el agua, la cual aumenta de densidad desde 0 °C a 4 °C. Debido a esta dependencia de la temperatura, el valor de la densidad de una sustancia estará referido siempre a una determinada temperatura. Esta temperatura es habitualmente 4 °C. Así, por ejemplo, la densidad del agua a 4 °C será de 1 kg/dm^3 ($\rho_{H_2O(4 °C)}$ = 1 kg/dm^3).

La densidad de un gas está íntimamente relacionada con su presión y temperatura. La temperatura y presión de referencia son 0 °C y 101.325 Pa respectivamente.

La **gravedad específica** o peso específico ρ_r es la relación de la densidad de una determinada sustancia ρ entre la densidad ρ_0 de otra, a modo de referencia:

$$\rho_r = \frac{\rho}{\rho_0}$$

Para líquidos y sólidos, la sustancia de referencia suele ser el agua pura a 4 °C ($\rho_0 = 1.000\ kg/m^3$). Podemos decir, por tanto, que las sustancias con una gravedad específica menor que la unidad flotarán en el agua, mientras que las que la tengan mayor se hundirán.

Para gases, la sustancia de referencia suele ser el aire a 0 °C y 1 atm ($\rho = 1{,}2915$ kg/m^3). Los gases que tengan una gravedad específica menor que la unidad se elevarán a las capas altas de la atmósfera.

Para medir la gravedad específica de los líquidos, se emplea un **hidrómetro.** El hidrómetro consiste en un flotador que dispone de una escala graduada. Cuanto más denso sea el líquido, mejor flotará dicho flotador. Este instrumento se utiliza para determinar el estado de carga de las baterías plomo-ácido empleadas en aviación ligera. El electrolito de estas baterías es una disolución de ácido sulfúrico en agua. Según la batería se descarga, la proporción de ácido en agua disminuye, haciendo lo propio la densidad de la disolución, ya que el ácido es más pesado que el agua (Figura 2.49).

2.4.2. VISCOSIDAD

La viscosidad es la resistencia que presenta un líquido a fluir. De esta manera decimos que el agua es menos viscosa que la miel, ya

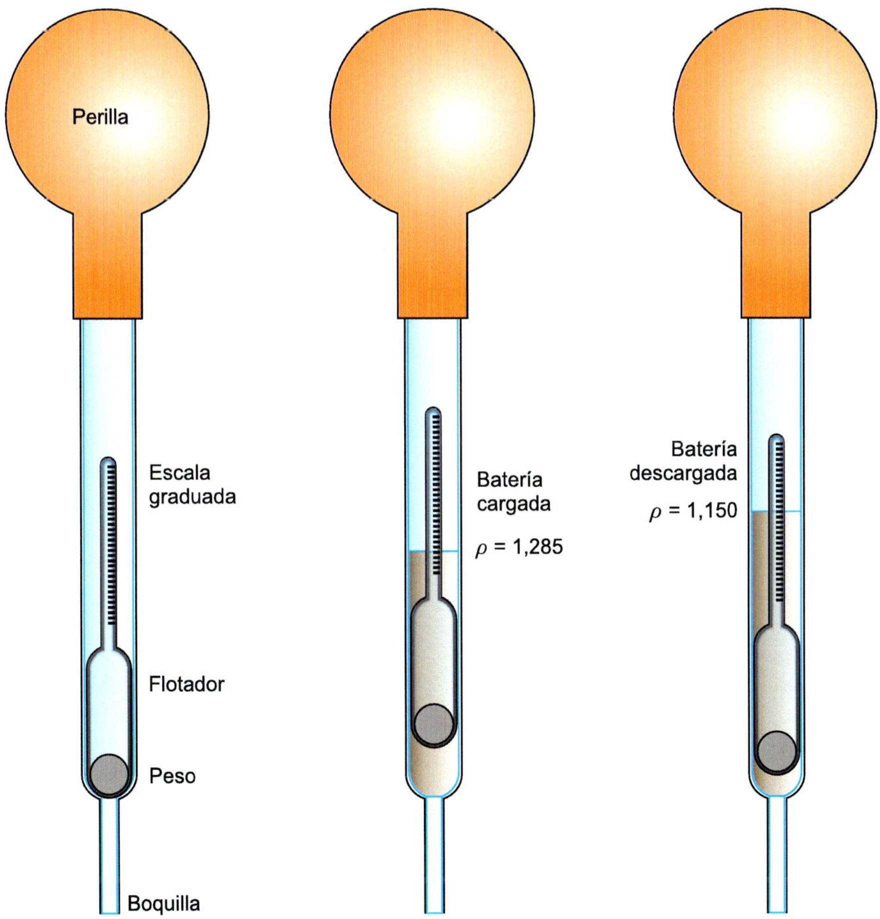

Figura 2.49. Hidrómetro empleado para determinar el estado de carga de una batería plomo-ácido como las que equipan las avionetas.

que el agua fluye más fácilmente. El origen de la viscosidad está en la fricción mutua de las moléculas que forman la sustancia, y también en las fuerzas intermoleculares entre las partículas que la componen, ya sea dicha sustancia líquida o gaseosa. La viscosidad de los líquidos disminuye conforme aumenta la temperatura. Pensemos en cómo fluye el aceite justo cuando lo echamos en la sartén, y cómo fluye después de calentarlo durante un par de minutos.

Tabla 2.4. Gravedades específicas típicas

Sólido	ρ_ρ
Hielo	0,917
Aluminio	2,7
Titanio	4,4
Hierro	7,9
Cobre	8,9
Plomo	11,5
Oro	19,3
Líquido	ρ_r
Petróleo	0,72
Jet Fuel JP4	0,785
Alcohol	0,789
Keroseno	0,823
Aceite sintético	0,928
Agua	1,000
Mercurio	13,6
Gas	ρ_r
Hidrógeno	0,0695
Helio	0,138
Acetileno	0,898
Nitrógeno	0,967
Aire	1,000
Oxígeno	1,105
CO_2	1,528

Un error muy común es el de relacionar la densidad del líquido con la viscosidad y decir que, cuanto más denso, más viscoso. Por ejemplo, a temperatura ambiente el aceite es más viscoso que el agua, aunque es siempre menos denso (el aceite siempre flota sobre el agua).

La viscosidad se puede cuantificar de dos formas: mediante la viscosidad dinámica o absoluta y mediante la viscosidad cinemática.

La **viscosidad dinámica o absoluta** de un fluido es la relación entre el esfuerzo cortante y el gradiente de velocidad. Dicho en otras palabras, es la relación entre la fuerza aplicada para mover un fluido y la velocidad que este alcanza. Se expresa mediante el coeficiente de viscosidad η. Su unidad habitual es el poise (P) o el centipoise (cP). En el SI su unidad es el Pa · s *(1 P = 0,1 Pa · s)*. Cuanto mayor sea este coeficiente, mayor será la viscosidad del fluido.

La viscosidad absoluta se puede determinar mediante diferentes métodos. Uno de los más habituales en líquidos es mediante el viscosímetro Stormer. Este consta de un cilindro fijo exterior y otro giratorio interior denominado rotor, que es accionado por una pesa que lo hace girar. La sustancia que se va a analizar se introduce en el hueco existente entre ambos cilindros. Se medirá el tiempo que necesita el rotor para dar 100 vueltas. Cuanta mayor sea la viscosidad, más tiempo necesitará. El fabricante del viscosímetro proporciona una ecuación en donde, introduciendo el tiempo en segundos y la masa de la pesa en gramos, la viscosidad resulte en poise (g/cm · s).

La **viscosidad cinemática** ν es la relación de la viscosidad absoluta entre la densidad. Se mide en *stokes* (St) o *centistokes* (cSt). En el SI la unidad de viscosidad cinemática es el m^2/s (10.000 St = 1 m^2/s).

$$v = \frac{\eta}{\rho}$$

En donde:

- ν: viscosidad cinemática (St = $cm^2 \cdot s$).
- η: viscosidad absoluta (P = gr/cm · s).
- ρ: densidad (gr/cm^3).

Existen otros tipos de viscosidades, en función del viscosímetro empleado (tubo capilar, Saybolt, Oswald-cannon-Fenske, de caída libre, *stokes,* etc.). Con varios de estos viscosímetros no se obtiene ni la viscosidad absoluta ni la cinemática, sino una medida específica del viscosímetro que da una idea de la viscosidad del fluido ensayado. Debido a esto, a estas viscosidades se las denomina **viscosidad comercial.**

Uno de estos métodos comerciales para medir la viscosidad de un líquido es el SSU (Saybolt Second Universal). La preparación del ensayo es simple: se llena un recipiente

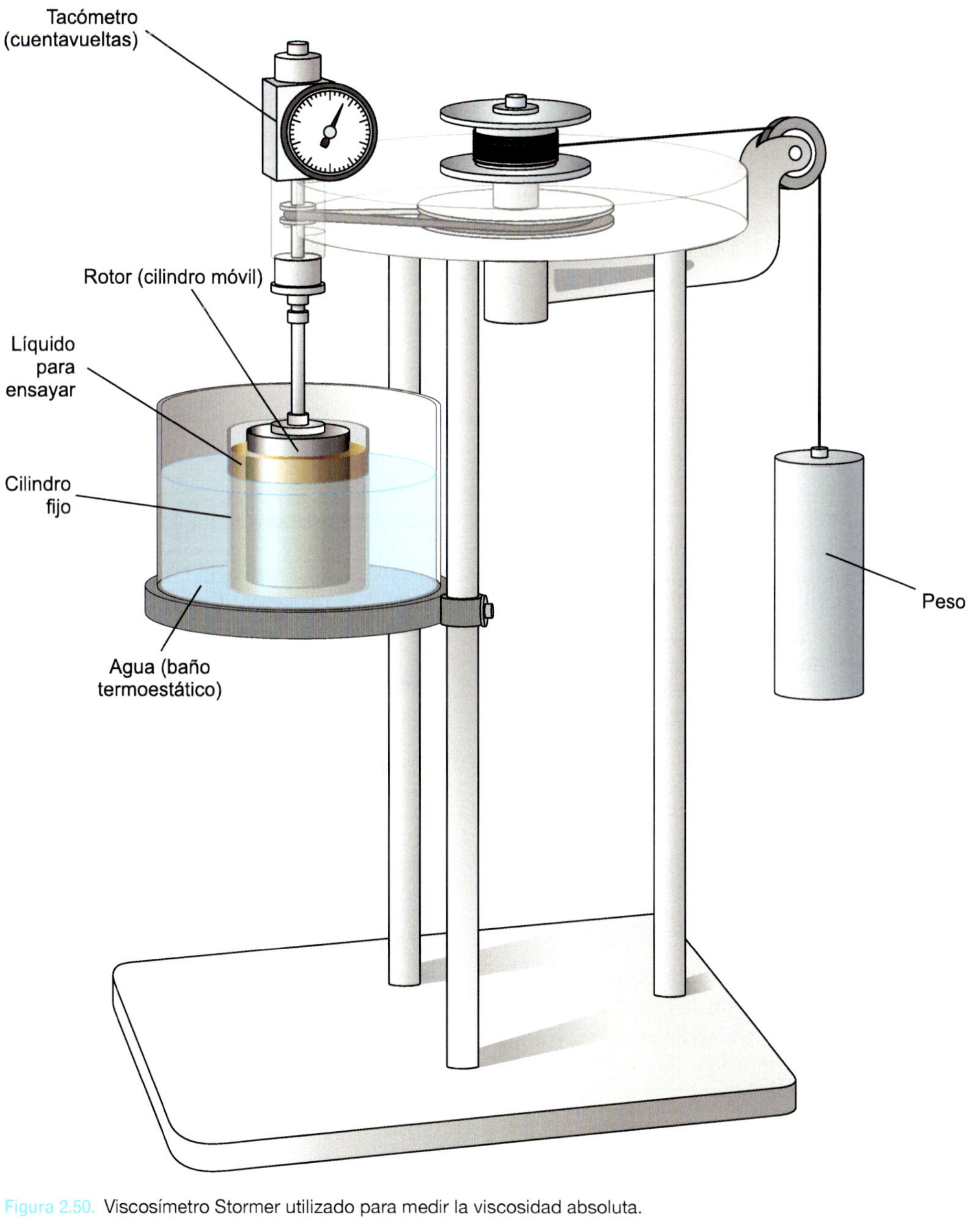

Figura 2.50. Viscosímetro Stormer utilizado para medir la viscosidad absoluta.

normalizado del líquido con el que se va a ensayar, y se calienta hasta que este se encuentra a 100 °C. Entonces se abre una válvula que deja salir el líquido a través de un orificio calibrado. El tiempo en segundos que tardan en pasar 60 cm^3 de líquido será la viscosidad SSU a 100 °C. Se realizará el mismo ensayo pero a diferentes temperaturas, reflejando los resultados en una gráfica, que define la variación de la viscosidad SSU de un líquido en función de la temperatura.

Un dato importante de un fluido es el índice de viscosidad (VI – *viscosity index),* el cual indica lo que cambia la viscosidad en función de la temperatura de tal manera que, cuanto mayor sea el VI, menores serán los cambios de viscosidad al variar la temperatura.

2.4.3. EFECTOS DE LAS FORMAS AERODINÁMICAS

Si concebimos el fluido como un conjunto de capas que deslizan unas sobre otras, la fricción que aparece está determinada por la viscosidad de dicho fluido. Además de la fricción entre moléculas del líquido, también se tiene que tener en cuenta la fricción con los cuerpos sólidos por los que circulen (tuberías, perfiles aerodinámicos, toberas, etcétera).

NOTA

A LA CAPA 1, QUE ESTÁ EN CONTACTO CON EL CUERPO, SE LA DENOMINA CAPA LÍMITE.

Supongamos que un fluido circula por el interior de un tubo, según se observa en la Figura 2.51. La capa 1 se «apoya» sobre la pared del tubo, que está fija, apareciendo una fricción que frena la velocidad de dicha capa. La capa 2, en cambio, se «apoya» en la capa 1, que está en movimiento, así que no frenará tanto a esta segunda capa. Además, la fricción entre las moléculas del líquido es habitualmente menor que entre las del líquido y las paredes del tubo. Podremos decir que la velocidad absoluta de la capa 2 es la de la 1 más la suya propia. La capa 3 se «apoya» sobre la 2, y así sucesivamente. Esto da como resultado una distribución de velocidades en la sección del tubo según se observa en la Figura 2.51. La velocidad será máxima en el centro del conducto, y mínima (idealmente nula) en la pared.

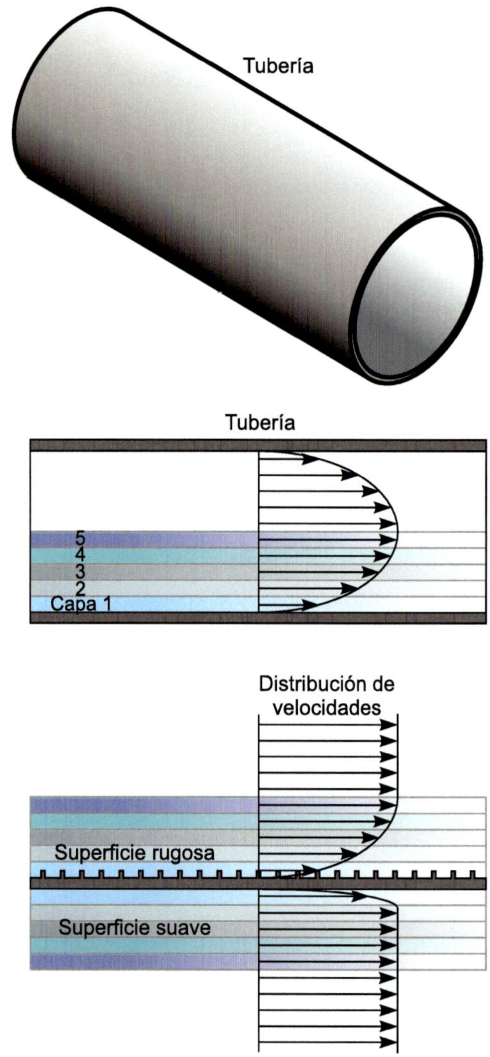

Figura 2.51. El fluido se ve frenado cuando se mueve deslizando sobre un cuerpo sólido. Cuanto mayor sea la rugosidad superficial del sólido, mayor será la fricción y, por tanto, la resistencia.

Si, en vez de ser un tubo, es una superficie abierta, sucede lo mismo: la velocidad será mínima a ras de superficie, y máxima a partir de una cierta distancia (Figura 2.51). En la misma figura también se aprecia el efecto que tiene la rugosidad superficial del sólido sobre el que se mueve el fluido. Por tanto, cuanto más fino sea el acabado superficial, menor será la resistencia que presenta el sólido al movimiento del fluido. A este fenómeno se le denomina **resistencia fluida** o ***drag.***

Cuando un fluido, ya sea un gas o un líquido, fluye sobre una superficie regular, cada una de sus capas sigue un determinado camino. A estos caminos se los conoce como **líneas de corriente.** Cuando el movimiento del fluido es ordenado y suave, las líneas de corriente se adaptan al contorno de los cuerpos sobre los que se mueve (Figura 2.52). A esta situación se la conoce como **flujo laminar.**

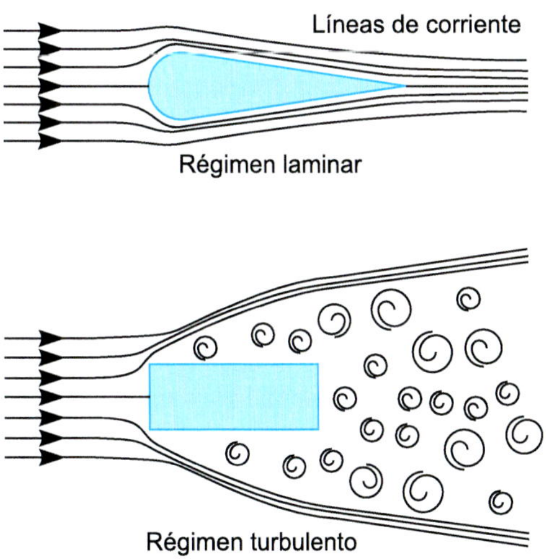

Figura 2.52. Flujo laminar y turbulento representado mediante líneas de corriente. La resistencia en el régimen turbulento es mayor que en el flujo laminar.

Cuando la corriente se encuentra con una irregularidad en su camino (Figura 2.52), las moléculas del fluido chocan con esta, siendo «lanzadas» en múltiples direcciones. En este caso las líneas de corriente se desordenarán, siguiendo trayectorias aleatorias. A esta situación se la conoce como **flujo turbulento.** En el flujo turbulento predominan las fuerzas de inercia de las partículas a las de fricción (viscosidad). Los remolinos que se forman provocan un aumento de la resistencia fluida o *drag.* Así pues, la resistencia depende de la rugosidad superficial del sólido sobre el que circula el fluido pero también de las turbulencias que se generen.

Que el régimen sea laminar o turbulento depende de las siguientes magnitudes:

- Densidad del fluido.
- Velocidad característica del fluido. Normalmente se considera la velocidad media de las partículas del fluido.
- Distancia que recorre el fluido. Longitud característica del obstáculo. Si es un tubo, será su diámetro; si es un perfil aerodinámico (perfil de un ala), será la cuerda (distancia entre el borde de ataque y borde de salida).
- Viscosidad dinámica.

Para determinar cómo se ccomportará un fluido en movimiento que se encuentra con un obstáculo, se define el **número de Reynolds** (Re):

$$\text{Re} = \frac{\rho \cdot v \cdot D}{\eta}$$

En donde:

- *Re:* número de Reynolds (adimensional, sin unidades).
- ρ: densidad del fluido (kg/m^3).
- v: velocidad del fluido (m/s).
- D: longitud característica (m).
- η: viscosidad dinámica o absoluta (m^2/s).

Si tenemos en cuenta la relación entre la viscosidad dinámica y la cinemática:

$$\nu = \frac{\eta}{\rho}$$

El número de Reynolds queda:

$$\text{Re} = \frac{v \cdot D}{\nu}$$

Si nos fijamos por un instante en la fórmula del número de Reynolds, podemos observar que Re es realmente una relación entre las fuerzas de inercia y las fuerzas de fricción (viscosidad):

$$\text{Re} = \frac{\text{Inercia}}{\text{Viscosidad}}$$

De esta forma, y en función del número de Reynolds, tendremos tres tipos de flujo:

- **Flujo laminar:** cuando $0 < \text{Re} < 2.000$, las fuerzas de fricción (viscosidad) predominan sobre las de inercia.
- **Fujo de transición:** cuando el número de Reynolds es $2.000 < \text{Re} < 4.000$, las fuerzas de fricción son del mismo orden que las de inercia, por lo que podemos tener flujo laminar con un ligero desprendimiento de la capa límite y, por tanto, flujo turbulento.
- **Fujo turbulento:** cuando el régimen es $\text{Re} > 4.000$, las fuerzas de inercia superan a las de fricción.

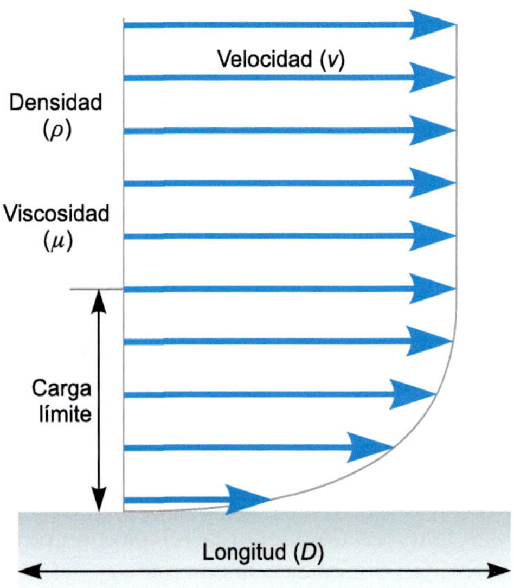

Figura 2.53. Magnitudes de las que depende el número de Reynolds.

Aumentos en la velocidad o en el ángulo de ataque del ala de un avión provocan que aumente la sustentación pero también el número de Reynolds. Cuando el ángulo de ataque es de en torno a 8°, la capa límite empieza a desprenderse cerca del borde de salida del ala ($R \approx 2.000$). Si aumentamos el ángulo progresivamente (12°, 14°, 16°...), la corriente se desprenderá cada vez más cerca del borde de ataque, pero seguirá aumentando la sustentación ($R \approx 4.000$). Cuando se alcanzan 18°-20° aproximadamente, la corriente del extradós se desprende justo en el borde de ataque. En este momento la sustentación cae de golpe y la resistencia aerodinámica se dispara ($\text{Re} > 4.000$). Decimos entonces que hemos **entrado en pérdida.**

NOTA

EL ÁNGULO DE ATAQUE DEL ALA ES EL ÁNGULO QUE FORMA LA CUERDA DEL PERFIL AERODINÁMICO CON LA DIRECCIÓN DE LA CORRIENTE INCIDENTE. LA CUERDA ES LA LÍNEA RECTA QUE UNE EL BORDE DE ATAQUE Y EL DE SALIDA DEL ALA DE UN AVIÓN.

Por otra parte, cuanto mayor sea la viscosidad cinemática, menor será el Re.

2.4.4. COMPRESIBILIDAD

La presión P es la relación de la fuerza aplicada F, entre la superficie s sobre la que se aplica. Por tanto:

$$P = \frac{F}{s}$$

En el capítulo de estática definimos el esfuerzo, el cual era también la fuerza entre unidad de superficie. Podríamos decir que la presión es el esfuerzo que aparece en líquidos y gases cuando sobre estos se aplica una fuerza.

Veamos un ejemplo. Si aplicamos una fuerza F a un balón de playa (Figura 2.54), aplastándolo contra el suelo, este se comprimirá, esto es, reducirá su volumen. El aire reacciona aumentando la presión, para contrarrestar las fuerzas exteriores (fuerza aplicada F, presión atmosférica y fuerza de reacción con el suelo). La presión actúa perpendicularmente a la superficie y tiene el mismo valor en todas las direcciones. Esta propiedad es muy útil, ya que implica que la presión la podemos transmitir.

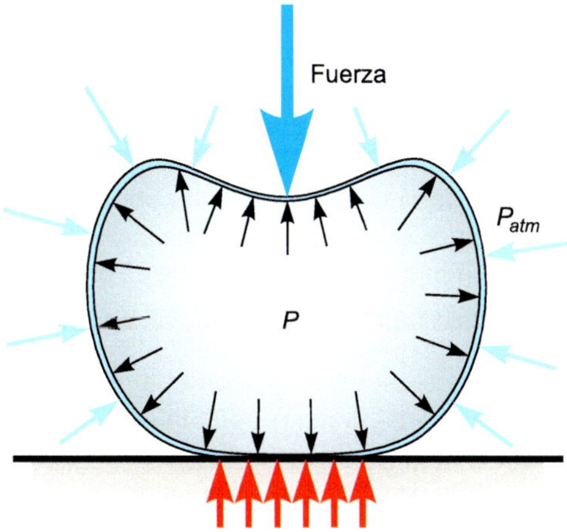

Figura 2.54. Compresión del aire en un balón debido a la acción de fuerzas externas.

Veamos ahora un ejemplo con un líquido, como es el agua. Disponemos de dos depósitos cilíndricos llenos de agua conectados entre sí por una tubería (Figura 2.55). Sobre el agua de cada depósito descansa un pistón que impide al agua pasar a la parte superior (pistón estanco). Si aplico una fuerza F_1 sobre el pistón del depósito 1, el agua se verá sometida a una presión inversamente proporcional a la sección del pistón:

$$P_1 = \frac{F_2}{s_1}$$

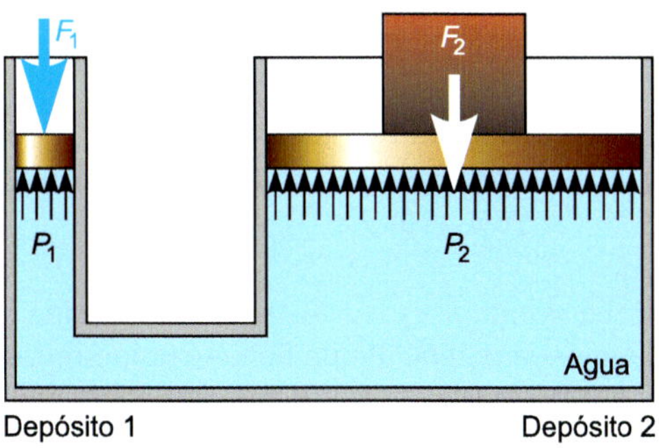

Figura 2.55. Aplicación de la Ley de Pascal de la hidrodinámica: transmisión de presión en un líquido.

Dado que la presión es igual en todas las direcciones, esta se «transmite» a lo largo del agua hasta el depósito 2, por lo que:

$$P_1 = P_2 = P$$

La fuerza que ejerce el pistón 2 sobre la masa que se encuentra sobre él será por tanto de:

$$P_2 = \frac{F_2}{s_2} = \frac{F_1}{s_1} \quad \Rightarrow \quad F_2 = F_1 \cdot \frac{s_2}{s_1}$$

Vemos que, cuanto mayor sea la superficie 2 en comparación con la 1, mayor será el peso que podemos levantar en el depósito 2, para una fuerza F_1 dada. Esta es la base de funcionamiento de elevadores, prensas, gatos hidráulicos, etcétera.

La ley que define este comportamiento es la **Ley de Pascal**: «La presión ejercida por un fluido incompresible y en equilibrio dentro de un recipiente de paredes indeformables se transmite con igual intensidad en todas las direcciones y en todos los puntos del fluido».

Problemas resueltos

Una prensa hidráulica tiene dos pistones: uno de 4 cm y otro de 20 cm de diámetro. Si en el de 20 cm se coloca una masa de 200 kg, ¿qué fuerza deberemos aplicar en el pistón de 4 cm para elevar la masa?

Solución

De la Ley de Pascal:

$$\frac{F_2}{s_2} = \frac{F_1}{s_1} \quad \Rightarrow \quad F_2 = F_1 \cdot \frac{s_2}{s_1} \quad \Rightarrow$$

$$\Rightarrow \quad F_2 = 200 \cdot \frac{4}{20} = 40 \text{ kg} = 400 \text{ N}$$

2.4.5. PRESIÓN ESTÁTICA, DINÁMICA Y TOTAL

En apartados anteriores hemos estudiado la presión barométrica de la atmósfera, la cual tiene su origen en el peso de la masa de aire que hay sobre nuestras cabezas. De igual manera, la presión que hay en el mar a una determinada profundidad depende del peso de la masa de agua que haya por encima, más la presión de la columna de aire. En ambos casos suponemos que el fluido permanece estático, sin movimiento. A esta presión la denominaremos por tanto **presión estática** P_e.

Ahora bien, imaginemos que sacamos la mano por la ventanilla de un coche en marcha. Inmediatamente notaremos una fuerza que nos empuja la mano hacia atrás. Esto es debido a que las moléculas del aire «chocan» contra la palma de la mano pero no contra el dorso. Además, la fuerza no se aplica puntualmente, sino que está distribuida: es una presión. A esta presión debida al movimiento de un fluido la denominamos **presión dinámica** P_d. Cuanto mayor sea la velocidad v y la densidad ρ del fluido, mayor será la presión dinámica:

$$P_d = \frac{1}{2} \cdot \rho \cdot v^2$$

Una vez comprobado el efecto de la presión dinámica, volvemos a introducir la mano en el coche y subimos la ventanilla. Ahora la velocidad del aire es nula, por lo que la presión que notamos será la estática. Pero ¿qué pasaba con la presión estática cuando sacaba la mano por la ventanilla? El peso del aire sobre nosotros que causa la presión estática será el mismo si la mano está dentro o fuera, rodeándola. Entonces, cuando la mano está fuera, en la palma actúa la presión estática más la dinámica, mientras que en el dorso actúa solo la estática. A la suma de las presiones estática y dinámica es lo que llamamos **presión total** P_t:

$$P_t = P_e + P_d$$

Cuando la velocidad del fluido es nula, la presión dinámica será también nula, por lo que la presión total será igual a la presión estática.

2.4.6. PRINCIPIO DE BERNOULLI

«Cuando un fluido ideal (sin viscosidad ni rozamiento) circula por un conducto, la cantidad de energía que posee el fluido permanece constante en todo su recorrido». Este sencillo principio es la base de la aerodinámica.

Analicemos un poco el enunciado del principio. En este se habla de fluido ideal, sin viscosidad ni rozamiento con las paredes del conducto, situación imposible en el mundo real. No obstante, para la mayoría de las aplicaciones sus valores son muy bajos, insignificantes. En cuanto al conducto, este debe ser cerrado, como pueda ser un tubo, de tal manera que toda la masa que entra por un extremo sale por el otro (caudal constante). El resto del enunciado no es más que el **principio de conservación de la energía.** La energía total del fluido permanecerá constante, siempre que no se realice trabajo con el fluido (bombas que aportan trabajo o molinos que lo extraigan), o se aporte o extraiga calor (intercambiador de calor, radiador, etcétera).

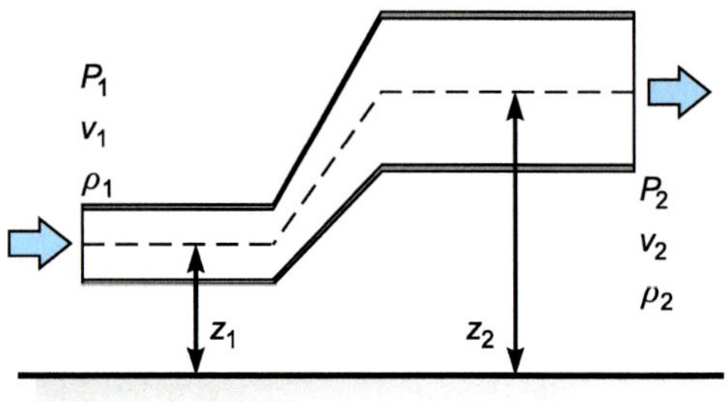

Figura 2.56. Principio de Bernoulli aplicado al movimiento de un fluido por un conducto.

En definitiva, lo que me viene a decir el principio de Bernoulli es que, en el movimiento de un fluido, la presión total se conserva. Si el fluido se mueve por un tubo entre las secciones 1 y 2 (Figura 2.56), tendremos:

$$P_{t1} = P_{t2}$$

Por su parte la presión total será:

$$P_t = \rho \cdot g \cdot z + \frac{1}{2} \cdot \rho \cdot v^2 + P_e$$

En donde $\rho \cdot g \cdot z$ es la presión debida a la energía potencial que tiene el fluido por el mero hecho de estar a una determinada altura z. A esta altura z se la denomina altura de posición. Igualando las presiones totales 1 y 2, se obtiene:

$$\rho_1 \cdot g \cdot z_1 + \frac{1}{2} \cdot \rho_1 \cdot v_1^2 + P_{e1} =$$

$$= \rho_2 \cdot g \cdot z_2 + \frac{1}{2} \cdot \rho_2 \cdot v_2^2 + P_{e2}$$

Esta es la ecuación o **teorema de Bernoulli.** Si el fluido es un líquido, la densidad será constante. Si divido a ambos lados de la igualdad por $\rho \cdot g$, queda:

$$\frac{v_1^2}{2g} + \frac{P_{e1}}{\rho g} + z_1 = \frac{v_2^2}{2g} + \frac{P_{e2}}{\rho g} + z_2$$

En donde:

- z: altura de posición.
- $P_e/\rho g$: altura de presión.
- $v^2/2g$: altura de velocidad.

Además, a la suma de la altura de posición y la altura de presión se la denomina altura piezométrica y a la suma de todas, **altura de energía** o simplemente carga.

Cuando el fluido es un gas (como el aire), la ecuación se simplifica. Dado que la densidad es muy baja, las alturas de presión son prácticamente iguales siempre que la diferencia de alturas no sea muy grande (del orden de cientos de metros):

$$\rho_1 \cdot g \cdot z_1 = \rho_2 \cdot g \cdot z_2$$

Por tanto, la ecuación finalmente queda:

$$\frac{1}{2}\rho \cdot v_1^2 + P_{e1} = \frac{1}{2}\rho \cdot v_2^2 + P_{e2}$$

Que es la forma habitual de la ecuación de Bernoulli para aerodinámica.

Una de las aplicaciones más famosas de la ecuación de Bernoulli es el **efecto Venturi.** Consideremos un fluido que recorre un tubo con un estrechamiento (Figura 2.57). El caudal que recorre el conducto es el mismo en la sección 1 que en la sección 2 (todo lo que entra tiene que salir, y al mismo tiempo). Si el fluido es un líquido, o si es un gas que circula a menor velocidad que la de propagación del sonido, la densidad no varía $(\rho_1 = \rho_2)$, por lo que el gasto másico G será:

$$G = \rho \cdot Q = \rho \cdot s \cdot v$$

En donde:

- G: gasto másico (kg/s).
- ρ: densidad (kg/m^3).
- s: sección (m^2).
- v: velocidad del fluido (m/s).
- Q: caudal (m^3/s).

Por ser el conducto cerrado $G_1 = G_2$:

$$\rho \cdot S_1 \cdot v_1 = \rho \cdot S_2 \cdot v_2$$

Como $s_2 < s_1$, entonces $v_2 > v_1$. Así pues, en el estrechamiento, la velocidad del fluido aumenta. Si nos fijamos en la ecuación de Bernoulli, si la velocidad v_2 es mayor que la v_1, necesariamente la presión P_2 tendrá que ser menor que P_1. Por tanto, en el estrechamiento la velocidad aumenta a costa de una disminución de la presión. Este efecto se aprovecha en los carburadores de los motores de pistón de las avionetas.

Otra importante aplicación del principio de Venturi son los **tubos de pitot.** Un tubo de pitot es un conducto «encarado» con

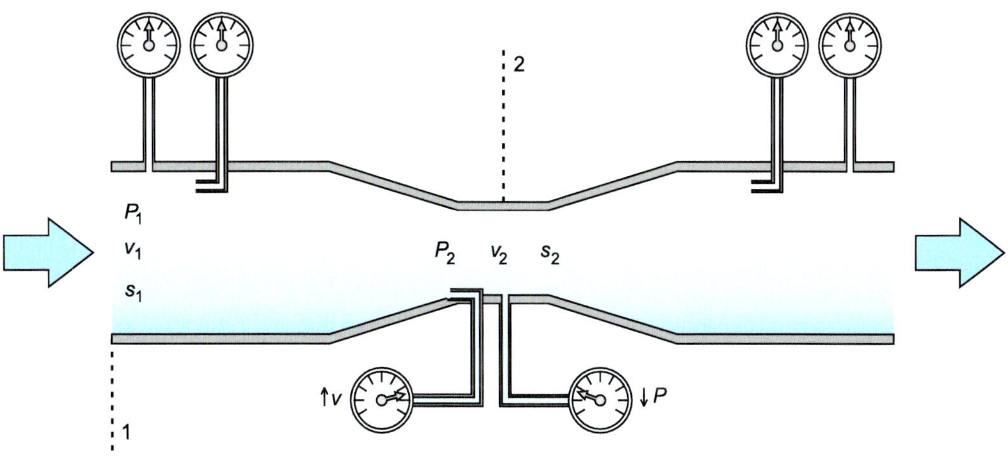

Figura 2.57. Efecto Venturi. En un estrechamiento la velocidad del fluido aumenta y la presión estática disminuye.

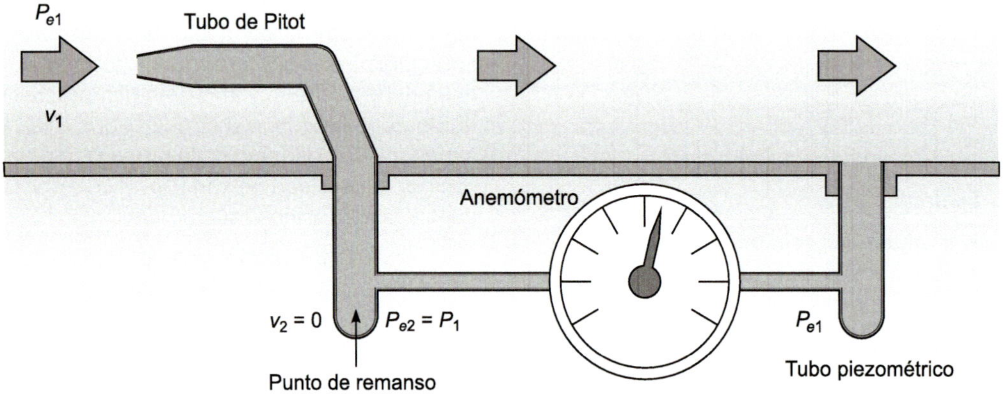

Figura 2.58. El anemómetro mide la velocidad de la aeronave respecto al aire restando la presión estática medida en el tubo piezométrico a la total obtenida en el tubo Pitot. El instrumento consta de una cápsula aneroide para introducir el dato de la densidad.

la corriente de aire. En la entrada del conducto, la presión total será la suma de la estática, más la dinámica debida a la velocidad de la corriente incidente. El otro extremo del conducto está tapado, por lo que la velocidad del fluido en este punto será nula, al igual que la presión dinámica. Si mido la presión en el extremo tapado, su valor será igual a la total del fluido. Los puntos donde toda la presión dinámica se ha transformado en estática (v = 0) se los denomina **puntos de remanso** y a la presión total medida **presión de remanso** (Figura 2.58).

Esta medida se emplea para conocer la velocidad respecto al aire que tiene la aeronave. Midiendo la total, y restándole la estática (tomada por un **tubo piezométrico),** se obtiene la dinámica y, si conocemos la densidad, obtendremos la velocidad. Esto puede parecer muy complicado, pero los instrumentos de medida constan de diafragmas, fuelles y cápsulas aneroides (pequeños fuelles con un gas en su interior) que, interactuando entre sí, realizan las mismas operaciones que podamos hacer nosotros en el papel. El instrumento que me da la medida de la velocidad relativa que lleva la aeronave respecto al aire que la rodea se denomina **anemómetro.**

Desde el punto de vista de la aerodinámica, la aplicación más importante del principio de Bernoulli es la creación de sustentación de los perfiles aerodinámicos (alas del avión).

Problemas resueltos

Un tubo horizontal de 40 mm de diámetro tiene un estrechamiento de 30 mm. Si circula un caudal de agua de 2 kg/s, calcula.

- Velocidad del agua por el conducto y en el estrechamiento.
- Caída de presión en el estrechamiento.

Solución

En primer lugar calculamos las secciones 1 y 2:

$$s_1 = \pi \cdot \frac{\phi^2}{4} = \pi \cdot \frac{0{,}04^2}{4} = 1{,}25 \cdot 10^{-3}\ \text{m}^2$$

$$s_2 = \pi \cdot \frac{\phi^2}{4} = \pi \cdot \frac{0{,}03^2}{4} = 7{,}1 \cdot 10^{-4}\ \text{m}^2$$

El caudal (o el gasto) permanece constante; las velocidades en las secciones 1 y 2 serán:

$$G = \rho \cdot Q = \rho \cdot s \cdot v \quad \Rightarrow$$

$$\Rightarrow \quad v_1 = \frac{Q}{s_1} = \frac{2 \cdot 10^{-3}}{1{,}25 \cdot 10^{-3}} = 1{,}6\ \text{m/s}$$

$$v_2 = \frac{Q}{s_2} = \frac{2 \cdot 10^{-3}}{7{,}1 \cdot 10^{-4}} = 2{,}83\ \text{m/s}$$

Del teorema de Bernoulli y efecto Venturi, la caída de presión será:

$$\frac{1}{2}\rho\cdot v_1^2 + P_{e1} = \frac{1}{2}\rho\cdot v_2^2 + P_{e2} \Rightarrow$$

$$\Rightarrow P_{e1} - P_{e2} = \frac{1}{2}\cdot\rho\cdot(v_2^2 - v_1^2) \Rightarrow$$

$$\Rightarrow P_{e1} - P_{e2} = \frac{1}{2}\cdot 1.000\cdot(2{,}83^2 - 1{,}6^2) \Rightarrow$$

$$\Rightarrow P_{e1} - P_{e2} = 2.724{,}45\ \text{Pa}$$

Imaginemos un cilindro sumergido en una corriente de aire. Si la velocidad es suficientemente baja, el régimen será laminar y las líneas de corriente tendrán una distribución similar a como se aprecian en la Figura 2.59. Para sortear el cilindro, el aire se acelerará en igual medida al pasar por encima y por debajo de este. Como hemos visto, si el fluido aumenta su velocidad, disminuye su presión. En las zonas superior e inferior del cilindro, la presión será menor que la atmosférica, y tendrá la misma dirección y sentido opuesto, por lo que la fuerza neta será nula.

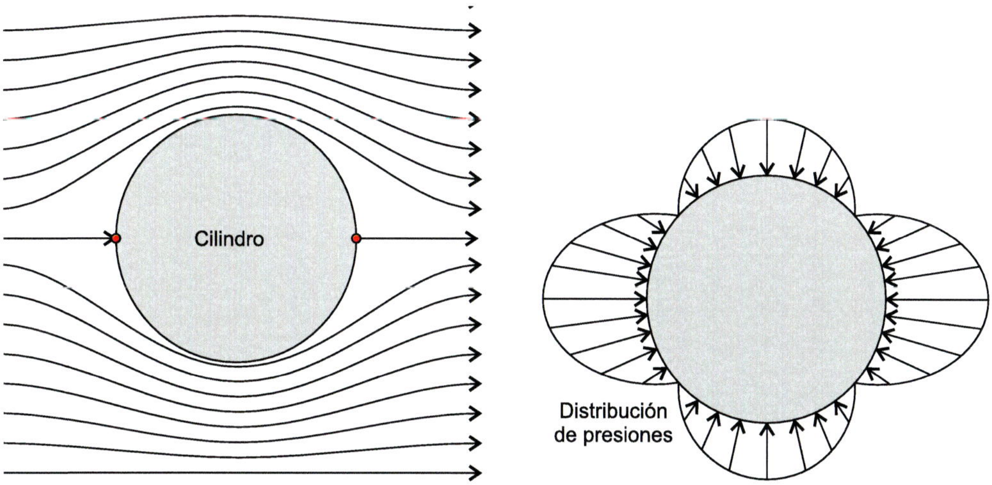

Figura 2.59. Efecto Magnus. Cuando el cilindro no gira, no hay presión diferencial.

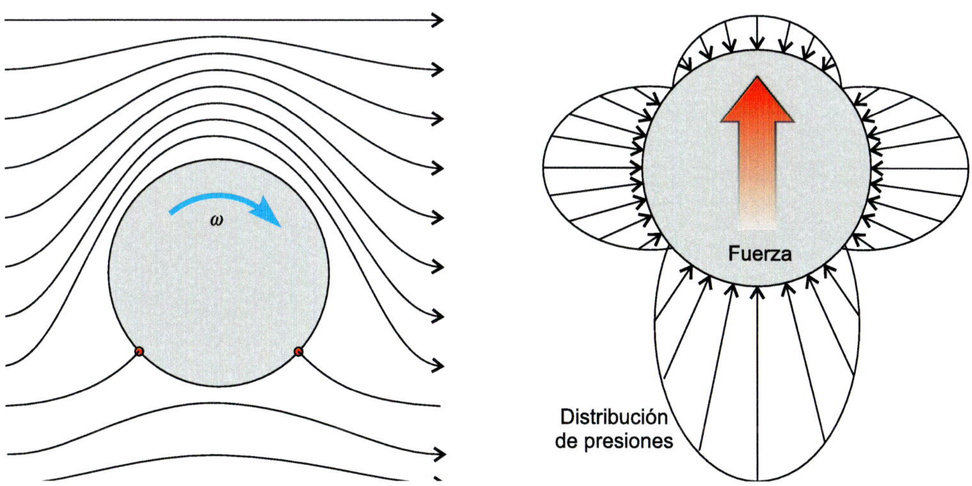

Figura 2.60. Efecto Magnus. Cuando el cilindro gira, el aire no recorre la misma distancia por arriba que por abajo. Esto provoca que la velocidad varíe, y por tanto la presión, apareciendo una fuerza.

Si el cilindro está girando, los puntos de remanso se desplazan hacia abajo ya que, en la parte superior, el fluido se ve acelerado por la acción del cilindro, mientras que en la parte inferior se ve frenado (Figura 2.60). Por tanto, si en la parte superior el fluido circula con mayor rapidez, es necesario que su presión haya disminuido mientras que, si en la parte inferior circula lentamente, su presión habrá aumentado. Aparece una diferencia de presiones que provoca la aparición de una fuerza, que tiende a mover el cilindro hacia arriba. A este fenómeno se le conoce como **Efecto Magnus.**

Si alguna vez hemos jugado a algún deporte de pelota (baloncesto, tenis, fútbol, balonmano, etc.), habremos experimentado este efecto. Cuando hacemos un tiro «con efecto», la pelota no describe una trayectoria recta, sino una curva, debido a que la fuerza derivada del efecto Magnus apunta hacia un lado.

Ahora bien ¿qué tiene que ver el ala de un avión con el efecto que coge un balón al lanzarlo o golpearlo? Pues bien, el contorno del ala tendrá una forma tal, que acelerará el aire que pase por encima de esta (extradós) y frenará el que pase por debajo (intradós). Esto crea una presión diferencial y la fuerza que sostendrá la aeronave en el aire (Figura 2.61). Esta fuerza se denomina **sustentación.**

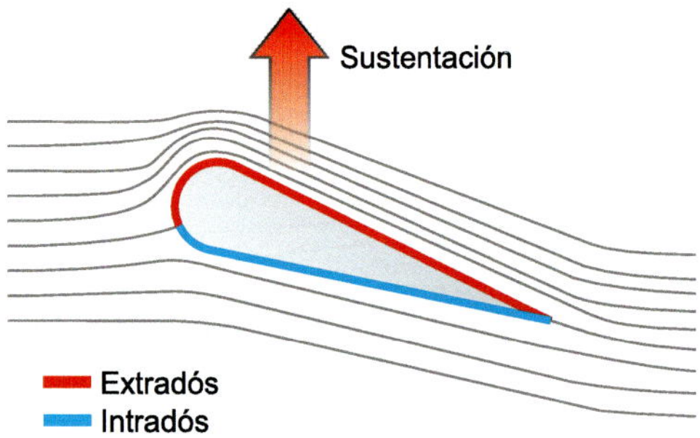

Figura 2.61. Sustentación en un perfil aerodinámico.

PREGUNTAS de repaso

2.1. Las partes de las que se compone la mecánica son la __________, la __________ y la __________.

2.2. ¿Qué caracteriza a la estática?

2.3. Las magnitudes vectoriales quedan perfectamente definidas cuando se da __________, __________ y __________.

2.4. Enumera cuatro magnitudes vectoriales y cuatro magnitudes escalares que conozcas.

2.5. Un vector AB tiene de componentes (5, −2). Halla las coordenadas de A si se conoce que el extremo B es (12, −3).

2.6. ¿Qué son los vectores unitarios? ¿Cómo se denominan?

2.7. Expresa los siguientes vectores en función de los vectores unitarios:

a. $v_1 = (-2, 3)$:

b. $v_2 = (5, 3, 2)$:

c. $v_3 = (-1, 0, 4)$:

d. $v_4 = (0, 1, 0)$:

2.8. Dados los vectores $v_1 = (-1, 2)$, $v_2 = i + j$, $v_3 = 3i + j$, $v_4 = (-4, 2)$, representa y calcula gráficamente empleando el método que creas conveniente:

a. v_1 b. v_3

c. $v_1 + v_2$ d. $v_3 + v_2$
e. $v_1 - v_3$ f. $v_1 + v_2 + v_3$
g. $v_1 - v_2 + v_3 + v_4$
h. $v_3 + v_4 - v_1$

2.9. Dados los vectores $v_1 = (-3, 1)$, $v_2 = (0, 4)$, $v_3 = (2, 3)$, $v_4 = (-1, 3, 6)$, $v_5 = (0, -3, 2)$, $v_6 = (1, 0, 1)$, calcula:

a. $v_1 + v_2$ b. $v_3 + v_2$
c. $v_1 - v_3$ d. $v_1 + v_2 + v_3$
e. $v_1 - v_2 + v_3$ f. $v_4 + v_5$
g. $v_6 + v_5$ h. $v_4 - v_6$
i. $v_4 + v_5 + v_6$ j. $v_4 - v_5 + v_6$

2.10. Dados los vectores $v_1 = (-3, 1)$, $v_2 = (0, 4)$, $v_3 = (2, 3)$, $v_4 = (2, -1, 3)$, $v_5 = (4, 2, 1)$, calcula:

a. $v_1 \cdot v_2 =$ b. $v_3 \cdot v_2 =$
c. $v_1 \cdot v_3 =$ d. $v_4 \cdot v_5 =$

2.11. Dados los vectores $v_1 = (0, 2)$, $v_2 = (3, 4)$, calcula el producto vectorial $v_1 \times v_2$.

2.12. Dados los vectores $v_1 = (0, -2)$, $v_2 = (3, 4)$, calcula la equilibrante de $v_1 + v_2$.

2.13. Se tiene una fuerza $F = (2, 1)$ N aplicada en el punto $A = (2, 3)$ m. ¿Cuánto vale el momento de la fuerza respecto al origen de coordenadas (da el resultado en N · m y en lb · in)?

2.14. El ________________ de un cuerpo es el punto en donde se considera que actúa toda la masa de dicho cuerpo.

2.15. Determina el centroide de un triángulo cuyos vértices se encuentran en los puntos A (0, 4), B (6, 0) y O (0, 0).

2.16. Se dispone de una mesa con cuatro patas cilíndricas macizas iguales con un diámetro de 2 cm. La tabla tiene una masa de 4 kg. Si colocamos en el centro de la mesa una caja de 20 kg, ¿qué esfuerzo soportará cada pata? Si las patas son de acero de 1 m de longitud, ¿cuánto se alargarán (módulo de elasticidad del acero 200 GPa)?

2.17. ¿Qué diferencia la deformación plástica de la elástica?

2.18. Si la pendiente del tramo recto (deformación elástica) en la curva esfuerzo-deformación es de 80°, ¿cuánto vale el módulo de Young)?

2.19. ¿En qué consiste el fenómeno de recuperación elástica?

2.20. La ________________ es la capacidad de deformar un sólido en forma de hilo sin romperse, mientras que la ________________ es la capacidad de deformar un sólido en forma de lámina sin romperse.

2.21. Un sólido es ________ cuando se necesita una gran cantidad de energía para romperlo. Un sólido es ________ cuando rompe tras sufrir una deformación muy pequeña.

2.22. Define de dos formas qué es la dureza de un sólido.

2.23. Los materiales ____________ son inherentemente frágiles.

2.24. La ________________ es la capacidad de los objetos de doblarse sin romperse.

2.25. ¿Qué es la viscosidad?

2.26. ¿Qué propiedad de los líquidos hace referencia a la facilidad con la que estos se evaporan? Conforme aumentamos la altitud, los líquidos ¿se evaporan más o menos fácilmente? ¿Por qué?

2.27. ¿A qué se debe la presión atmosférica?

2.28. ¿Cuál es la presión a 4.500 m de altitud según la ISA?

2.29. Con la instrumentación de a bordo medimos que la presión barométrica a una determinada altitud es de 36.000 *Pa*. ¿A qué altitud se encuentra la aeronave según la ISA?

2.30. ¿Cuál es el valor de la temperatura a nivel del mar según la ISA?

2.31. ¿Qué altura marcará un barómetro de mercurio cuando la presión sea de 92.000 Pa (densidad del mercurio 13.579,04 kg/m^3)? Da el resultado en mmHg y en inHg.

2.32. Se dispone de una caja cúbica de 1 m de lado y 10 kg de peso flotando en el agua. Si en todo momento la caja mantiene dos de sus caras paralelas a la superficie del agua, ¿cuántos centímetros se hundirá?

2.33. Tras detenerse en un semáforo, un coche inicia el movimiento rectilíneo cuando se pone en verde con una aceleración constante de 2 m/s^2 durante 4 s. ¿Qué distancia recorre el coche en ese tiempo? ¿Qué velocidad alcanza?

2.34. En una carrera ciclista, un participante que se encuentra escapado avanza a una velocidad constante de 40 km/h. Si el pelotón, que está a 2 minutos del escapado, se mueve a una velocidad de 46 km/h, ¿cuánto tiempo tardará en atraparlo? Si el escapado se encuentra a 10 km de meta, ¿ganará el escapado la carrera en solitario?

2.35. Una carretera recta une a dos ciudades que se encuentran a 8 km. Si de la primera ciudad parte un ciclista con una velocidad de 36 km/h y de la otra ciudad un tractor que circula a 40 km/h, ¿cuánto tiempo tardarán en encontrarse? ¿Qué distancia habrá recorrido cada uno?

2.36. Desde una terraza situada a 80 m del suelo se lanza un objeto a una velocidad de 5 m/s. Si despreciamos la resistencia del aire, ¿cuánto tiempo tardará en tocar el suelo? ¿Qué velocidad tendrá en ese momento?

2.37. La carrera de aterrizaje de un determinado avión es de 800 m cuando toma tierra con una velocidad de avance horizontal de 240 km/h. ¿Cuál será el valor de su deceleración? ¿Cuánto tarda el avión en detenerse?

2.38. Estamos asomados a un balcón que se encuentra a 12 m de la calle viendo a unos niños jugar al fútbol. En un momento dado, uno de los jugadores da una patada al balón y este sale verticalmente a una velocidad inicial de 18 m/s. No teniendo en cuenta la fricción del aire, ¿qué altura alcanzará la pelota? ¿Cuánto tiempo tarda el balón en pasar por delante de nuestro balcón? ¿Qué velocidad tendrá el balón cuando pasa enfrente de nosotros?

2.39. Un coche circula a una velocidad de 100 km/h cuando se encuentra un árbol caído sobre la calzada a 40 m de distancia. Frena a tope provocando una deceleración de 6 m/s^2. ¿Cuánto tiempo tardará en detenerse? ¿Golpeará al árbol?

2.40. Un paracaidista salta de un avión a 1.000 m de altura. Abre el paracaídas cuando se encuentra a 200 m, lo que le provoca una deceleración constante de 7,5 m/s^2. Si la velocidad límite máxima que es capaz de alcanzar es de 55 m/s y despreciamos el resto de efectos de la fricción del aire, ¿cuántos metros habrá descendido cuando alcance la velocidad límite? ¿Con qué velocidad toca el suelo? ¿Cuánto tiempo ha tardado en completar el descenso?

2.41. Se lanza verticalmente un pequeño cohete con una aceleración constante de 15 m/s^2. Transcurridos 20 s, se termina el combustible, sufriendo entonces los efectos de la gravedad. Si despreciamos la fricción del aire, ¿qué altura alcanza? ¿Cuál será la velocidad máxima? ¿Cuánto tiempo pasa desde el despegue hasta que toca el suelo (velocidad terminal de 120 m/s)?

2.42. En el momento de ponerse el semáforo en verde, un coche arranca con una aceleración constante de 4 m/s^2 mientras un motorista lo adelanta a una velocidad constante de 72 km/h. ¿A qué distancia del semáforo alcanzará el coche al motorista? ¿Qué velocidad llevará el coche en este momento?

2.43. Si lanzo una pelota de tenis verticalmente y cronometro que el tiempo que tarda desde que sale de mi mano hasta que toca el suelo es de 4 s, ¿cuál es la velocidad con la que la he lanzado?

2.44. Nos encontramos conduciendo nuestro coche justo detrás de un autobús de 15 m de longitud que circula a 90 km/h, guardando una distancia de seguridad de 10 m. Para adelantarlo, aceleraré hasta 126 km/h de forma constante empleando un tiempo de 2 s, volviendo al carril de la derecha cuando el morro de mi coche se encuentre 10 metros por delante del morro del autobús. ¿Cuánto tardo en completar el adelantamiento volviendo al carril derecho?

2.45. Las ruedas de una bicicleta de carretera tienen un diámetro de 622 mm. Si el ciclista hace girar la rueda a 400 rpm, ¿a cuántos km/h circula el ciclista?

2.46. Sabiendo que el radio de la tierra son 6.371 km, ¿cuál será su velocidad de rotación en rad/s? ¿Qué velocidad tangencial en km/h tendremos si nos encontráramos en el ecuador? Si nos encontramos en Santander (43 °N) y tardamos 10 minutos en resolver este ejercicio, ¿qué distancia habremos recorrido debido exclusivamente al efecto de la rotación de la Tierra?

2.47. Un piloto de un avión de caza es capaz de soportar 7 G durante un viraje. Si vuela a 1.200 km/h, ¿cuál será el radio mínimo de dicho viraje?

2.48. El Porsche 911 GT3 RS es capaz de acelerar de 0 a 100 km/h en 4 s, montando unos neumáticos traseros 305-30-R19 de 665,6 mm de diámetro. Suponiendo que la aceleración es constante, ¿cuánto valdrá la aceleración angular de las ruedas traseras? ¿Cuántas vueltas dará la rueda en lo que tarda el coche en alcanzar los 100 km/h (vueltas + grados + minutos + segundos)? ¿Qué velocidad angular tendrá la rueda transcurridos 2,4 s? ¿Cuánto vale la aceleración tangencial del borde del neumático durante el proceso? ¿Y la aceleración centrípeta al alcanzar los 100 km/h?

2.49. Un coche circula por una autopista a 108 km/h. Cuando el conductor ve el cartel que indica la salida que corresponde a su destino, frena de forma constante y pone el intermitente para coger el desvío. Si en la salida de la autopista la velocidad máxima es de 60 km/h y el diámetro de las ruedas es de 600 mm, ¿qué valor tendrá la aceleración angular en las ruedas si el conductor empieza a frenar a 100 m del desvío? ¿Cuántas vueltas dan las ruedas hasta que la velocidad angular se reduzca a la mitad de la inicial (vueltas + grados + minutos + segundos)?

2.50. La aceleración ________________ es la causante del cambio de dirección en el movimiento; la ________________ provoca la fuerza de reacción a la que nos vemos sometidos si estamos sentados en el móvil.

2.51. ¿Con qué se define la ecuación de un movimiento armónico simple?

2.52. A un muelle ideal de constante k = 60 N/m situado horizontalmente se le fija una bola en su extremo de 200 g. Acto seguido, comprimiremos el muelle 3 cm soltándolo a continuación. Si suponemos que no hay amortiguación en el sistema, ¿cuánto valdrá la pulsación del movimiento? ¿Cuál será la fuerza máxima que soporte la bola? ¿Cuál será su velocidad máxima? ¿Y su aceleración? ¿Cuántos metros se habrá desplazado la bola transcurrido 0,5 s desde que la hemos soltado? ¿Cuál es la frecuencia de la oscilación?

2.53. El péndulo de un reloj consiste en una masa de 2 lb suspendida de un hilo de 2 ft. ¿En cuántos segundos completará una oscilación?

2.54. Se quiere construir un péndulo para un reloj que oscile una vez en un segundo. ¿Qué longitud deberá tener el péndulo? Si, al montar el péndulo, nos equivocamos y montamos uno que sea 1 mm más largo que el idóneo calculado, ¿qué le pasará al reloj?

2.55. ¿Cuándo decimos que un objeto «ha entrado» en resonancia?

2.56. En general podemos decir que, cuanto ______________ (mayor/menor) sea la frecuencia natural de vibración de un sólido, menor será la amplitud asociada a dicha vibración. A su vez, cuanto menor sea la amplitud de la vibración, ______________ (mayor/menor) energía tendrá asociada.

2.57. ¿Cómo influye el espesor de una pieza en su frecuencia natural de vibración? ¿Y en la amplitud de la vibración?

2.58. ¿Cuáles son las máquinas simples?

2.59. Un jardinero pretende transportar 40 kg de tierra con una carretilla empleando 50 N para levantarla. Si el centro de gravedad de la carga se encuentra a 20 cm del eje de la rueda, ¿a qué distancia del eje deberá colocar las manos el jardinero?

2.60. Una mordaza de pico de loro se basa en una palanca de ___________ género. El mecanismo que sube el tren de aterrizaje de una aeronave se basa en una palanca de ____________ género. Un cascanueces se basa en una palanca de _____________ género.

2.61. Se pretende subir una caja de 50 kg a una altura de 3 m deslizándola por un plano inclinado de 30°. Si el coeficiente de rozamiento estático es de 0,2, ¿qué fuerza mínima necesitaré para mover la caja? ¿Cuánto valdrá la ventaja mecánica real? ¿Y el rendimiento?

2.62. ¿Cómo afecta al coeficiente de rozamiento la superficie de contacto entre dos cuerpos que tienen un movimiento relativo uno respecto al otro?

2.63. Se pretende elevar una masa de 40 kg hasta una altura de 5 m mediante una polea simple. ¿Qué fuerza deberemos aplicar para conseguir nuestro objetivo? ¿De cuántos metros de cuerda deberemos tirar? ¿Qué valor tendrá la ventaja mecánica?

2.64. Se pretende subir un piano de cola a un cuarto piso situado a 14 m del suelo empleando un polipasto de 8 ruedas, introduciéndolo por la ventana de la vivienda. Si el piano pesa 480 kg, ¿qué fuerza deberemos hacer para conseguir nuestro objetivo? Si tiramos de la cuerda 1 m cada 10 s, ¿cuánto tiempo tardaremos en subir el piano? ¿Qué valor tiene la ventaja mecánica?

2.65. Se tiene una rueda dentada conductora de 26 dientes que engrana sobre una conducida de 56 dientes. ¿Cuál es la relación de transmisión?

2.66. Se dispone de una rueda dentada de 14 dientes que gira a 340 rpm que arrastra a un piñón de 82 dientes, el cual gira solidario con otra tercera rueda de 22 dientes, que engrana en una cuarta rueda de 106 dientes. ¿A qué rpm gira la cuarta rueda? ¿Cuál será la relación de reducción? Si el par que proporciona la conductora es de 80 N · m, ¿cuál será el par en la cuarta rueda?

2.67. Se tiene un tren de engranajes formado por cinco ruedas dentadas engranadas cada una con la siguiente de tal manera que $Z_1 = 8$; $Z_2 = 12$; $Z_3 = 16$; $Z_4 = 22$; $Z_5 = 28$. Si la rueda 1 es la conductora y gira a 24 rpm, ¿a qué rpm girará la rueda 5? ¿Cuál será la relación de transmisión?

2.68. Se pretende subir una masa de 20 kg a una altura de 5 metros mediante una polea simple, la cual presenta una fricción constante que se traduce en una fuerza de 4 N que se opone al movimiento. ¿Qué valor tendrá la ventaja mecánica real? ¿Y el rendimiento?

2.69. ¿Cuál es la diferencia entre masa y peso?

2.70. Marte tiene una masa de $6{,}4185 \cdot 10^{23}$ kg y un diámetro de 6.794,4 km. ¿Qué peso tendrá una persona de 75 kg en ese planeta ($G = 6{,}67 \cdot 10^{-11}$ Nm²/kg²)?

2.71. ¿A qué distancia de la superficie de la Tierra deberé estar para pesar la mitad que en ella?

2.72. La Luna tiene una masa de $7{,}349 \cdot 10^{22}$ kg y un radio de 1.738 km. ¿Cuánto valdrá la intensidad de campo gravitatorio en la Luna? ¿Cuánto pesará en la Luna una persona de 90 kg?

2.73. La Estación Espacial Internacional orbita alrededor de la tierra en una órbita circular a 400 km de la superficie de la Tierra. Sabiendo que su masa es de 450.000 kg y el radio de la Tierra es de 6.371 km, ¿con qué fuerza es atraída por la Tierra? ¿A qué velocidad se deberá mover para mantener su órbita? ¿Cuánto tiempo tarda en dar una vuelta completa a la Tierra?

2.74. La primera ley de Newton es conocida como

______________________,

la segunda como

____________________ y la tercera

como______________________.

2.75. Define qué es el trabajo.

2.76. Para instalar un motor de reacción de 2.400 kg sobre el pylon del ala habrá que elevarlo 3 m, calcula el trabajo realizado.

2.77. Un minero pretende mover una distancia de 100 m una vagoneta cargada con 200 kg de carbón. Si este empuja desde un lado de la vagoneta con una fuerza de 40 kg aplicada con un ángulo de 60º respecto a la dirección de los raíles, ¿qué trabajo habrá realizado para mover la vagoneta? Si tarda 5 minutos, ¿qué potencia habrá desarrollado?

2.78. Un motor de pistón de helicóptero Lycoming TVO-435 proporciona 212 HP a 3.000 rpm durante el despegue a nivel del mar (SL). ¿Qué par proporciona el motor? Si el rotor principal gira a 300 rpm, ¿qué par resistente presentan las palas?

2.79. ¿Qué es un campo de fuerzas conservativo?

2.80. ¿Cuál será la energía potencial de una masa de 80 kg situada a 20 m de altura?

2.81. Se comprime 3 cm un muelle con una constante de 2.000 N/m. ¿Qué energía será capaz de desarrollar?

2.82. Tras detenerse en un semáforo, un coche de 1.500 kg empieza a moverse con una aceleración de 4 m/s^2. ¿Cuánto tiempo tardará en alcanzar una energía cinética de 14.500 J? ¿Qué potencia habrá realizado el motor para conseguir esa aceleración? Si el coche sigue acelerando durante 10 s, ¿qué fuerza deberán realizar los frenos para detener el coche en 50 m?

2.83. Se deja caer un objeto de 10 kg desde 40 m de altura. ¿Con qué energía cinética llegará al suelo? ¿Cuál será su cantidad de movimiento después de caer 20 m?

2.84. ¿De qué depende la temperatura de un cuerpo?

2.85. Una bola de 500 g se dirige hacia otra de 100 g a una velocidad de 4 m/s. Suponiendo el choque perfectamente elástico, ¿con qué velocidad se moverá la bola de 100 g después del choque? ¿Qué energía cinética tendrá?

2.86. A un ciclista de 60 kg que circula a 20 km/h mientras sube una cuesta lo empujan aumentando su velocidad hasta los 27,2 km/h. Calcula el valor del impulso que ha recibido el ciclista.

2.87. Se aplica una fuerza constante de 500 N, sobre un objeto de 10 kg que está en reposo, durante 5 s. ¿Cuál es el impulso aplicado? ¿Qué energía cinética consigue el objeto?

2.88. Si suponemos que la órbita de la Tierra en torno al Sol es perfectamente circular de radio ($1{,}496 \cdot 10^8$ km) sabiendo que la masa de la Tierra es de $5{,}97 \cdot 10^{24}$ kg, ¿cuánto valdrá el momento angular de la Tierra en su giro en torno al Sol?

2.89. Un determinado satélite de comunicaciones pesa 400 kg y gira en una órbita circular geoestacionaria a 36.000 km de la superficie. Si el radio de la tierra es de 6.371 km, ¿cuál es la velocidad del satélite? ¿Y su momento angular?

2.90. Un avión de adiestramiento CASA C101 Aviojet de 5.000 kg realiza un viraje a altura constante durante una exhibición de la Patrulla Águila. El avión avanza a 360 km/h siguiendo una trayectoria circular de 2 km de radio. ¿Cuál será el valor del momento cinético de la aeronave durante el giro? Si el piloto aumenta de golpe el empuje del motor 1.000 N manteniendo el empuje extra durante 10 s, ¿cuál será el nuevo valor del momento cinético?

2.91. Un patinador sujeta una pesa de 1 kg en cada mano. En un momento dado el patinador empieza a dar vueltas sobre sí mismo con los brazos abiertos, quedando las masas a 1,6 m. Si de repente cierra los brazos dejando las masas a 40 cm una de otra, ¿qué le sucederá a su velocidad de giro?

2.92. Una avioneta Cessna 404 «Titan» dispone de un tren triciclo equipado con neumáticos Goodyear 22 × 7,75-10 (22 pulgadas de diámetro). Solo el tren principal dispone de frenos, por lo que se tendrán dos ruedas para frenar al avión tras el aterrizaje. El peso al aterrizaje es de 2.400 kg (repartido equitativamente entre las tres ruedas), la velocidad de 108 km/h y el avión se detiene 400 m después de tocar la pista. Si despreciamos la resistencia aerodinámica durante el aterrizaje, ¿cuánto tiempo tardará en detenerse? ¿Qué cantidad de energía tendrá que absorber el freno de cada rueda? ¿Qué aceleración angular sufrirán las ruedas?

2.93. La inercia de rotación que tiene un cuerpo está determinada por ____________________.

2.94. Se tiene un giróscopo donde el centro de gravedad del volante se encuentra a 1 mm del eje de precesión. Cuando el volante de 20 cm de diámetro gira a 500 rpm, ¿cuánto valdrá la velocidad de precesión?

2.95. Al comparar un giróscopo con otro, nos damos cuenta de que el volante del primero tiene el doble de diámetro. Si los dos tienen el centro de gravedad del volante a la misma distancia del eje de precesión, ¿cómo será la velocidad de precesión del segundo en función del primero si sus volantes giran a las mismas rpm?

2.96. ¿Qué pasa cuando el centro de gravedad del volante de un giróscopo está equilibrado justo sobre el eje de precesión?

2.97. El inclinómetro de un avión basa su funcionamiento en la __________________ giroscópica.

2.98. El indicador de rumbo de un avión basa su funcionamiento en la __________________ giroscópica.

2.99. La ____________________ consiste en un movimiento oscilatorio transitorio brusco en torno al eje del volante de un giróscopo.

2.100. La _______________ es la ciencia que estudia la fricción, el desgaste y la lubricación durante el contacto entre superficies sólidas en movimiento relativo.

2.101. Cuanto mejor sea el acabado superficial de dos superficies en contacto con movimiento relativo, ________________ (menor/mayor) será la fuerza de fricción.

2.102. Para empezar a mover un cuerpo de 10 kg sobre una superficie horizontal, se necesitan 24 N. ¿Cuánto valdrá el coeficiente de rozamiento estático entre el cuerpo y la superficie de deslizamiento? Si, para mantener constante la velocidad del cuerpo, se necesita una fuerza de 10 N, ¿cuánto valdrá el coeficiente de rozamiento dinámico?

2.103. ¿Cuánto vale el coeficiente de rozamiento en una rueda perfectamente redonda e indeformable de 500 mm de diámetro que avanza a 10 m/s por una superficie plana, lisa y también indeformable?

2.104. Empujamos una carretilla de 20 kg con una fuerza de 40 N sin que la velocidad de esta varíe. Si la rueda tiene un diámetro de 30 cm y una anchura de 8 cm, ¿cuánto valdrá el coeficiente de resistencia a la rodadura? ¿Qué superficie de la rueda hace contacto con el suelo?

2.105. En una rueda, cuanto ____________ (menor/mayor) sea el radio, ____________ (menor/mayor) sea la deformación y ___________ (menor/mayor) sea el ancho, menor será el coeficiente de resistencia a la rodadura.

2.106. Para que las ruedas de un coche giren sin deslizar cuando este acelera, el coeficiente de resistencia a rodadura deberá ser ______________ (menor/mayor) que el coeficiente de fricción a deslizamiento.

2.107. Como norma general, cuanto ______________ (menor/mayor) sea la temperatura de un sólido, mayor será la densidad.

2.108. Para determinar el estado de carga de una batería de plomo-ácido, se mide la gravedad específica del electrolito. Si, al medir, obtenemos 1,245, ¿qué densidad tendrá el electrolito?

2.109. La __________________ es la resistencia que presenta un líquido a fluir.

2.110. Define de forma sencilla qué es la viscosidad dinámica. ¿Qué unidades tiene?

2.111. ¿En qué consiste un viscosímetro Stormer?

2.112. ¿Qué es la viscosidad cinemática? ¿Qué unidades tiene?

2.113. ¿Qué tipo de viscosidad se mide con un viscosímetro SSU?

2.114. Cuanto mayor sea la temperatura de un fluido ____________, (menor/mayor) será la viscosidad.

2.115. Cuanto ______________ (menor/mayor) sea el índice de viscosidad de un fluido, menores serán los cambios en la viscosidad del mismo debidos a la temperatura.

2.116. ¿Qué caracteriza al flujo laminar?

2.117. ¿Qué caracteriza al flujo turbulento?

2.118. Define la Ley de Pascal.

2.119. Una prensa hidráulica tiene un pistón de 40 cm de diámetro y otro pequeño de 4 cm. Si, para extraer un rodamiento de su alojamiento se necesitan 200 N, ¿qué fuerza deberemos realizar sobre el pistón pequeño para realizar la extracción?

2.120. Se pretende elevar un cuerpo de 400 kg empleando un elevador hidráulico de plato grande circular de 20 cm de diámetro y plato pequeño también circular de 3 cm de diámetro. Dado que no deseo aplicar fuerzas mayores a 20 N, voy a colocar una palanca de segundo orden de 55 cm de largo para actuar el émbolo pequeño. ¿A qué distancia del fulcro deberá estar el actuador que empuje al pistón?

2.121. Enuncia el Principio de Bernoulli.

2.122. ¿A qué es igual la altura piezométrica?

2.123. Cuando un fluido circula por el estrechamiento de un conducto, la presión ____________ (disminuye/aumenta) y la velocidad del fluido ______________ (disminuye/aumenta).

2.124. Un motor de pistón para avionetas Teledyne Continental O-200 (4 cilindros, 4 tiempos, 200 in^3 de cilindrada) gira a 2.750 rpm durante el despegue. El conducto de admisión de aire tiene un diámetro de 2 pulgadas, mientras que la sección del venturi del carburador Marvel-Schebler MA-3SPA es de 1,2 pulgadas. Si estamos a nivel del mar (ρ = 1,225 kg/m^3; P = 101.325 Pa), ¿qué presión habrá justo en el estrechamiento del Venturi?

2.125. La presión dinámica se medirá mediante un tubo ______________, mientras que la estática se medirá con un tubo ________________.

2.126. ¿Qué ocurre en un punto de remanso?

2.127. El número de Reynolds es directamente proporcional a ______________, a ____________ y a ________________.

2.128. El valor del número de Reynolds para flujo transitorio será entre ___________ y _________.

2.129. Cuando el valor del número de Reynolds es elevado, predominan los efectos de las fuerzas de _______________, sobre las fuerzas de _______________.

2.130. La velocidad respecto al aire de un avión se mide con el ________________.

2.131. Pon un ejemplo cotidiano donde podamos observar el Efecto Magnus.

2.132. La corriente de aire que circula por el extradós tendrá ______________ (menor/mayor) velocidad que la que circula por el intradós.

Para saber más

LA IMPORTANCIA DE LOS *FLAPS*

Todos hemos observado alguna vez cómo salen los *flaps* del borde de salida del ala de un avión antes del despegue y, sobretodo, antes del aterrizaje de la aeronave, cuando la velocidad de vuelo es demasiado pequeña para producir la sustentación suficiente.

Como hemos estudiado en este capítulo, el aire que circula sobre el ala, por el extradós, se acelera, disminuyendo por tanto su presión. Por el contrario, el aire que circula bajo el ala, por el intradós, se frena, aumentando de esta manera la presión según el principio de Bernoulli. La diferencia de presiones entre extradós e intradós da origen a la fuerza de sustentación. Ahora bien, ¿qué relación existe entre una diferencia de presiones y una fuerza? Como seguro que recordamos, es la superficie –en este caso, la superficie del ala. Una de las misiones de los flaps es aumentar la superficie del ala y, de esta manera, hacer mayor la sustentación para una diferencia de presiones dada.

Por otro lado, la aceleración del aire en el extradós (y la deceleración en el intradós) depende de la forma del perfil del ala: cuanto más curvo sea, mayor será la velocidad del aire sobre el ala y menor debajo de esta. Los *flaps,* además de aumentar la superficie del ala, incrementan su curvatura. Esto es especialmente útil en los aterrizajes, ya que dicho aumento de curvatura origina un incremento de la resistencia aerodinámica, que frena la aeronave. En cambio, durante el despegue interesa alcanzar una velocidad suficientemente alta para levantar el vuelo, por lo que los *flaps* no aumentarán en exceso la curvatura.

En definitiva, los *flaps* aumentan la superficie del ala pero también la diferencia de presiones al hacer mayor la curvatura, lo que hace posible el vuelo a bajas velocidades.

Figura 2.62. Airbus 380 aterrizando con los flaps totalmente extendidos

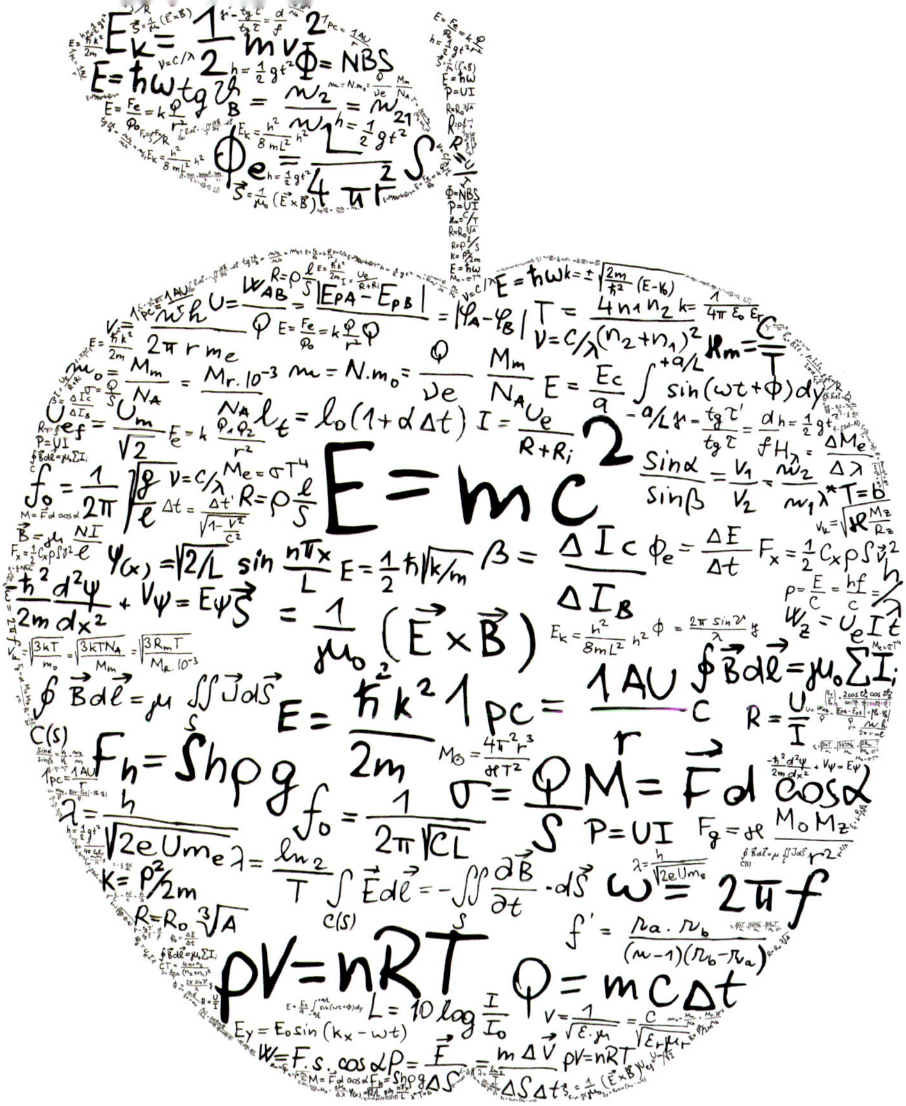

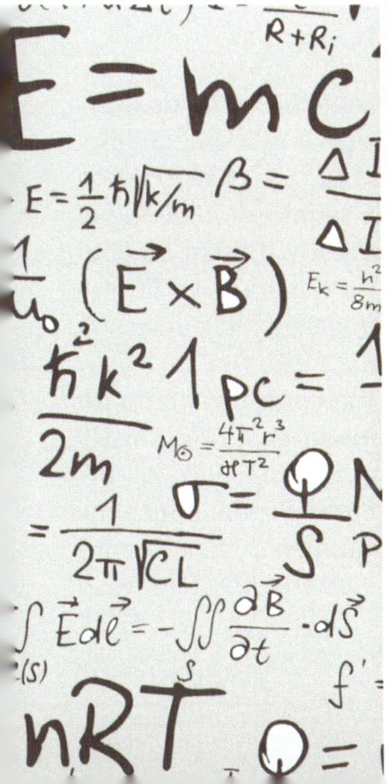

UNIDAD 3
TERMODINÁMICA

La termodinámica es la parte de la física que estudia las relaciones entre el calor y las restantes formas de energía. En este capítulo estudiaremos las relaciones que existen entre la temperatura, presión, densidad, fuerza, etc., con el calor y el trabajo.

3.1. TEMPERATURA

La materia está formada por partículas en continua agitación. Incluso los átomos o moléculas de los sólidos tienen una cierta vibración. Si estas vibraciones son suficientemente grandes, se romperán los enlaces que mantienen unidas las partículas del sólido, formando un líquido o, incluso, un gas.

Las partículas del gas se desplazan libremente, chocando unas con otras y con las paredes del recipiente que las contiene. Unas partículas se desplazarán más rápido que otras, y cada una lo hará en una dirección aleatoria. Ahora bien, imaginemos que fuéramos capaces de medir las velocidades instantáneas de cada partícula, para calcular la velocidad media del conjunto. La temperatura es la consecuencia de esta velocidad media de las partículas.

La temperatura es, por tanto, una magnitud escalar relacionada con la velocidad media de las partículas que componen una sustancia y, por tanto, con la energía cinética de estas. La temperatura no depende del número de partículas, solamente de la velocidad media de estas. Si divido en dos un cuerpo que se encuentra a una temperatura *T*, cada mitad tendrá la misma temperatura *T*.

Por otro lado, la temperatura es una magnitud que refleja la capacidad para ceder energía calorífica de un cuerpo. A su vez, el calor es la energía que pierde o gana el cuerpo en determinados procesos o, dicho de otro modo, es un flujo de energía entre dos cuerpos que están a diferentes temperaturas.

De esta manera podemos definir el **Principio Cero de la Termodinámica:** «Si tenemos dos cuerpos A y B, cada uno a una temperatura distinta, y los ponemos en contacto, pasado un determinado tiempo *t*, estos alcanzarán la misma temperatura, es decir, las temperaturas se igualarán». Si a continuación se pone en contacto con el conjunto A-B un tercer cuerpo C a distinta temperatura, sucederá lo mismo: las temperaturas se igualarán. Cuando las temperaturas se igualan, decimos que hemos alcanzado el **equilibrio térmico.** Para alcanzar el equilibrio térmico entre dos cuerpos que están a distinta temperatura, deberá haber una transferencia de calor desde el cuerpo a mayor temperatura hacia el de menor temperatura (Figura 3.1).

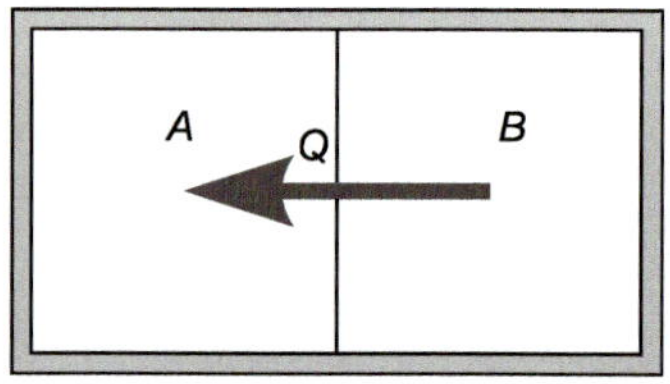

$T_A < T_B$
Transferencia de calor

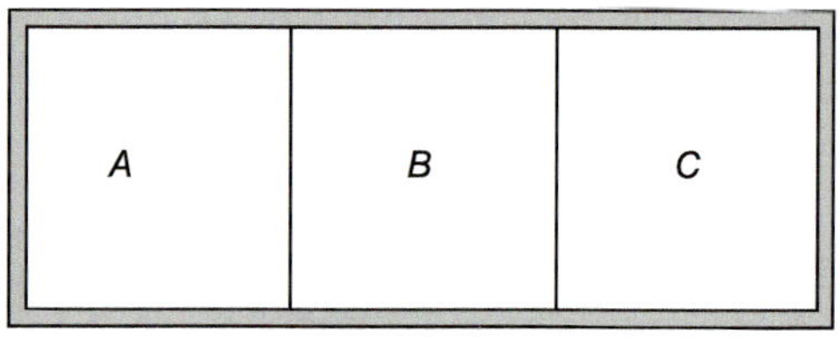

$T_A = T_B = T_C$
Sistema en equilibrio

Figura 3.1. El calor se transmite desde el cuerpo a mayor temperatura hacia el de menor temperatura hasta que alcanzan el equilibrio térmico.

3.1.1. TERMÓMETRO

El Principio Cero se puede enunciar de forma alternativa: «Si un cuerpo A está en equilibrio térmico con un cuerpo C, y un cuerpo B también está en equilibrio térmico con el cuerpo C, entonces los cuerpos A y B están en equilibrio térmico entre sí» (Figura 3.1). En este principio aparentemente sencillo y lógico se basa el **termómetro.**

El termómetro de mercurio inventado por Daniel Gabriel Fahrenheit en 1714 consiste en un capilar de vidrio comunicado con una ampolla llena de mercurio. Según aumenta la temperatura exterior, aumenta la del termómetro para mantener el equilibrio térmico.

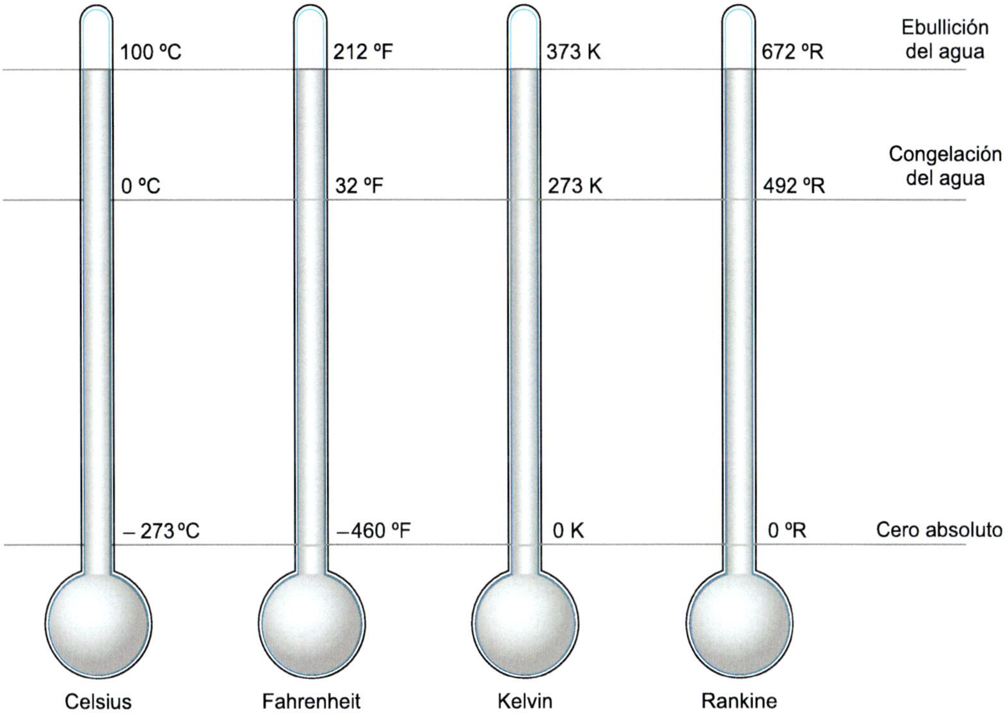

Figura 3.2. Escalas empleadas para medir la temperatura: Celsius (centígrada), Fahrenheit, Kelvin (absoluta) y Rankine.

Al aumentar la temperatura del mercurio, este se dilata, ascendiendo por el tubo capilar. Por tanto, la longitud que el mercurio ha ascendido por el capilar es proporcional a la temperatura exterior.

3.1.2. ESCALAS DE TEMPERATURA

Para poder cuantificar la temperatura, se utilizan cuatro escalas: Fahrenheit, Celsius, Rankine y Kelvin.

La **escala Celsius** toma como temperaturas de referencia la de ebullición y congelación del agua. A la temperatura de congelación del agua le asigna el valor cero (0 °C) y a la temperatura de ebullición, el valor cien (100 °C). Por este motivo también la conocemos como escala centígrada, ya que entre la congelación y la ebullición del agua tenemos 100 unidades o grados Celsius.

En la **escala Fahrenheit,** se asignan 32 °F al punto de congelación del agua, y 212 °F al punto de ebullición; por tanto, entre la congelación y la ebullición del agua tenemos 180 unidades o grados Fahrenheit. La equivalencia entre Fahrenheit y Celsius será por tanto:

$$\frac{^{\circ}C}{100} = \frac{(^{\circ}F - 32)}{180} \quad \Rightarrow \quad ^{\circ}C = \frac{(^{\circ}F - 32)}{1{,}8}$$

Por tanto:

$$^{\circ}F = 1{,}8 \cdot {^{\circ}C} + 32$$

Como ya sabemos, según vamos enfriando una sustancia, el movimiento o vibración de las partículas que la forman disminuye progresivamente. Llegará un momento en donde las partículas se detendrán totalmente. A esta temperatura se la denomina **cero absoluto,** y es el punto inferior de la **escala Kelvin.** El punto superior es el punto triple del agua, al que asigna 273 K (273,16 K para ser exactos). El punto triple es aquel en que coexisten los estados sólido, líquido y gaseoso (0 °C, 32 °F). Los incrementos en la escala

Kelvin son los mismos que en la escala Celsius; por tanto:

$$K = {}^{o}C + 273$$

Existe otra escala análoga a la Kelvin, denominada **escala Rankine.** La escala Rankine es a la Fahrenheit lo que la Kelvin a la Celsius. Al cero absoluto se asigna 0 °R, mientras que al punto triple del agua se le asigna 492 °R (32 °F). Por tanto, los incrementos en la escala Rankine son los mismos que en la escala Fahrenheit:

$${}^{o}R = {}^{o}F + 460$$

3.2. CALOR

El calor es la energía que pasa de un cuerpo a otro y es causa de que se equilibren sus temperaturas. El calor se transmite desde el cuerpo con mayor temperatura al de menor temperatura.

Los intercambios entre calor y trabajo están presentes en nuestro día a día. Por ejemplo, cuando montamos en bicicleta y presionamos el freno, actuamos sobre un mecanismo que presiona unas zapatas sobre la llanta de la rueda. Esto provoca una fricción que detiene el giro de la rueda y, por lo tanto, la bicicleta. Si, acto seguido, tocamos las zapatas, comprobaremos que están «calientes». Lo que ha sucedido es que la energía cinética de la rueda se ha transformado en calor, que ha elevado la temperatura de la zapata. Si dejamos pasar unos segundos, podremos comprobar que la temperatura de la zapata ha disminuido hasta igualarse con la temperatura ambiente: el calor se ha transferido a los alrededores, hasta alcanzar el equilibrio térmico.

Otro ejemplo de intercambio energético donde se produce calor es durante una reacción de combustión. Esto lo comprobamos cada mañana al ducharnos con agua caliente. En el calentador se produce una reacción de combustión entre las moléculas del gas y el oxígeno del aire. Esta reacción es **exotérmica,** esto es, libera o desprende calor. Este calor llega al agua, que intentará igualar su temperatura con el de la llama según el principio cero de la termodinámica. En este caso el intercambio energético es entre la energía potencial química presente en el combustible y el calor.

En los motores de pistón o turbina que impulsan a las aeronaves, el calor de la combustión se transforma en energía mecánica, capaz de mover un eje o impulsar directamente la aeronave por el principio de acción-reacción.

En una cocina eléctrica, observamos el intercambio de energía eléctrica en energía térmica gracias al efecto Joule. Cuanto mayor sea la intensidad de corriente (flujo de electrones), mayor será el calor producido.

En los cambios de estado y en las dilataciones también interviene el calor. Podemos ver, por tanto, la gran participación del calor en numerosas transformaciones. En todos los casos **el calor es una energía que se transmite, nunca se almacena**.

3.2.1. CALOR ESPECÍFICO

El calor específico c es la cantidad de calor (energía) necesaria para aumentar la temperatura un grado de una masa de un kilogramo de una determinada sustancia. El calor específico es una **magnitud intensiva;** esto quiere decir que no depende de la cantidad de sustancia, sino de la sustancia en sí.

$$c = \frac{Q}{m \cdot (T_2 - T_1)} \quad \Rightarrow \quad Q = m \cdot c \cdot (T_2 - T_1)$$

En donde:

- c: calor específico (J/kg · K).
- Q: calor (J).
- m: masa (kg).
- T_1: temperatura inicial (K).
- T_2: temperatura final (K).

Esta magnitud nos da una idea de la energía o calor Q que será necesario aportar a una determinada sustancia o material, para aumentar su temperatura un grado. Nos costará más energía calentar agua (c_{H_2O} = 4.186 J/kg · K) que acero (c_{Fe} = 481 J/kg · K).

Tabla 3.1. Calor específico de distintas sustancias

Material	Calor específico (J/kg · K)
Plomo	127
Mercurio	139
Cinc	386
Cobre	389
Acero	481
Aluminio	908
Agua	4.186

Problemas resueltos

Se pretenden calentar 2 l de agua hasta el punto de ebullición (100 °C) para cocer unos espaguetis. Si la temperatura inicial es de 18 °C, ¿qué cantidad de calor necesitamos?

Solución

Sabiendo que el calor específico del agua es c_{H_2O} = 4.186 J/kg · K, de la ecuación del calor específico:

$$Q = m \cdot c \cdot (T_2 - T_1) \quad \Rightarrow$$

$$\Rightarrow \quad Q = 2 \cdot 4.186 \cdot (100 - 18) = 686{,}5 \text{ kJ}$$

3.2.2. CAPACIDAD CALORÍFICA

La capacidad calorífica es la cantidad de calor que hay que aportar a una sustancia para aumentar su temperatura un grado. La capacidad calorífica depende de la cantidad de sustancia; es una **magnitud extensiva.**

Obviamente, la capacidad calorífica está relacionada con el calor específico, pero también depende de la masa: a mayor masa, mayor capacidad calorífica. Se necesita el doble de energía para calentar 10 litros de agua que 5 litros.

3.2.3. TRANSMISIÓN DEL CALOR

El calor se transmite de un lugar a otro de tres maneras diferentes: conducción, convección y radiación.

La **conducción** se produce cuando dos cuerpos a distinta temperatura se encuentran en contacto físico. Las partículas del cuerpo caliente chocan con las del cuerpo frío. En este choque, las partículas del cuerpo caliente pierden energía, mientras que las del cuerpo frío la ganan. Este fenómeno se dará hasta que las temperaturas se igualen, alcanzando el equilibrio térmico.

De esta manera se pueden clasificar los materiales como conductores y aislantes térmicos. Los **conductores** son aquellos materiales que son capaces de transmitir gran cantidad de calor en un tiempo y diferencia de temperaturas determinada. Por el contrario, los **aislantes** transmitirán poco calor al mismo tiempo y a diferencia de temperaturas. Como norma general, los sólidos conducen el calor mejor que los líquidos, y los líquidos mejor que los gases.

Veamos un ejemplo: cuando queremos freír un huevo, la placa de la cocina transmitirá el calor al acero de la sartén por conducción y esta, a su vez, se lo transmitirá al aceite también por conducción. Dado que el acero es un buen conductor del calor, el aceite se calentará rápidamente. No obstante, nosotros podremos coger la sartén por el mango sin problemas, ya que está fabricado con un material plástico aislante del calor.

La **convección** se produce debido al movimiento de las partículas de un fluido (líquido o gas), donde las más pesadas descienden y las más ligeras ascienden. Este movimiento da lugar a las denominadas **corrientes convectivas.** Sigamos analizando el ejemplo del huevo frito: el aceite de la parte baja, más próximo a la placa, alcanza una temperatura mayor que el aceite que se encuentra en la superficie. Cuanto mayor sea la temperatura del aceite, mayor será el volumen que ocupa (se dilata) y, por tanto, menor será su densidad. Esto hace que el aceite caliente suba, y el más frío baje. Como la sartén recibe el calor por la parte baja, aparecerá una circulación constante de aceite entre la parte superior e inferior (corrientes convectivas). Por tanto, el huevo se cocinará por conducción pero también por convección.

Las corrientes convectivas pueden ser naturales como en el ejemplo del huevo frito, o forzadas, como sucede en la refrigeración de equipos electrónicos, donde un ventilador fuerza al aire caliente a salir del equipo, dando entrada a aire frío.

Todos los cuerpos, por el mero hecho de tener una temperatura superior a 0 K, emiten energía radiante (ondas electromagnéticas). Cuando los electrones situados en niveles de energía altos «caen» a niveles más bajos, emiten una onda electromagnética. La longitud de onda de la radiación dependerá de la temperatura del cuerpo, mientras que la cantidad de radiación dependerá de la energía «perdida» por el átomo (ganada por la onda: principio de conservación de la energía). A temperaturas en torno a 300 °C predomina la radiación infrarroja (4.000 nm > λ > 800 nm), mientras que a temperaturas de 800 °C predomina la radiación visible y ultravioleta (800 nm > λ > 400 nm).

Ahora bien, cuando esta **radiación** incide sobre un átomo, sus electrones promocionan desde niveles bajos a más altos, aumentando su agitación. Si la cantidad de radiación recibida es mayor que la emitida, el cuerpo aumentará de temperatura.

El ejemplo de radiación más claro es el calor proveniente del Sol. Mientras que la conducción y la convección requieren de materia para transmitirse, la radiación no.

3.3. EXPANSIÓN VOLUMÉTRICA

Cuando la temperatura aumenta, los cuerpos se expanden, aumentan de volumen. A esto se conoce como **dilatación.** Cuando la temperatura diminuye, el efecto es contrario, y los cuerpos sufren una **contracción.** Sólidos, líquidos y gases se dilatan al aumentar su temperatura. La expansión volumétrica depende del incremento de temperatura y del tipo de material.

Imaginemos un larguero metálico, como los que forman la estructura de un avión. Su longitud cambiará en función de la temperatura según la siguiente ecuación:

$$L = L_0 \cdot [1 + \alpha \cdot (T - T_0)]$$

En donde:

- L: longitud a una temperatura T (m).
- L_o: longitud inicial a la temperatura T_o (m).
- α: coeficiente de dilatación lineal (1/K).
- T: temperatura (K).
- T_o: temperatura inicial (K).

Tabla 3.2. Coeficientes de dilatación lineal y volumétrico de distintos materiales

Material	Coeficiente de dilatación lineal α ($\cdot 10^{-6}$ K^{-1})	Coeficiente de dilatación volumétrico δ ($\cdot 10^{-6}$ K^{-1})
Aluminio	23	75
Cobre	17	49
Vidrio	9	27
Cinc	25	-
Tungsteno	4	-
Plomo	29	-
Sílice	0,4	-
Acero	11	-
Diamante	0,9	-

Las dilataciones no solo suponen un cambio en la longitud; también suponen un cambio en la sección de los cuerpos y, por lo tanto, en su volumen:

$$V = V_0 \cdot [1 + \delta \cdot (T - T_0)]$$

En donde:

- V: volumen a una temperatura T (m).
- V_0: volumen inicial a la temperatura T_0 (m).
- δ: coeficiente de dilatación volumétrico (1/K).
- T: temperatura (K).
- T_0: temperatura inicial (K).

El coeficiente de dilatación volumétrico es aproximadamente el triple del lineal ($\delta \approx 3 \cdot \alpha$).

Los líquidos también se dilatan volumétricamente, y en mayor medida que los sólidos. En ocasiones no lo percibimos porque el recipiente donde se encuentran también se dilata, y el nivel de líquido permanece constante.

Los cambios de volumen en los gases no solo dependen de la temperatura, sino que también dependen de la presión. Posteriormente estudiaremos las leyes que rigen el comportamiento de un gas.

Problemas resueltos

Una determinada aeronave monta un larguero de aluminio en su ala de 10 m. Si la temperatura en la pista de despegue es de 30 °C y a la altitud de vuelo durante el crucero es de −56 °C, ¿cuántos mm se habrá encogido el larguero?

Solución

Sabiendo que el coeficiente de dilatación lineal del aluminio es de $\alpha_{Al} = 23 \cdot 10^{-6}$ K^{-1}, de la ecuación de la dilatación se tiene:

$$L = L_0 \cdot [1 + \alpha \cdot (T - T_0)] \Rightarrow$$
$$\Rightarrow L = 10[1 + 23 \cdot 10^{-6} \cdot (-56 - 30)] \Rightarrow$$
$$\Rightarrow L = 9{,}98022\text{m}$$

Por tanto, la longitud del larguero habrá disminuido:

$$L_0 - L = 10 - 9{,}98022 = 0{,}01978$$

El larguero es 19,78 mm más corto.

3.4. LEYES DE LA TERMODINÁMICA

La termodinámica es la parte de la física en que se estudian las relaciones entre el calor y las restantes formas de energía. Anteriormente se ha definido el trabajo como «diferencia de energía que manifiesta un cuerpo al pasar entre dos estados o puntos». El trabajo, al igual que el calor, tiene carácter de transferencia.

Antes de estudiar las leyes de la termodinámica, debemos definir un concepto muy importante en termodinámica: el sistema. Un sistema termodinámico es una parte del universo aislada para su estudio. Por ejemplo, si vamos a estudiar los procesos termodinámicos de un motor de pistón, el sistema será la cámara de combustión.

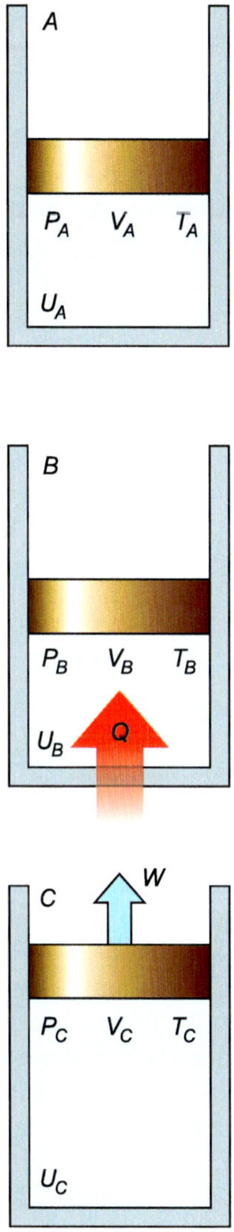

Figura 3.3. Primer Principio de la Termodinámica. En el sistema se tiene un cilindro y un pistón móvil que encierran a un gas.

Un sistema termodinámico puede intercambiar energía con su entorno en forma de calor y/o trabajo, acumulándola en forma de energía interna (temperatura). Aplicando el principio de conservación de la energía, se obtiene el **Primer Principio de la Termodinámica:**

$$Q = W + \Delta U \Rightarrow \Delta U = Q - W$$

En donde:

- *Q:* calor aportado al sistema (J).
- *W:* trabajo realizado por el sistema (J).
- ΔU: incremento de la energía interna del sistema (J).

La energía interna es una **variable de estado,** esto es, su valor solo depende del estado actual en que se encuentra el sistema, y no de cómo ha alcanzado dicho estado. En cambio, el trabajo y el calor no lo son. En la Figura 3.3 se observa un sistema en un estado inicial *A,* el cual tiene una determinada energía interna U_A. Si acercamos una llama, transmitiremos calor *Q* al sistema, hasta alcanzar el estado *B,* donde la energía interna $U_B > U_A$ (la temperatura habrá aumentado). Si, en vez de aportar calor, se realiza un trabajo W desplazando el pistón hacia arriba, el gas se expandirá, alcanzando un nuevo estado *C,* donde la energía interna $U_C < U_A$.

$$\Delta U = Q - W$$

Como hemos visto, el primer principio de la termodinámica estipula que en los procesos termodinámicos la energía siempre se conserva, trasformándose en calor, trabajo y/o energía interna. No obstante, nosotros sabemos que en la realidad, mientras que todo el trabajo se puede transformar en calor, no todo el calor se puede transformar en trabajo. Pensemos en una masa que desliza sobre una superficie. Debido a la fricción, parte de la energía cinética se disipará en forma de calor, elevando la temperatura. Ahora bien, por experiencia sabemos que, si la masa está en reposo, su temperatura no disminuirá espontáneamente, provocando que dicha masa empiece a moverse. Aunque este fenómeno respetaría el Primer Principio, no es posible.

Podemos ver, por tanto, que no todas las formas de energía son igualmente aprovechables. Es necesario establecer un principio que nos indique si un determinado proceso puede ocurrir o no, aunque cumpla con lo estipulado en el Primer Principio. Este nuevo principio es el **Segundo Principio de la Termodinámica:** «No es posible construir una máquina térmica que transforme íntegramente todo el calor absorbido en trabajo». El calor que no se transforma en trabajo se transmite a otro «foco térmico» que está a menor temperatura.

Como una máquina térmica (Figura 3.4) es cíclica, la variación de energía interna en un ciclo es nula (en un ciclo, el punto final es el punto de partida); por tanto:

$$\Delta U = Q - W = 0 \quad \Rightarrow \quad Q = Q_1 + Q_2 = W$$

Teniendo en cuenta que Q_2 es negativo:

$$W = Q_1 - |Q_2|$$

El rendimiento de la máquina será por tanto:

$$\eta = \frac{W}{Q_1} = \frac{Q_1 + Q_2}{Q_1} = \frac{Q_1}{Q_1} + \frac{Q_2}{Q_1} = 1 + \frac{Q_2}{Q_1}$$

E, independientemente del criterio de signos empleado, queda finalmente:

$$\eta = 1 - \frac{|Q_2|}{Q_1}$$

Como era de esperar, el rendimiento será mayor cuanto mayor sea el calor aportado Q_1, en relación con el calor «desperdiciado» Q_2.

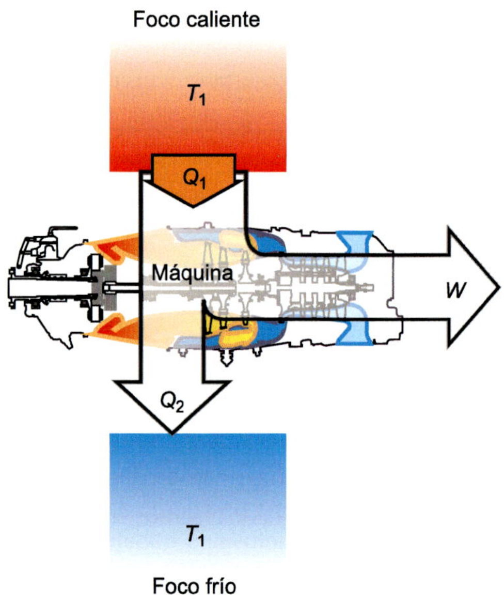

Figura 3.4. Esquema de una máquina térmica genérica. Q_1 y W son positivos, mientras que Q_2 es negativo ($T_1 > T_2$).

Si en vez de una máquina térmica tenemos un refrigerador, el objetivo es transmitir calor desde un cuerpo caliente a un cuerpo frío. El Segundo Principio nos dice que «no es posible el paso de calor de un cuerpo frío a uno caliente sin realizar trabajo».

La magnitud física que deriva directamente del segundo principio es la entropía. La **entropía** es una «magnitud termodinámica que mide la parte no utilizable de la energía contenida en un sistema». La entropía nos da una idea del desorden de un sistema. Por ejemplo, en una sustancia en estado sólido, las moléculas están regularmente ordenadas formando un cristal, por lo que su entropía es mucho menor que si la misma sustancia se encuentra en estado gaseoso, donde las moléculas se encuentran libres y desordenadas. La entropía es una variable de estado y su unidad es el J/K. Durante un proceso irreversible (proceso real) la entropía del universo siempre aumenta; esto significa que tiende al desorden. La expresión matemática que define la entropía es:

$$\Delta S = \frac{\Delta Q}{T}$$

En donde:

- S: entropía (J/K).
- Q: transferencia de calor (J).
- T: temperatura (K).

Esta ecuación nos dice que la variación de entropía es directamente proporcional al calor transmitido, e inversamente proporcional a la temperatura del sistema.

El **Tercer Principio de la Termodinámica** afirma que el cero absoluto no se puede alcanzar por ningún procedimiento que conste de un número finito de pasos. Es posible acercarse indefinidamente al cero absoluto, pero nunca se puede llegar a él.

Problemas resueltos

Se transmiten 50 J de calor a un sistema que nos devuelve 40 J en forma de trabajo. Calcula la variación de energía interna en el sistema.

Solución

Según el primer principio de la termodinámica:

$$\Delta U = Q - W = 50 - 40 = 10 \text{ J}$$

Para que funcione un determinado motor de pistón, el calor desprendido por la gasolina durante la combustión es de 400 kJ. Si el sistema de refrigeración del motor extrae 280 kJ, ¿qué rendimiento tendrá el motor?

Solución

El rendimiento será:

$$\eta = 1 - \frac{|Q_2|}{Q_1} = 1 - \frac{280}{400} = 0{,}3 \quad \Rightarrow \quad \eta = 30\%$$

3.5. TERMODINÁMICA DE LOS GASES IDEALES

En este apartado estudiaremos el comportamiento termodinámico de los gases ideales. Los gases ideales son gases hipotéticos, los cuales se suponen compuestos por partículas que no interaccionan entre sí y que no ocupan ningún volumen. A bajas presiones y elevadas temperaturas el comportamiento de un gas ideal se aproxima mucho al de un gas real. El estado del gas queda determinado por tres variables: presión (P), volumen (V) y temperatura (T). Las relaciones matemáticas entre estas variables se denominan **ecuaciones de estado.** El físico británico Robert Boyle descubrió en 1660 que, cuando varía el volumen de un gas contenido en un recipiente, sin cambio de temperatura, la presión también varía. Por tanto, la **Ley de Boyle** nos dice que:

$$\frac{V_1}{V_2} = \frac{P_2}{P_1} \quad \text{o también:} \quad P_1 \cdot V_1 = P_2 \cdot V_2$$

En donde:

- V_1: volumen inicial (m^3).
- V_2: volumen final (m^3).
- P_1: presión inicial (Pa).
- P_2: presión final (Pa).
- T_1: temperatura inicial (K).
- T_2: temperatura final (K).

Por su parte, Jacques Charles descubrió que, al variar el volumen de un gas, manteniendo constante la presión, su temperatura absoluta también varía. La **Ley de Charles:**

$$\frac{V_1}{V_2} = \frac{T_1}{T_2}$$

Y, cuando varía la presión manteniendo el volumen constante, se tiene la **Ley de Gay-Lussac:**

$$\frac{P_1}{P_2} = \frac{T_1}{T_2}$$

Si combinamos la Ley de Boyle con las de Charles y Gay-Lussac, obtenemos la **Ley General de los Gases Ideales,** con su ecuación de estado:

$$\frac{P_1 \cdot V_1}{T_1} = \frac{P_2 \cdot V_2}{T_2} = \text{cte}$$

La relación entre presión, volumen y temperatura es constante. Esta constante R se puede calcular ya que un mol de un gas a 1 atm de presión y 273 K de temperatura ocupa 22,4 dm^3. Por tanto:

$$R = \frac{P \cdot V}{T} = \frac{1 \cdot 22{,}4}{273} = 0{,}082 \; \frac{\text{atm} \cdot \text{dm}^3}{\text{K} \cdot \text{mol}}$$

NOTA

EL MOL ES UNA UNIDAD DE CANTIDAD DE MATERIA O SUSTANCIA: 1 MOL = 6,023 · 10^{23} PARTÍCULAS. LAS PARTÍCULAS PUEDEN SER ÁTOMOS, MOLÉCULAS, IONES, ETCÉTERA.

La ecuación de estado de los gases ideales se puede también escribir en su forma más popular como:

$$P \cdot V = n \cdot R \cdot T$$

En donde:

- *R:* constante de los gases ideales (0,082 atm · l/K · mol).
- *n:* cantidad de materia o sustancia (moles).

En la práctica no se emplean moles para medir la cantidad de sustancia ni litros para medir volúmenes, sino que se emplea la densidad del gas. La relación entre moles n, masa molecular M_r y masa del gas m_g es:

$$n = \frac{m_g}{M_r}$$

Como la densidad es la masa m_g entre el volumen V, queda:

$$P \cdot V = \frac{m_g}{M_r} \cdot R \cdot T \quad \Rightarrow \quad P = \frac{m_g}{V} \cdot \frac{R}{M_r} \cdot T$$

En donde:

$$R_g = \frac{R}{M_r}$$

Por tanto:

$$P = \rho \cdot R_g \cdot T \quad \Rightarrow \quad \frac{P}{\rho \cdot T} = R_g$$

Si el gas es aire R_{AIRE} = 287 J/K · kg.

Problemas resueltos

Se dispone de un émbolo que desliza sobre un cilindro (semejante a una jeringuilla) totalmente estanco lleno de un gas. El volumen inicial es de 400 cm^3, y la presión de 200 kPa. Si muevo el émbolo aumentando poco a poco el volumen hasta los 500 cm^3 manteniendo la temperatura constante, ¿qué presión se alcanza dentro del cilindro?

Solución

Según la Ley de Boyle:

$$\frac{V_1}{V_2} = \frac{P_2}{P_1} \quad \Rightarrow \quad P_2 = P_1 \cdot \frac{V_1}{V_2} \quad \Rightarrow$$

$$\Rightarrow \quad P_2 = 200 \cdot \frac{400}{500} = 160 \text{ kPa}$$

Se dispone de un bote indeformable y herméticamente cerrado lleno de un gas a 15 °C y 1 atm de presión. Si lo calentamos hasta los 50 °C, ¿qué presión se alcanza dentro del bote?

Solución

En primer lugar expresaremos las temperaturas en unidades del SI (kelvin):

$$T_1 = 15\ °C + 273 = 288\ K$$

$$T_2 = 50\ °C + 273 = 323\ K$$

Aplicando la Ley de Gay-Lussac:

$$\frac{P_1}{P_2} = \frac{T_1}{T_2} \Rightarrow P_2 = P_1 \cdot \frac{T_2}{T_1} \Rightarrow$$

$$P_2 = 1 \cdot \frac{323}{288} = 1{,}121\ atm$$

Para convertir atmósferas a pascales:

$$P_2 = 1{,}121\ atm \cdot \frac{101{,}3\ kPa}{1\ atm} = 113{,}64\ kPa$$

Se dispone de un émbolo que desliza dentro un cilindro creando un espacio estanco entre ambos. Inicialmente se encuentra a 20 °C siendo el volumen interno de 10 l. Si el émbolo puede deslizar libremente, ¿cuál será el volumen si la temperatura desciende hasta los –50 °C?

Solución

En primer lugar se convertirán las temperaturas y el volumen:

$$T_1 = 20\ °C + 273 = 293\ K$$

$$T_2 = -50\ °C + 273 = 223\ K$$

$$V_1 = 10\ l \cdot \frac{1\ m^3}{1.000\ l} = 0{,}01\ m^3$$

De la Ley de Charles:

$$\frac{V_1}{V_2} = \frac{T_1}{T_2} \Rightarrow V_2 = V_1 \cdot \frac{T_2}{T_1} = 0{,}01 \cdot \frac{223}{293} \Rightarrow$$

$$\Rightarrow V_2 = 7{,}61 \cdot 10^{-3}\ m^3 = 7{,}611\ l$$

Se dispone de un émbolo que desliza dentro un cilindro creando un espacio estanco entre ambos. Las condiciones iniciales son 0,02 m³, 300 K, 100 kPa. Si el gas se expande hasta los 0,04 m³ y la presión desciende hasta los 80 kPa, ¿qué temperatura tendrá ahora el sistema?

Solución

De la ecuación general de estado de los gases ideales:

$$\frac{P_1 \cdot V_1}{T_1} = \frac{P_2 \cdot V_2}{T_2} \Rightarrow T_2 = T_1 \cdot \frac{P_2 \cdot V_2}{P_1 \cdot V_1} \Rightarrow$$

$$\Rightarrow T_2 = 300 \cdot \frac{0{,}04 \cdot 80}{0{,}02 \cdot 100} = 480\ K$$

Calcula los litros que ocupan 10 moles de oxígeno molecular gaseoso a una presión de 4 atm y una temperatura de 0 °C.

Solución

De la ecuación de los gases ideales:

$$P \cdot V = n \cdot R \cdot T \Rightarrow V = \frac{n \cdot R \cdot T}{P} \Rightarrow$$

$$\Rightarrow V = \frac{10 \cdot 0{,}082 \cdot 273}{4} = 55{,}961\ l$$

A 22.000 pies de altura la temperatura es de 244,56 K y la presión de 6,25 psi. ¿Cuál será la densidad del aire en estas condiciones?

Solución

En primer lugar convertiremos las psi a Pa:

$$P = 6{,}25\ psi \cdot \frac{0{,}4546\ kgf}{1\ lb} \cdot \frac{1\ in^2}{0{,}0254^2\ m^2} \cdot \frac{9{,}81\ N}{1\ kgf} = 43.202\ Pa = 43{,}2\ kPa$$

De la ecuación de estado aplicada, el aire ($R_g = 287$ J/K · kg):

$$\frac{P}{\rho \cdot T} = R_g \Rightarrow \rho = \frac{P}{T \cdot R_g} \Rightarrow$$

$$\Rightarrow \rho = \frac{43.202}{244{,}56 \cdot 287} = 0{,}615\ kg/m^3$$

3.6. TRANSFORMACIONES TERMODINÁMICAS

Anteriormente hemos estudiado qué es el calor específico: cantidad de calor (energía) necesaria para aumentar un grado la temperatura de una masa de un kilogramo de una determinada sustancia:

$$Q = m \cdot c \cdot (T_2 - T_1)$$

En donde:

- c: calor específico (J/kg · K).
- Q: calor (J).
- m: masa (kg).
- T_1: temperatura inicial (K).
- T_2: temperatura final (K).

Resulta que el calor específico depende de cómo sea la transformación, ya que no es una variable de estado. Depende del «camino». El calor específico de una sustancia variará si la transformación se realiza a presión constante, volumen constante, temperatura constante, sin intercambio de calor, etcétera.

3.6.1. TRANSFORMACIÓN ISÓCORA (V = CTE)

Las transformaciones isócoras son aquellas que se producen a volumen constante. Lo más característico de una transformación isócora es que el trabajo es nulo, ya que no hay desplazamiento de ningún tipo. En cambio sí que se puede intercambiar calor con el exterior:

$$Q = m \cdot c_V \cdot (T_2 - T_1)$$

En donde:

- c_V: calor específico a volumen constante (J/kg · K).
- Q: calor (J).
- m: masa (kg).
- T_1: temperatura inicial (K).
- T_2: temperatura final (K).

Como el trabajo es nulo ($W = 0$), del Primer Principio de la Termodinámica:

$$Q = W + \Delta U = 0 + \Delta U = \Delta U$$

Por tanto:

$$\Delta U = m \cdot c_V \cdot (T_2 - T_1)$$

3.6.2. TRANSFORMACIÓN ISÓBARA (P = CTE)

Las transformaciones isóbaras son aquellas que se producen a presión constante. En este caso sí que se realiza trabajo ya que, al cambiar el volumen, aparece un desplazamiento. El calor transferido en este caso será:

$$Q = m \cdot c_P \cdot (T_2 - T_1)$$

En donde:

- C_P: calor específico a presión constante (J/kg · K).

El trabajo será:

$$W = P \cdot (V_2 - V_1)$$

La energía interna dependerá del calor específico a volumen constante, igual que en las transformaciones isócoras:

$$\Delta U = m \cdot c_V \cdot (T_2 - T_1)$$

Si aplicamos el Primer Principio y operamos:

$$Q = W + \Delta U$$

Sustituyendo:

$$m \cdot c_P \cdot (T_2 - T_1) = P \cdot (V_2 - V_1) + m \cdot c_V \cdot (T_2 - T_1)$$

Finalmente:

$$C_P = \frac{P \cdot (V_2 - V_1)}{m \cdot (T_2 - T_1)} + C_V$$

Si aplicamos la ecuación de estado de los gases ideales tenemos que:

$$R = \frac{P \cdot (V_2 - V_1)}{m \cdot (T_2 - T_1)}$$

Y, por tanto,

$$C_P = R + c_V$$

Que es la ecuación que relaciona los calores específicos a presión constante y a volumen constante de un gas.

Problemas resueltos

Un pistón se mueve dentro de un cilindro realizando una expansión isobárica a 2.000 kPa, aumentando su volumen 5 l. Calcula el trabajo desarrollado por el pistón.

Solución

Según la ecuación:

$$W = P \cdot (V_2 - V_1) = 2 \cdot 10^6 \cdot 5 \cdot 10^{-3} = 10 \text{ kJ}$$

Durante una transformación isócora de 10 kg de aire la temperatura aumenta 200 °C. Calcula:

- El aumento de la energía interna (c_V = 716 J/kg · K).
- El calor específico a presión constante sabiendo que R = 287 J/kg · K.
- El índice adiabático del aire.

Solución

En una transformación isócora el trabajo es nulo; por tanto:

$$Q = W + \Delta U = 0 + \Delta U = \Delta U$$

Dado que el valor de Q es:

$$Q = m \cdot c_V \cdot (T_2 - T_1)$$

Podemos decir que

$$\Delta U = m \cdot c_V \cdot (T_2 - T_1) = 10 \cdot 716 \cdot 200 \quad \Rightarrow$$

$$\Rightarrow \quad \Delta U = 1.432 \text{ kJ}$$

El calor específico a presión constante será:

$$c_P = R + c_V = 287 + 716 = 1.003 \text{ J/kg} \cdot \text{K}$$

El índice adiabático:

$$\gamma = \frac{c_P}{c_V} = \frac{1.003}{716} = 1{,}4$$

3.6.3. TRANSFORMACIÓN ISOTERMA (T = CTE)

Cuando la transformación se realiza a temperatura constante, la variación de energía interna será nula. El calor será:

$$Q = m \cdot R \cdot T \cdot \ln \frac{V_2}{V_1}$$

Y del Primer Principio:

$$Q = W + \Delta U = W + 0 = W$$

3.6.4. TRANSFORMACIÓN ADIABÁTICA (Q = 0)

Decimos que la transformación es adiabática cuando no hay intercambio de calor con el exterior ($Q = 0$). En este caso:

$$\Delta U = m \cdot c_V \cdot (T_2 - T_1)$$

Y del Primer Principio:

$$Q = W + \Delta U = 0 \quad \Rightarrow \quad W = -\Delta U$$

La ecuación que describe una transformación adiabática es la siguiente:

$$P \cdot V^{\gamma} = \text{cte}$$

En donde:

- γ: índice adiabático del gas ($\gamma_{aire} = 1{,}4$):

Siendo además:

$$\gamma = \frac{c_P}{c_V}$$

3.7. CICLOS TERMODINÁMICOS

Una vez que ya conocemos las transformaciones termodinámicas, vamos a ver cómo se pueden aplicar para construir una máquina térmica. Los ejemplos más significativos son los motores de pistón y los motores de turbina.

Problemas resueltos

En una transformación isoterma a 300 K de 20 kg de aire el volumen se dobla. Calcula el trabajo realizado.

Solución

Del primer principio, en una transformación isoterma la energía interna no varía; por tanto, el trabajo será igual al calor:

$$W = Q = m \cdot R \cdot T \cdot \ln \frac{V_2}{V_1} \quad \Rightarrow$$

$$\Rightarrow \quad W = 20 \cdot 287 \cdot 300 \cdot \ln 2 = 1.193{,}6 \text{ kJ}$$

Problemas resueltos

En una transformación adiabática con aire ($\gamma_{aire} = 1{,}4$), las condiciones iniciales son 1.000 kPa y 4 m². Si el volumen cambia hasta los 20 m², calcula la presión alcanzada.

Solución

La ecuación de una transformación adiabática:

$$P \cdot V^{\gamma} = \text{cte} \Rightarrow P_1 \cdot V_1^{\gamma} = P_2 \cdot V_2^{\gamma} \Rightarrow$$

$$\Rightarrow P_2 = P_1 \cdot \left(\frac{V_1}{V_2}\right)^{\gamma} = 1.000 \cdot \left(\frac{4}{20}\right)^{1,4} \Rightarrow$$

$$\Rightarrow P_2 = 105{,}06 \text{ kPa}$$

3.7.1. CICLO OTTO

El ciclo Otto describe el funcionamiento de motores de cuatro tiempos de gasolina. El ciclo lo efectúa una mezcla de aire y gasolina en una proporción adecuada que, al aplicarle una chispa en un momento determinado, se inflama, de modo que aumenta su temperatura y presión y se mueve un émbolo o pistón (Figuras 3.5 y 3.6). Las etapas del ciclo son:

- 0→1. **Admisión isobara:** la válvula de admisión se abre, permitiendo la entrada en el cilindro de la mezcla de aire y gasolina. Al finalizar esta primera etapa, la válvula de admisión se cierra. El pistón se desplaza desde el denominado punto muerto superior (PMS) hasta el punto muerto inferior (PMI).
- 1→2. **Compresión adiabática:** la mezcla de aire y gasolina se comprime sin intercambiar calor con el exterior. La transformación es, por tanto, isentrópica (adiabática reversible). El pistón se mueve desde el PMI hasta el PMS, absorbiendo trabajo ($W < 0$).
- 2→3. **Explosión isócora:** salta una chispa en la bujía y la mezcla se enciende ($Q > 0$). Durante esta transformación la presión aumenta de forma instantánea a volumen constante ($V = \text{cte}$).
- 3→4. **Expansión adiabática:** la mezcla se expande adiabáticamente. Durante este proceso, la energía química liberada durante la combustión se transforma en energía mecánica, produciendo un trabajo ($W > 0$). Es el único tiempo del ciclo donde el motor realiza trabajo, en vez de absorberlo.
- 4→1. **Enfriamiento isócoro:** en el mismo instante que la válvula de escape se abre, la presión disminuye y se iguala a la exterior. La temperatura también disminuye, transmitiendo calor al exterior ($Q < 0$).
- 1→0. **Escape isóbaro:** la válvula de escape se abre, expulsando al exterior los productos de la combustión mientras el pistón se mueve desde el PMI al punto muerto superior. Este es el último tiempo del ciclo, por lo que después del escape empieza de nuevo la admisión.

El rendimiento del ciclo Otto, como el de cualquier otra máquina térmica, viene dado por la relación entre el trabajo total realizado durante el ciclo y el calor suministrado al fluido de trabajo:

$$\eta = \frac{W_T}{Q_{23}} = 1 - \frac{|Q_{41}|}{Q_{23}}$$

Si suponemos que la mezcla de aire y gasolina se comporta como un fluido ideal, entonces el calor absorbido (Q_{23}) será:

$$Q_{23} = n \cdot c_V \cdot (T_3 - T_2)$$

Y el calor cedido (Q_{41}) será:

$$Q_{41} = n \cdot c_V \cdot (T_1 - T_4)$$

Así pues:

$$\eta = 1 - \frac{Q_{41}}{Q_{23}} = 1 - \frac{n \cdot c_V \cdot (T_4 - T_1)}{n \cdot c_V \cdot (T_3 - T_2)}$$

Finalmente:

$$\eta = 1 - \frac{(T_4 - T_1)}{(T_3 - T_2)}$$

Por otra parte, dado que las transformaciones 1→2 y 3→4 son adiabáticas, y $V_4 = V_1$ y $V_4 = V_1$:

$$T_1 \cdot V_1^{\gamma-1} = T_2 \cdot V_2^{\gamma-1} \quad \text{y} \quad T_4 \cdot V_1^{\gamma-1} = T_3 \cdot V_2^{\gamma-1}$$

Si resto estas dos expresiones:

$$(T_4 - T_1) \cdot V_1^{\gamma-1} = (T_3 - T_2) \cdot V_2^{\gamma-1}$$

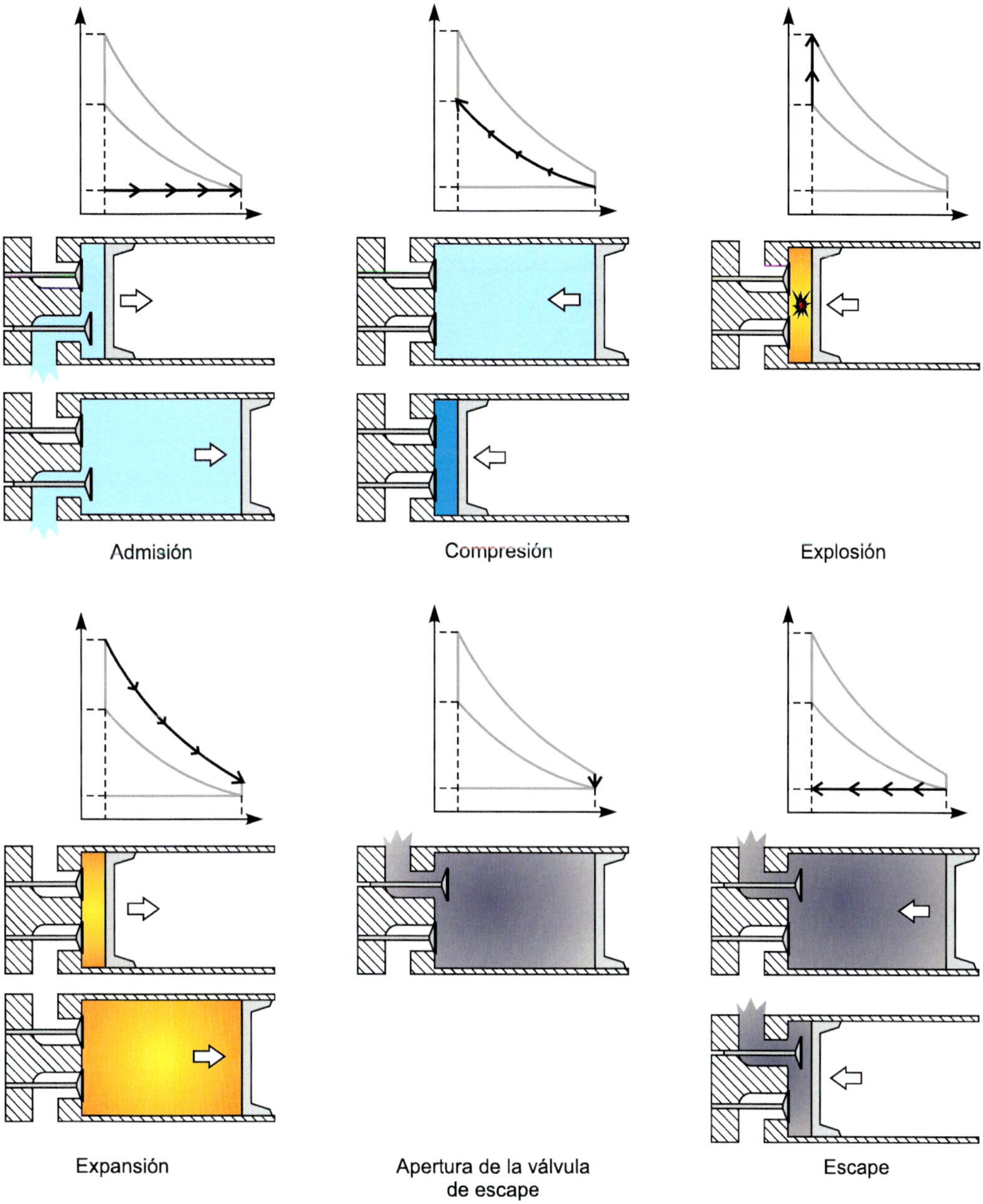

Figura 3.5. Tiempos del ciclo Otto.

Por tanto:

$$\frac{T_4 - T_1}{T_3 - T_2} = \left(\frac{V_2}{V_1}\right)^{\gamma - 1}$$

El rendimiento será:

$$\eta = 1 - \frac{(T_4 - T_1)}{(T_3 - T_2)} = 1 - \left(\frac{V_2}{V_1}\right)^{\gamma - 1}$$

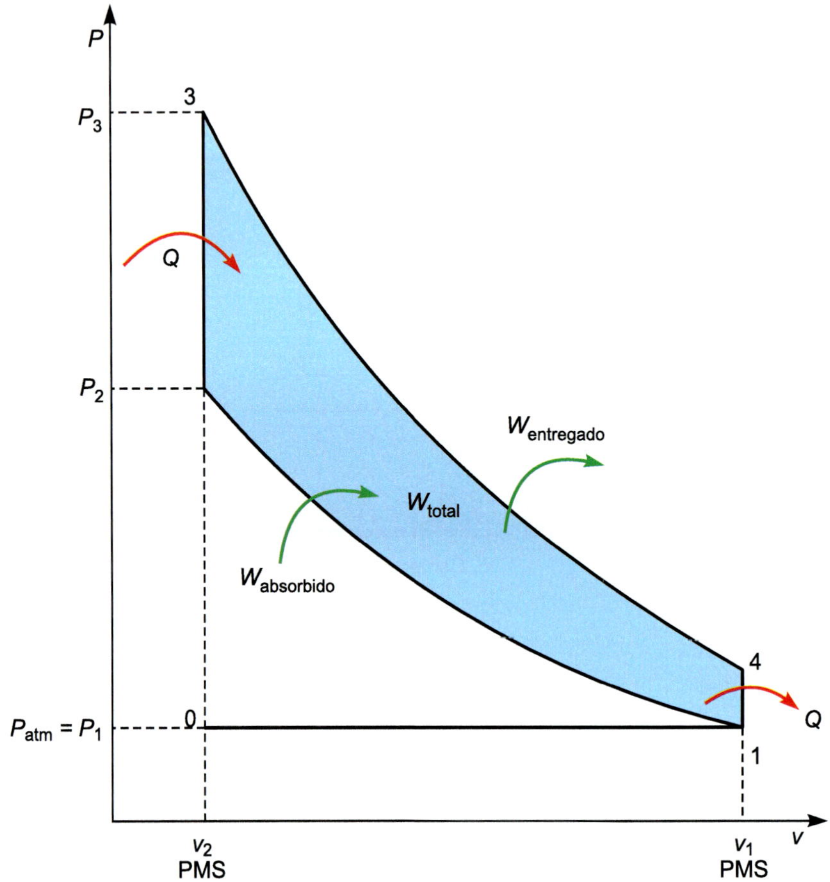

Figura 3.6. Diagrama del ciclo Otto.

A la relación de volúmenes V_1/V_2 se la denomina **relación de compresión** ρ, así que finalmente el rendimiento será:

$$\eta = 1 - \frac{1}{\rho^{\gamma - 1}}$$

Por tanto, cuanto mayor sea la relación de compresión, mayor será el rendimiento del ciclo Otto.

El trabajo neto realizado durante un ciclo será la resta del trabajo entregado durante la expansión y el absorbido durante la compresión. El trabajo neto se corresponde con el área entre esas dos curvas (Figura 3.6). Matemáticamente:

$$W_{12} = n \cdot c_V \cdot (T_2 - T_1)$$

Y el trabajo 3-4:

$$W_{34} = n \cdot c_V \cdot (T_4 - T_3)$$

El trabajo neto realizado por el motor en un ciclo será:

$$|W| = |W_{34}| - |W_{12}|$$

Por tanto:

$$|W| = n \cdot c_V \cdot (T_3 - T_4) - n \cdot c_V \cdot (T_2 - T_1)$$

Finalmente el trabajo neto (total) será:

$$|W| = n \cdot c_V \cdot [(T_3 - T_4) - (T_2 - T_1)]$$

Si analizamos esta ecuación, podemos ver que, cuanto mayor sea la temperatura de la mezcla de aire y combustible en la admisión

(T_1) y mayor temperatura se alcance al final de la combustión (T_3), mayor será el trabajo realizado.

Problemas resueltos

Calcula el rendimiento teórico de un motor de cuatro tiempos ciclo Otto con una relación de compresión de 8:1, suponiendo que el gas que hace el ciclo se comporta como el aire.

Solución

El rendimiento será:

$$\eta = 1 - \frac{1}{\rho^{\gamma-1}} = 1 - \frac{1}{8^{1,4-1}} = 0,564 = 56,4\%$$

3.7.2. Ciclo Diesel

Los motores Diesel son motores de cuatro tiempos al igual que los motores Otto pero alimentados por gasoil. La principal diferencia estriba en que en los motores Diesel la admisión y compresión se realiza solo con aire, inyectándose entonces el gasoil, el cual se autoinflamará gracias a las altas temperaturas y presiones alcanzadas al final del tiempo de compresión. En este caso se considera que la combustión se verifica a presión constante, en vez de volumen constante, como en el Otto (Figura 3.7).

El rendimiento del motor Diesel se puede determinar de igual forma que en el caso del ciclo Otto. La expresión resultante es algo más compleja:

$$\eta = 1 - \frac{1}{\gamma} \cdot \frac{1}{\rho^{\gamma-1}} \cdot \frac{\tau^{\gamma} - 1}{\tau - 1}$$

En donde τ es la relación de combustión a presión constante:

$$\tau = \frac{V_3}{V_2}$$

En un motor Diesel, el rendimiento será mayor cuanto mayor sea la relación de compresión ρ, y menor la relación de combustión a presión constante τ. De hecho, a igualdad de relación de compresión, el Otto tiene un mayor rendimiento que el Diesel, pero el bajo valor de τ hace que su rendimiento sea mayor. Además, a efectos prácticos, la relación de compresión en un motor Diesel es considerablemente mayor que la del motor Otto.

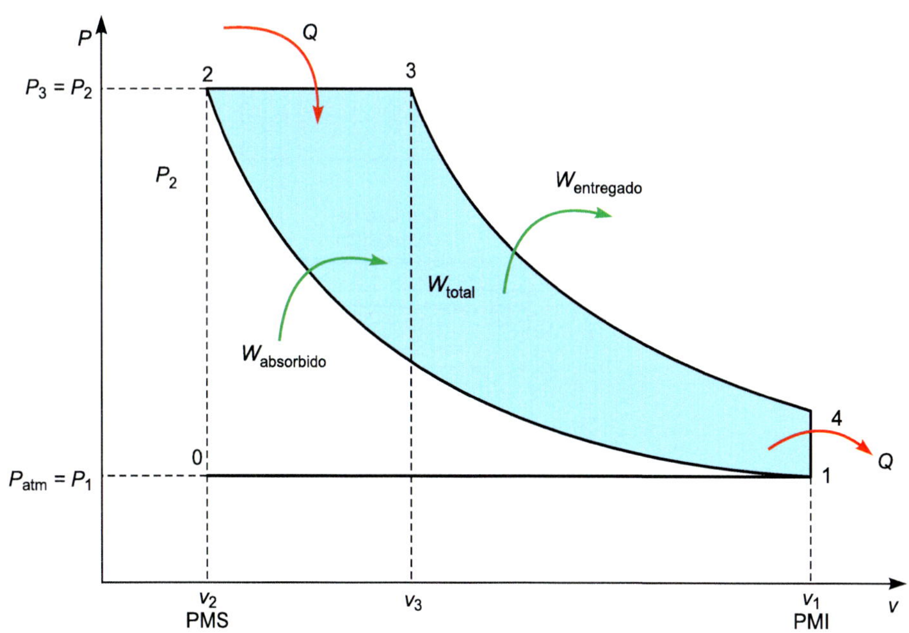

Figura 3.7. Diagrama del ciclo Diesel teórico.

3.7.3. CICLO BRAYTON

El ciclo Brayton define el comportamiento termodinámico de un motor de reacción. Este ciclo también se denomina ciclo Joule. Se representa habitualmente en un diagrama temperatura-entropía (Figura 3.8). Las etapas del ciclo son las siguientes:

- 0⟶2. Difusor de admisión: compresión isentrópica.
- 2⟶3. Compresor: compresión isentrópica.
- 3⟶4. Cámara de combustión: combustión isobárica.
- 4⟶5. Turbina: expansión isentrópica.
- 5⟶8. Expansión isentrópica.
- 8⟶0. Enfriamiento isobárico.

El rendimiento del ciclo será:

$$\eta = 1 - \frac{1}{\rho_{03}^{\gamma - 1/\gamma}}$$

Cuanto mayor sea la relación de compresión del aire ρ_{03}, mayor será el rendimiento del motor de turbina. El rendimiento en función de las temperaturas será:

$$\eta = 1 - \frac{T_0}{T_3}$$

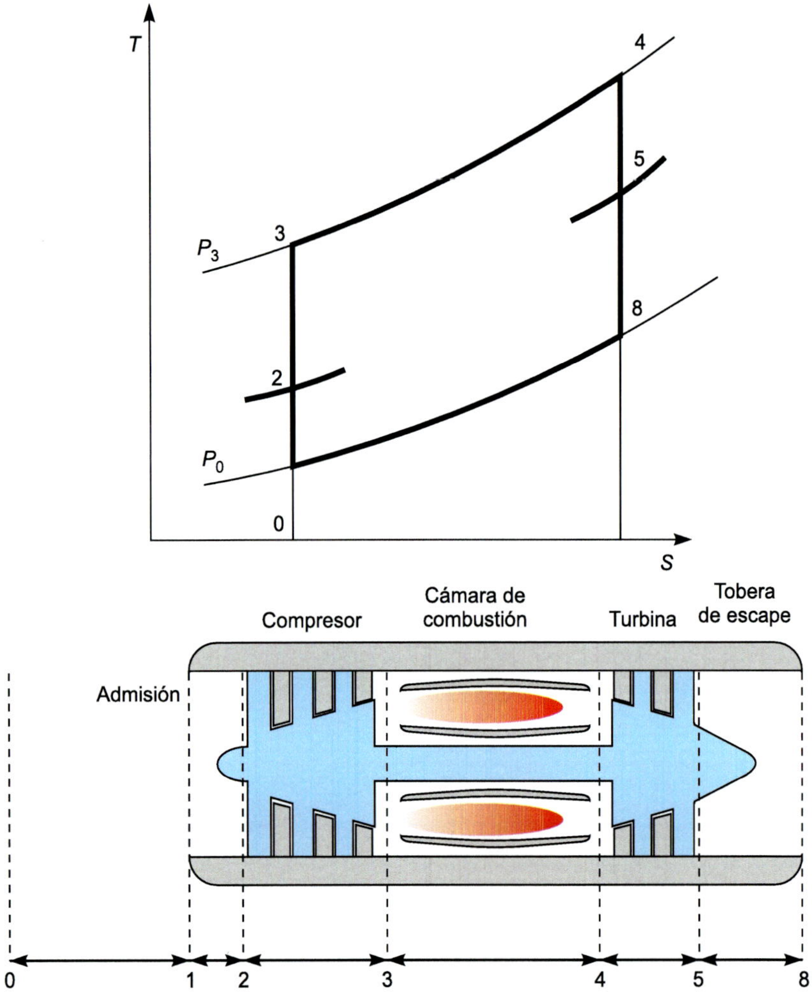

Figura 3.8. Diagrama del ciclo Brayton. Las turbinas de gas empleadas en las aeronaves basan su funcionamiento en el ciclo Brayton.

Cuanto mayor sea la temperatura a la salida del compresor, comparada con la exterior, mayor será el rendimiento del ciclo Brayton.

Problemas resueltos

La temperatura a la salida de un compresor de un motor de turbina es de 340 °C, mientras que la exterior es de 15 °C. Calcula el rendimiento del ciclo termodinámico.

Solución

Convirtiendo las temperaturas en grados Kelvin, el rendimiento será:

$$\eta = 1 - \frac{T_0}{T_3} = 1 - \frac{288}{613} = 0{,}53 = 53\%$$

3.7.4. REFRIGERADOR Y BOMBA DE CALOR

Un refrigerador es un dispositivo capaz de extraer calor de un cuerpo que se encuentra a una determinada temperatura, y desprenderse de él en otro cuerpo que tiene una temperatura superior. Esto lo consigue mediante un fluido que realiza un ciclo termodinámico. Como hemos estudiado con anterioridad, para transmitir calor desde un cuerpo frío a un cuerpo caliente, se debe realizar un trabajo (Segundo Principio de la Termodinámica).

Dado que la variación de energía interna U es nula en una máquina que trabaja cíclicamente, tenemos que el trabajo necesario para refrigerar será:

$$Q = W + \Delta U = W + 0 \quad \Rightarrow \quad Q_1 + Q_2 = W$$

Y en valor absoluto:

$$|Q_1| = |Q_2| + |W|$$

El rendimiento será:

$$\eta = \frac{Q_2}{W} = \frac{Q_2}{Q_1 - Q_2}$$

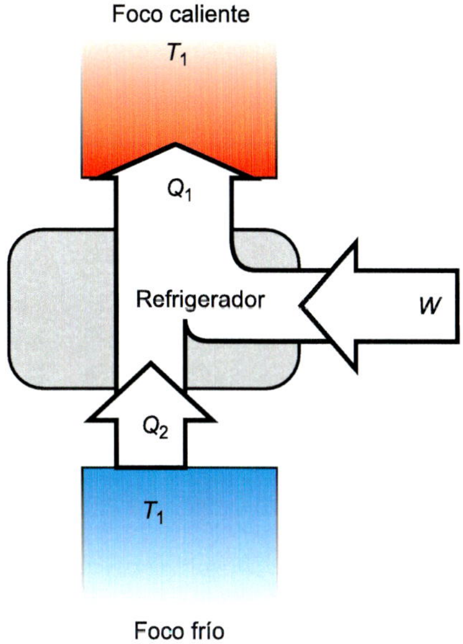

Figura 3.9. Esquema del refrigerador. Un refrigerador es un dispositivo capaz de extraer calor de un cuerpo que se encuentra a una determinada temperatura, y desprenderse de él en otro cuerpo que tiene una temperatura superior.

Problemas resueltos

Una nevera extrae 1.000 kJ de su interior y se desprende de 2.400 kJ. Calcula.

- Trabajo realizado en kw/h.
- Rendimiento de la máquina.

Solución

El trabajo será:

$$|Q_1| = |Q_2| + |W| \;\Rightarrow\; |W| = |Q_1| - |Q_2| \Rightarrow$$

$$\Rightarrow\; |W| = 2.400 - 1.000 = 1.400 \text{ kJ}$$

Para convertir a kw/h:

$$W = 1.400 \text{ kJ} = 1.400 \text{ kw} \cdot \text{s} \;\Rightarrow$$

$$\Rightarrow\; W = 1.400 \text{ kw} \cdot \text{s} \cdot \frac{1 \text{ h}}{3.600 \text{ s}} = 0{,}388 \text{ kwh}$$

El rendimiento:

$$\eta = \frac{Q_2}{W} = \frac{Q_2}{Q_1 - Q_2} \;\Rightarrow$$

$$\Rightarrow\; \eta = \frac{1.000}{2.400 - 1.000} = 0{,}714 = 71{,}4\%$$

En la Figura 3.10 se observa el esquema de una bomba de calor como las empleadas para refrigerar una estancia. El compresor fuerza al vapor a moverse hacia el condensador, en donde su presión se eleva hasta conseguir que pase a estado líquido. En este cambio de estado se desprende calor, enfriándose el fluido y calentándose los alrededores del

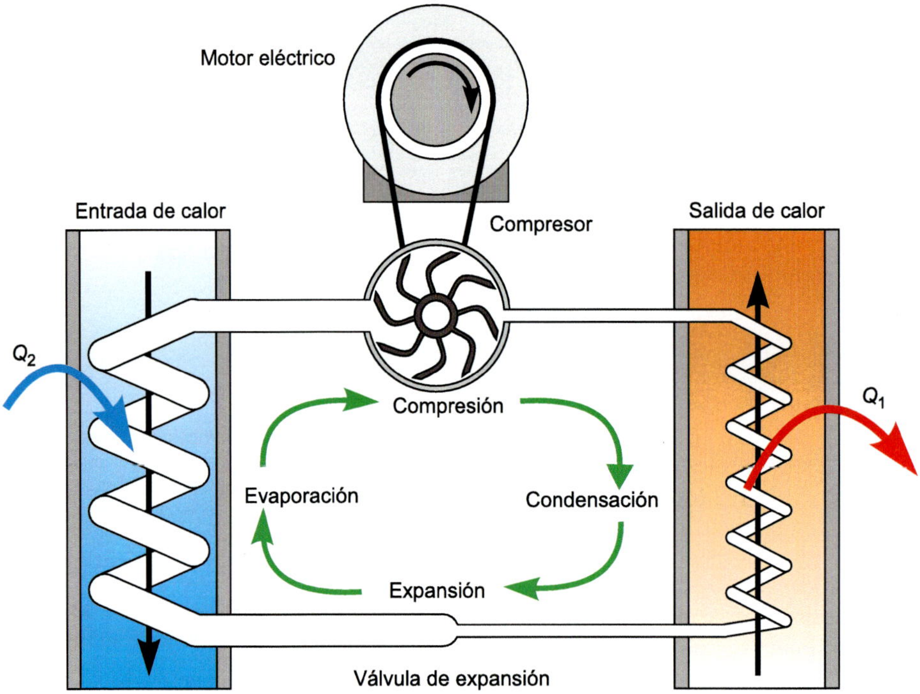

Figura 3.10. Esquema de una bomba de calor.

Tabla 3.3. Temperaturas y calores latentes de fusión y ebullición de varias sustancias

Sustancia	$T_{\text{fusión}}$ (°C)	L_f (kJ/kg)	$T_{\text{ebullición}}$ (°C)	L_v (kJ/kg)
Hielo (agua)	0	334	100	2.260
Alcohol etílico	–114	105	78,3	846
Acetona	–94,3	96	56,2	524
Benceno	5,5	127	80,2	396
Aluminio	658,7	322-394	2.300	9.220
Estaño	231.9	59	2.270	3.020
Hierro	1.530	293	3.050	6.300
Cobre	1.083	214	2.360	5.410
Mercurio	–38,9	11,73	356,7	285
Plomo	327,3	22,5	1.750	880
Potasio	64	60,8	760	2.080

condensador. Cuando el líquido pasa por la válvula de expansión, se encuentra con una zona de bajas presiones en el evaporador. Estas bajas presiones provocan la evaporación del líquido. Este cambio de estado absorbe calor, por lo que disminuye la temperatura de los alrededores del evaporador.

Si, por ejemplo, queremos enfriar la habitación donde nos encontramos, el evaporador deberá estar dentro y el condensador fuera. Si queremos calentarla, será el condensador el que tenga que estar dentro y el evaporador fuera.

3.8. CAMBIOS DE ESTADO

En la mayoría de las ocasiones, cuando una sustancia absorbe o cede calor, su temperatura cambia. No obstante, cuando dicha sustancia cambia de estado, absorbe o cede calor sin que varíe su temperatura. El calor necesario para completar el cambio de estado será igual a:

$$Q = m \cdot L$$

En donde:

- Q: calor necesario para el cambio de estado (J).
- m: masa (kg).
- L: calor latente (J/kg).

El calor latente L dependerá del cambio de fase que se considere. De esta manera tendremos el **calor latente de fusión** (L_f) y el **calor latente de evaporación** (L_v).

Problemas resueltos

Calcula la energía necesaria para solidificar 5 kg de agua.

Solución

El calor latente de solidificación del agua es de 334 kJ/kg. Empleando la ecuación:

$$Q = m \cdot L = 5 \cdot 334 = 1.670 \text{ kJ}$$

3.9. PODER CALORÍFICO

El poder calorífico es la cantidad de energía por unidad de masa que se puede obtener al producirse una reacción química de combustión. Por ejemplo, el poder calorífico del combustible empleado en turborreactores (keroseno) es de 10.300 kcal/kg. De esta forma podemos calcular la máxima energía que se puede extraer de la combustión de ciertas sustancias.

PREGUNTAS de repaso

3.1. ¿Qué es la termodinámica?

3.2. Cuanto mayor sea la velocidad media de las partículas de un gas, ____________ (menor/mayor) será su temperatura.

3.3. ¿Qué dice el Principio Cero de la Termodinámica?

3.4. ¿En qué principio físico se basa el termómetro?

3.5. ¿Cómo funciona un termómetro de mercurio?

3.6. ¿Cuántos grados centígrados son 82 °F?

3.7. ¿Cuántos grados Fahrenheit son 426 K?

3.8. ¿Cuántos grados Rankine son 46 °F?

3.9. La temperatura de congelación del agua son ______ °F, _____ °C, _____ K y _____ °R.

3.10. Una reacción ______________ es aquella que libera o desprende calor, mientras que una reacción ______________ absorberá calor.

3.11. Nos encontramos en la playa preparando la comida, para lo cual calentaremos 2 l de agua hasta la ebullición. Si la temperatura ambiente es de 30 °C y el calor específico del agua es de 4.200 en unidades del SI, ¿qué cantidad de calor habremos transmitido a la olla?

3.12. Un avión de 4.600 kg toma tierra con una velocidad de 200 km/h. Para frenar la aeronave, se dispone de frenos en las dos ruedas del tren principal. Durante la frenada la temperatura de las llantas de 3 kg se eleva 80 °C. ¿Cuál es el calor específico del material de construcción de las llantas?

3.13. La capacidad calorífica es una magnitud ______________ (intensiva/extensiva).

3.14. ¿En qué consisten las corrientes convectivas?

3.15. ¿De qué depende la longitud de onda de las ondas electromagnéticas emitidas por los cuerpos?

3.16. ¿De qué tres modos o formas se puede transmitir el calor?

3.17. El coeficiente de dilatación lineal del aluminio es de $2{,}4 \cdot 10^{-5}$ K^{-1}. El larguero del ala de un Airbus A320 mide 15 m estando fabricado con una aleación de aluminio. Si a nivel del mar la temperatura son 15 °C y a 11.000 m (altitud de vuelo de crucero) es de –56 °C, ¿qué longitud tendrá el larguero durante el vuelo de crucero?

3.18. Las magnitudes cuyo valor solo depende del estado actual en que se encuentra el sistema, y no de cómo se ha alcanzado dicho estado, se denominan ________________________.

3.19. ¿Qué postula el Primer Principio de la Termodinámica?

3.20. ¿Qué dice el Segundo Principio de la Termodinámica?

3.21. ¿Qué afirma el Tercer Principio de la Termodinámica?

3.22. Un determinado motor de pistón necesita quemar 12 kg de gasolina (11.000 kcal/kg) durante 10 minutos para obtener 300 HP. ¿Qué rendimiento tendrá el motor?

3.23. ¿Qué es la entropía? ¿Qué unidades tiene en el SI?

3.24. Cuanto ______________ (menor/mayor) sea el calor transmitido y ______________ (menor/mayor) la temperatura del sistema, mayor será la variación de entropía.

3.25. Si comprimo un globo lleno de aire hasta conseguir reducir su volumen a la mitad sin variar su temperatura, ¿qué sucederá a la presión del aire?

3.26. Según la Ley de Charles, si la temperatura de un gas encerrado en un recipiente se dobla y la presión no cambia, ¿qué deberá hacer el volumen?

3.27. Si se tiene un gas encerrado en un recipiente indeformable y se dobla su temperatura, ¿qué pasará con su presión?

3.28. Se dispone de 2 moles de un gas encerrado en un recipiente de 5 l a 15 °C. ¿Cuál será su presión?

3.29. Si meto un globo lleno de 2 l de aire a 24 °C en un congelador donde se alcanzan los −18 °C. ¿Qué pasará con su volumen? ¿Y con su presión?

3.30. ¿Cuál será la densidad del aire a 60 kPa y 4 °C?

3.31. Se tiene 1 kg de aire encerrado en un recipiente indeformable de 2 m^3 de volumen. Si aumentamos su temperatura en 100 °C, ¿cuánto habrá incrementado su energía interna? ¿Qué cantidad de trabajo habrá realizado el aire al calentarse (cv = 0,718 kJ/kg · K)?

3.32. Se tienen 2 kg de aire en un recipiente de 0,4 m^3, el cual tiene una de sus paredes móvil (pistón). Al aumentar la temperatura, el pistón se mueve manteniendo constante la presión del aire dentro del recipiente. Si se incrementan 400 °C la temperatura, ¿qué trabajo habrá realizado el pistón (c_v = 0,718 kJ/kg · K, c_P = 1,005 kJ/kg · K)?

3.33. Se tiene un gas encerrado dentro de un cilindro con una pared móvil (pistón) a la presión de 1 atm. Si, al aumentar la temperatura 400 °C, el pistón se mueve aumentando el volumen en 2 l manteniendo la presión constante, ¿cuánto trabajo habrá realizado el pistón?

3.34. Se tienen 200 g de aire encerrados en un recipiente con una pared móvil (pistón) a una temperatura de 30 °C. Si movemos el pistón hasta que el volumen se doble manteniendo la temperatura constante, ¿qué trabajo habremos realizado? ¿Habrá sido un proceso endotérmico o exotérmico?

3.35. ¿Qué es una transformación adiabática?

3.36. En el ciclo Otto de un motor de gasolina, la compresión de la mezcla de aire y gasolina es adiabática. Si la presión inicial es de 1 atm, y la relación de compresión de 8:1, ¿qué presión se alcanzará al final de la carrera de compresión? ¿Cuál será el rendimiento teórico de dicho motor (γ = 1,4)?

3.37. Escribe en los tiempos o etapas del ciclo Otto la secuencia en que se producen.

3.38. El trabajo neto realizado por un motor Otto en un ciclo será mayor cuanto ____________ (menor/mayor) sea la temperatura de la admisión, ____________ (menor/mayor) sea la temperatura al final de la compresión, ____________ (menor/mayor) sea la temperatura al final de la combustión, y cuanto ____________ (menor/mayor) sea la temperatura al final de la expansión.

3.39. ¿Qué ciclo termodinámico describe el funcionamiento de un turborreactor?

3.40. El proceso de combustión en un turborreactor se realiza a ____________ constante.

3.41. El compresor de un turborreactor comprime el aire a ____________ constante.

3.42. La transformación termodinámica en un condensador de una bomba de calor es ____________ (endotérmica/exotérmica), mientras que en el evaporador será ____________ (endotérmica/exotérmica).

3.43. El calor transmitido en una bomba de calor en el condensador es de 600 kJ, mientras que en el evaporador son 400 kJ. ¿Cuál será el rendimiento de la máquina?

3.44. Estamos preparando una fiesta y llenamos varias cubiteras con agua, con una capacidad total de 2 l. La temperatura ambiente son 28 °C, y en el congelador se alcanzarán −18 °C. ¿Qué cantidad de calor deberá extraer el congelador del agua para llevarla a −18 °C? Si la compañía eléctrica nos cobra 0,15 €/kwh, ¿cuánto dinero nos cuesta hacer los hielos (c_L = 4,186 kJ/kg · K; c_S = 4,186 kJ/kg · K; L = 334 kJ/kg)?

3.45. El ________________ es la cantidad de energía por unidad de masa que se puede obtener al producirse una reacción química de combustión.

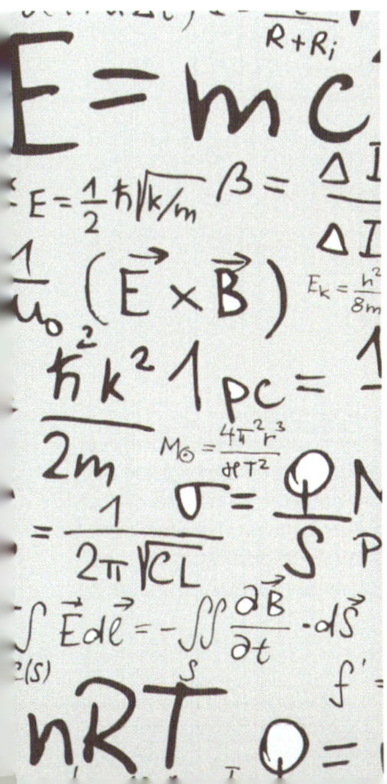

UNIDAD 4
ÓPTICA

La óptica es la parte de la física que estudia las leyes y los fenómenos relativos a la luz. El mayor desarrollo de la óptica se produjo a finales del siglo XVII y principios del XVIII de manos de los físicos Isaac Newton (teoría corpuscular) y Cristian Huygens (teoría ondulatoria). Durante el siglo XIX los estudios realizados por Young, Maxwell y Hertz dieron luz sobre el asunto y, a principios del siglo XX, Einstein propuso la naturaleza dual de la luz, aceptada hasta nuestros días.

4.1. NATURALEZA DE LA LUZ

Newton trataba la luz como un fluido compuesto por partículas materiales diminutas que se mueven a gran velocidad y en línea recta, al que llamó rayo luminoso. Cuando estas partículas inciden sobre un espejo perfectamente plano, rebotan como si se tratara de pelotitas de goma perfectamente elásticas. El ángulo de **reflexión** será igual al ángulo de incidencia (Figura 4.1). En este sentido la luz se comporta como si estuviera compuesta por pequeñas partículas o corpúsculos, de ahí el nombre de la teoría para la óptica de Newton: **teoría corpuscular.**

Cuando los corpúsculos pasan de un medio a otro con distinta densidad, la dirección de propagación del rayo luminoso cambiará. Esto lo podemos observar al sumergir un lapicero en agua: parece que se doble. Este fenómeno se le conoce como **refracción.** Para explicar la refracción, Newton estimó que, cuando los corpúsculos entran en el agua, se aceleran debido a la mayor densidad de esta, acercándose el rayo refractado a la normal a la superficie. Por tanto, mientras que v_x permanece constante, v_y aumenta (Figura 4.1). Esto implica que la velocidad de la luz en el agua aumentaría, lo cual es falso ya que, cuanto mayor sea la densidad de una sustancia, menor velocidad tendrá la luz al atravesarla. Fue una teoría muy aceptada en su tiempo, entre otras cosas por el gran prestigio de Newton.

Huygens en cambio concebía la luz como una onda mecánica emitida por un foco

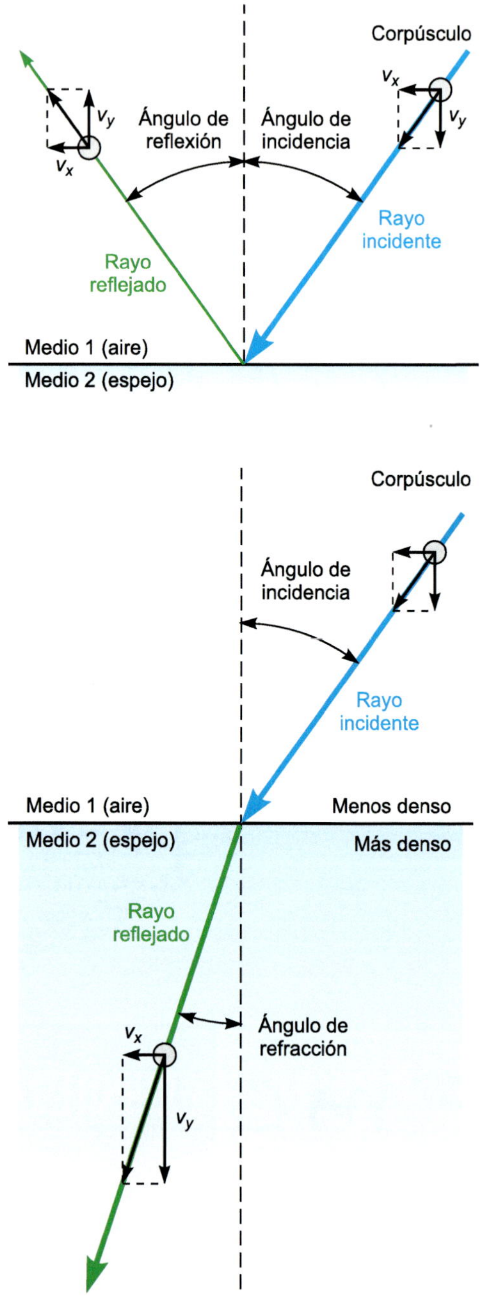

Figura 4.1. Según la teoría corpuscular de Newton, cuando las partículas que componen la luz rebotan en una superficie (reflexión), lo hacen con ángulos de incidencia y reflexión idénticos, como si se tratara de partículas más grandes. Para la refracción, Newton pensó que las partículas de luz se mueven más rápido por medios más densos (lo que hoy sabemos que no es cierto).

luminoso que se propaga por un medio material. No obstante, nosotros sabemos que la luz se transmite en el vacío, así que ¿cuál es este «medio material»? Huygens inventó el **éter:** un medio intangible que todo lo llena, incluido el vacío, a través del cual se desplazan las ondas de luz.

La **teoría ondulatoria** de Huygens se topó con numerosas críticas ya que, si la luz es una onda, ¿por qué una luz no interfiere en otra? ¿Por qué no se ha experimentado el fenómeno de la difracción (doblar las esquinas)? Además, la invención de una sustancia hipotética como es el éter no resultaba muy convincente. No obstante, Huygens ponía el siguiente ejemplo: una embarcación pequeña no es un gran obstáculo para las grandes olas del mar, pero un gran barco sí detiene un pequeño oleaje produciendo zonas de sombras. Era un problema de dimensiones, de tamaño. Solo había que idear obstáculos suficientemente pequeños, similares a la longitud de onda de la luz.

A principios del siglo XIX, Thomas Young descubre la existencia de interferencias y difracción de la luz mediante el experimento de «doble rendija» (Figura 4.2). Definitivamente, la luz era una onda. Además, en 1850 Foucault determinó que la velocidad de la luz en el agua era menor que en el aire, confirmando el equívoco de Newton respecto a la refracción.

En 1864 Maxwell establece la **teoría electromagnética** de la luz, al proponer que la luz no es una onda mecánica, sino que es una onda electromagnética de muy alta frecuencia. Años después Hertz confirma empíricamente la existencia de las ondas electromagnéticas y que la luz es una de ellas. Parece que por fin se había comprendido la naturaleza de la luz.

No obstante, en uno de los ensayos de Hertz, se descubre que, cuando la luz incide sobre sustancias metálicas, estos se desprenden de electrones. A esto se denomina **efecto fotoeléctrico,** y no es explicable por la teoría electromagnética. A principios del siglo XX, Einstein propuso que la luz está formada por un haz de pequeños corpúsculos que denominó

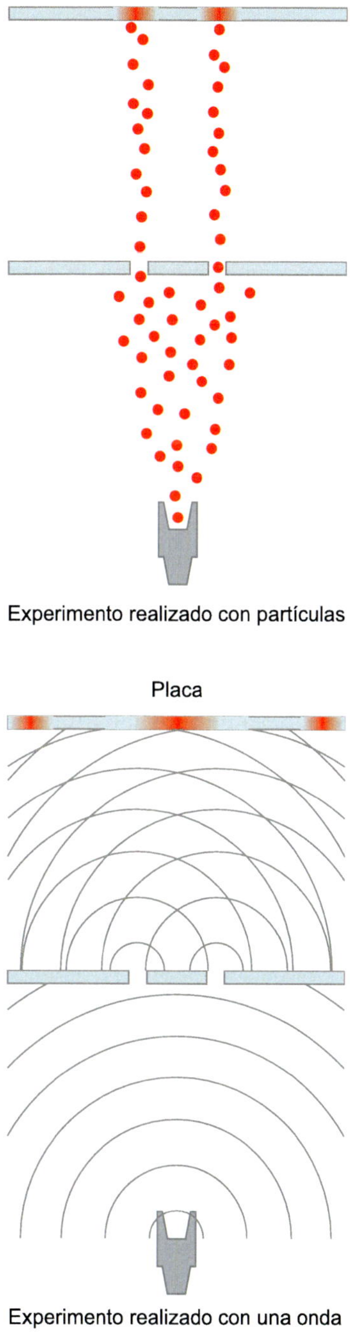

Figura 4.2. En el experimento de doble rendija realizado por Thomas Young a principios del siglo XIX, el patrón impreso en la placa es totalmente distinto cuando se realiza con partículas a cuando se realiza con ondas. La luz se comporta como una onda.

fotones (cuantos de energía), en los cuales está concentrada toda la energía de la onda; de este modo explicaba el efecto fotoeléctrico.

Hoy día se acepta que la luz tiene una **naturaleza dual:** actúa como onda pero también como corpúsculo. La luz se propaga mediante ondas electromagnéticas y presenta fenómenos típicamente ondulatorios, pero tiene un carácter corpuscular en determinadas interacciones con la materia que suponen un intercambio de energía (efecto fotoeléctrico). Además es importante señalar que nunca manifiesta sus dos naturalezas de forma simultánea: para un fenómeno concreto es onda o es corpúsculo.

4.2. VELOCIDAD DE LA LUZ

La luz es una onda electromagnética que podemos ver. Decimos, por tanto, que pertenece al espectro visible (frecuencia entre $3{,}84 \cdot 10^{14}$ Hz y $7{,}89 \cdot 10^{14}$ Hz). A frecuencias menores se encuentran los infrarrojos y a frecuencias mayores, los ultravioletas.

En el vacío, las ondas electromagnéticas se desplazan a aproximadamente **$3 \cdot 10^8$ m/s** (300.000 km/s), denominada normalmente «velocidad de la luz» *c*. Aunque hoy sabemos que los campos gravitatorios atraen las ondas de luz, a efectos prácticos, se considera que se desplazan en línea recta y, al incidir sobre un objeto, pueden reflejarse, refractarse y/o absorberse.

La velocidad de la luz depende del medio donde se transmita. Aunque muchas publicaciones relacionan la velocidad de la luz con la densidad del medio por el que se propagan, no existe una relación directa entre ambas. La velocidad de la luz en un medio depende de la estructura molecular de este, en particular de las propiedades electromagnéticas del mismo, la permeabilidad eléctrica y la permeabilidad magnética. El índice de refracción *n* compara la velocidad de la luz *v* en una sustancia determinada, con la velocidad de la luz en el vacío *c*:

$$n = \frac{c}{v}$$

4.3. REFLEXIÓN

Cuando la luz incide sobre la superficie lisa de un espejo, la luz se refleja, como ya sabemos. El ángulo de reflexión será igual al ángulo de incidencia de tal manera que, si la superficie es plana y lisa, el reflejo será uniforme **(reflexión especular),** como en un espejo (Figura 4.3) y, si la superficie es rugosa, el reflejo será difuso **(reflexión difusa),** como en una pared encalada (Figura 4.4).

Analicemos brevemente la imagen que refleja un espejo plano (Figura 4.5). En primer lugar, las imágenes que aparecen reflejadas aparecen invertidas en sentido lateral: cuando nos arreglamos delante del espejo, podemos ver que las letras que tiene nuestra camiseta se encuentran invertidas. Además, la distancia entre el objeto y el espejo es igual en magnitud a la distancia a la imagen virtual *($p = q$)*, independientemente de la posición del observador.

Los espejos también se pueden fabricar curvos: cóncavos o convexos, y parabólicos o elípticos. La regla general de igualdad entre ángulos de incidencia y reflexión sigue cumpliéndose, pero en este caso la curvatura del espejo concentrará los rayos de luz (espejos cóncavos) o los dispersará (espejos convexos). Los espejos estarán formados por «casquetes» esféricos con centro en C y foco en F situado a mitad de distancia entre el centro y el vértice del espejo (Figuras 4.6 y 4.7).

Un efecto curioso de los espejos cóncavos esféricos es que el foco se va desplazando hacia «adelante» conforme los rayos se van alejando del eje principal. Esto provoca que la imagen reflejada pierda nitidez. A este fenómeno se le denomina **aberración esférica** (Figura 4.8).

Cuando el espejo es parabólico, la imagen reflejada se concentra perfectamente en un punto: en el foco (Figura 4.8). Esta capacidad se utiliza en centrales térmicas solares (Figura 4.9). Estas centrales disponen de un espejo parabólico por cuyo foco pasa un conducto con agua que, al recibir toda

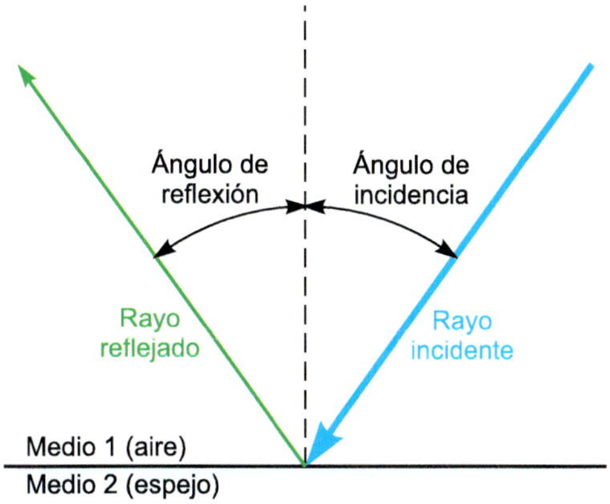

Figura 4.3. Reflexión especular de una onda de luz al incidir en una superficie perfectamente plana como puede ser la de un espejo.

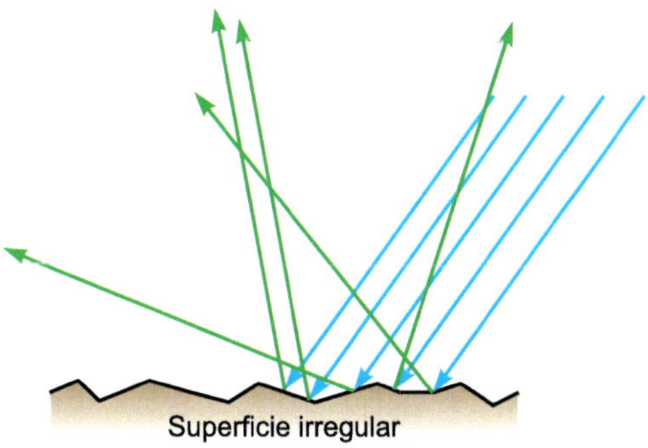

Figura 4.4. Reflexión difusa de una onda de luz al incidir en una superficie irregular como puede ser una pared encalada.

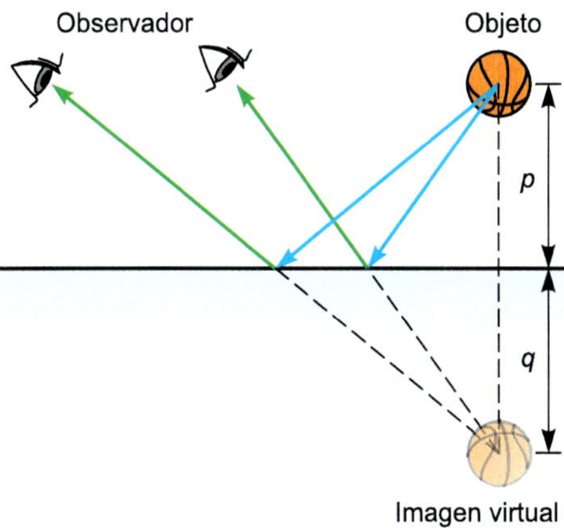

Figura 4.5. Reflexión de la luz en un espejo plano. La imagen es virtual y se forma a igual distancia de la superficie del espejo que el objeto. Además, está invertida en sentido lateral.

la energía de las ondas de luz, se calienta y evapora, moviendo una turbina, que a su vez mueve un generador eléctrico. Otra aplicación es en recepción de ondas de radio (antenas parabólicas), montando el receptor en el foco. Todas las ondas que inciden sobre la parábola, tras rebotar, se concentran en dicho receptor (el foco), optimizando la recepción.

Por otra parte, si colocamos una lámpara en el foco de la parábola, su luz se propagará paralelamente al eje de la misma. Este efecto se aprovecha en las luces de navegación y aterrizaje de las aeronaves.

Para determinar la posición y altura de la imagen reflejada en un espejo esférico, se emplea la denominada «ecuación de espejos» (Figura 4.10):

$$\frac{1}{f} = \frac{1}{s} + \frac{1}{s'} \quad \text{y} \quad A = \frac{y'}{y} = -\frac{s'}{s}$$

En donde:

- f: distancia del vértice al foco (R/2).
- s: distancia del vértice al objeto.
- s': distancia del vértice a la imagen.
- A: aumento del espejo.
- y: altura del objeto.
- y': altura de la imagen.

Para aplicar correctamente la ecuación de espejos, es necesario respetar el siguiente criterio de signos:

- **s** será positivo si el objeto está por delante del espejo (objeto real) y negativo si está por detrás (objeto virtual).
- **s′** será positivo si la imagen está por delante del espejo (imagen real) y negativo si está por detrás (imagen virtual).
- **f** será positivo si el centro de curvatura está delante del espejo (espejo cóncavo) y negativo si está por detrás (espejo convexo).

Para no confundirse a la hora de realizar los cálculos, es recomendable realizar un dibujo según se observa en la Figura 4.10.

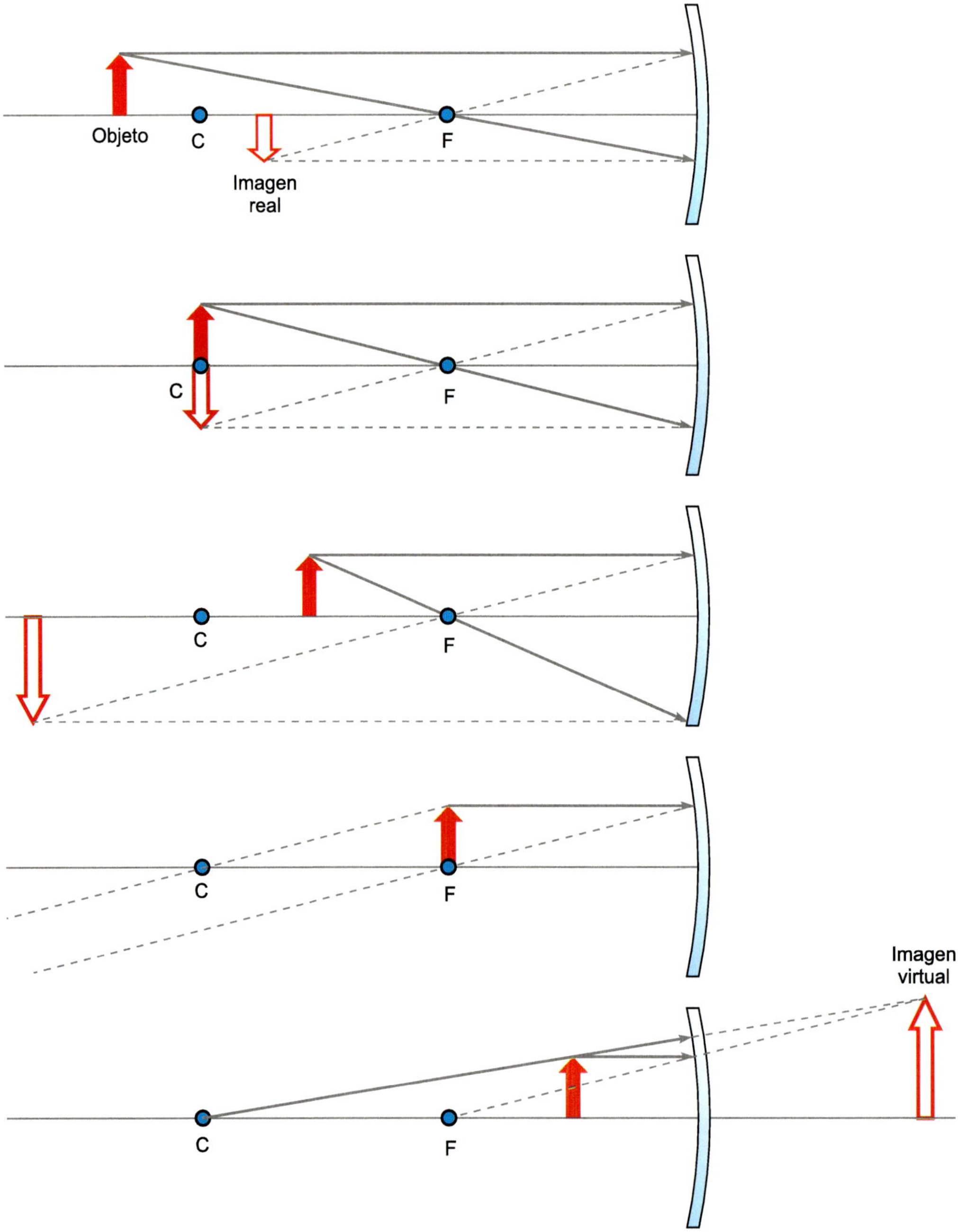

Figura 4.6. Reflexión en espejos cóncavos en función de la posición relativa entre el objeto y el espejo.

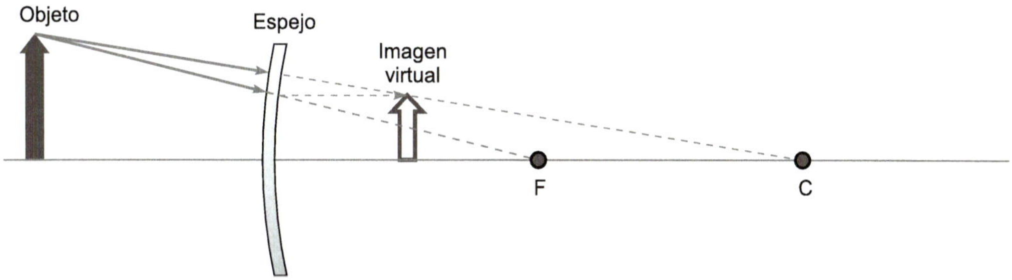

Figura 4.7. Reflexión en espejos convexos.

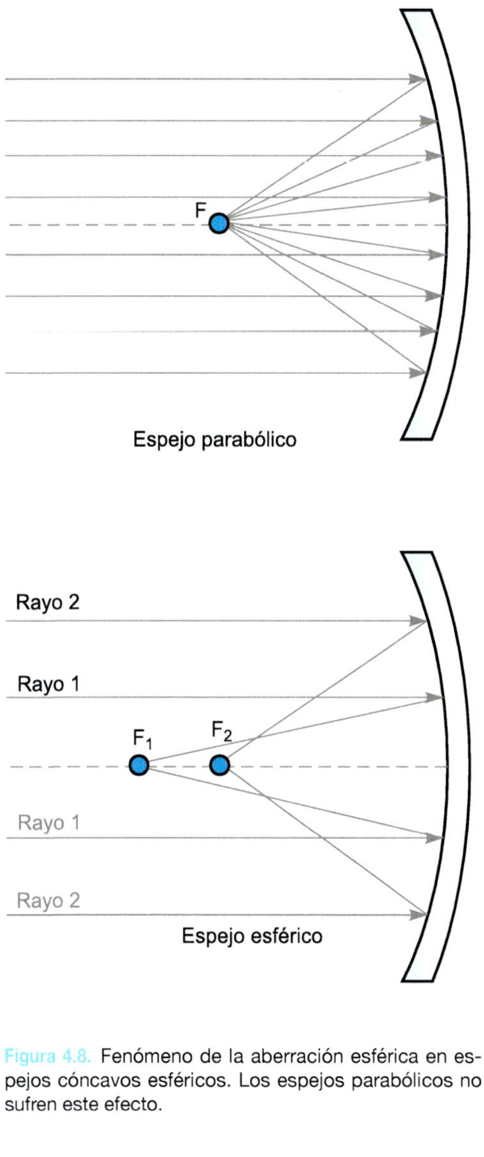

Figura 4.8. Fenómeno de la aberración esférica en espejos cóncavos esféricos. Los espejos parabólicos no sufren este efecto.

Problemas resueltos

Se sostiene una moneda a 30 cm por encima del eje de un espejo esférico cóncavo de 1 m de radio, y a una distancia de 80 cm del mismo. Calcula:

- Distancia entre el espejo y la imagen. ¿Será real o virtual?
- Distancia entre el eje del espejo y la imagen.
- Aumento del espejo.

Solución

De la ecuación de espejos, la distancia al espejo s′ será:

$$\frac{1}{f} = \frac{1}{s} + \frac{1}{s'} \Rightarrow s' = \frac{1}{\frac{1}{f} - \frac{1}{s}} = \frac{1}{\frac{1}{0{,}5} - \frac{1}{0{,}8}} =$$

$$\Rightarrow s' = 1{,}33 \text{ m (imagen real)}$$

La imagen aparece a una distancia del eje y′ de:

$$\frac{y'}{y} = -\frac{s'}{s} \Rightarrow y' = -y \cdot \frac{s'}{s} = -0{,}3 \cdot \frac{1{,}33}{0{,}8} = -0{,}5 \text{ m}$$

El aumento A será:

$$A = \frac{y'}{y} = \frac{-0{,}5}{0{,}3} = -1{,}66$$

Figura 4.9. Planta termosolar de generación eléctrica.

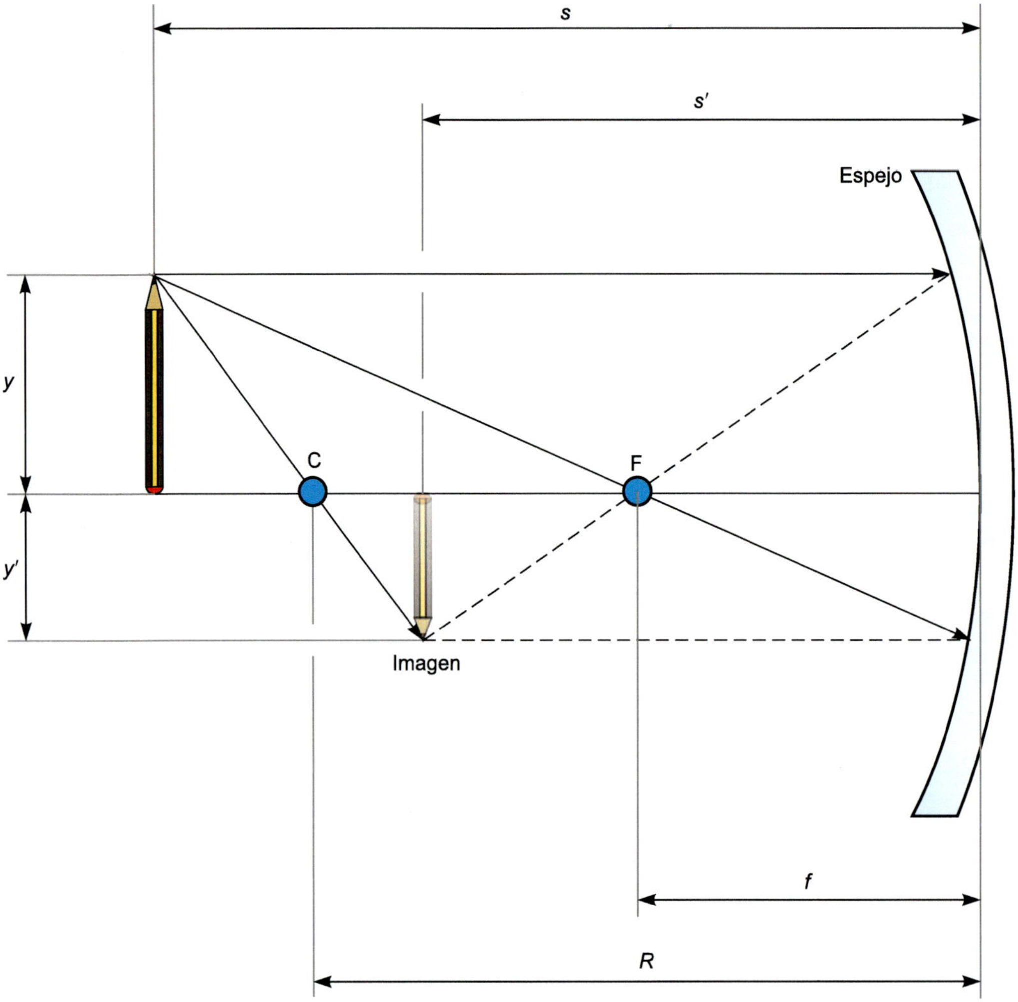

Figura 4.10. Imagen reflejada en un espejo esférico.

4.4. REFRACCIÓN

Cuando el rayo de luz pasa de un medio a otro, este cambia de dirección. A esta circunstancia es lo que conocemos como refracción, y es debida a que la velocidad de propagación de la luz cambia en función del medio por donde se transmite. La velocidad de la luz en un medio material depende de la estructura molecular de este, en particular de las propiedades electromagnéticas del mismo, la permeabilidad eléctrica y la permeabilidad magnética. Estas propiedades pueden presentar valores diferentes para diferentes longitudes de onda o frecuencias de la luz incidente. Esta es la causa por la cual la luz blanca, al atravesar un medio, sufre dispersión cromática.

Tabla 4.1. Índices de refracción de distintos medios o sustancias

Medio	Índice de refracción
Aire	1,00
Diamante	2,42
Alcohol etílico	1,36
Cuarzo	1,46
Cristal	1,55-1,9
Fibra óptica	1,5
Agua	1,33

La Ley de Snell define la relación que existe entre el ángulo de incidencia y el ángulo de refracción:

$$n_1 \cdot \text{sen}\,\theta_1 = n_2 \cdot \text{sen}\,\theta_2$$

En donde:

- n_1: índice de refracción del medio 1.
- θ_1: ángulo de la onda incidente.
- n_2: índice de refracción del medio 2.
- θ_2: ángulo de la onda refractada.

Recordemos que el índice de refracción es la relación entre la velocidad de la luz en el vacío y la velocidad de la luz en el medio material:

$$n = \frac{c}{v}$$

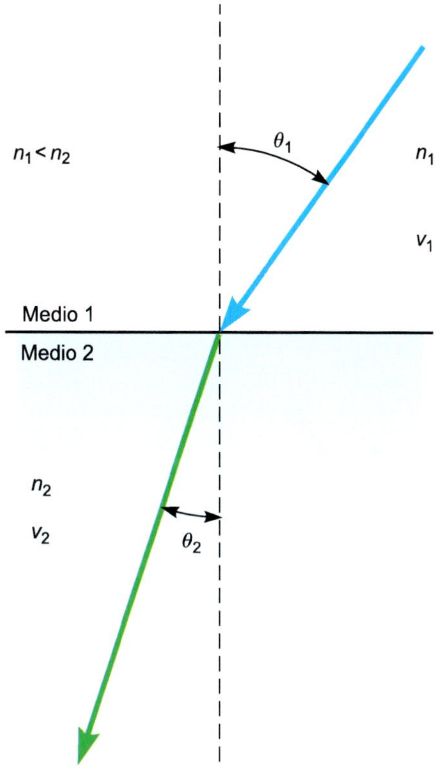

Figura 4.11. Refracción de una onda al pasar de un medio a otro (p. e. agua), $n_1 < n_2$.

En donde:

- n: índice de refracción.
- c: velocidad de la luz en el vacío.
- v: velocidad de la luz en el medio material.

Así por tanto:

$$\frac{\text{sen}\,\theta_1}{v_1} = \frac{\text{sen}\,\theta_2}{v_2}$$

Si, por ejemplo, la luz pasa del aire (n_1) al agua (n_2), el rayo se acercará a la vertical al entrar en el agua. Por tanto, el agua tiene un índice de refracción mayor que el aire. Esto implica que la luz se mueve más despacio por el agua que por el aire.

Cuando el rayo de luz pasa de un medio con un índice de refracción mayor n_1 a otro menor n_2 (un rayo que pasa del agua al aire), tendremos que $\theta_1 < \theta_2$. Según aumenta el ángulo de incidencia, el rayo refractado se va acercando a la superficie (Figura 4.12). El ángulo de incidencia necesario para que el de refracción sea de 90º se denomina **ángulo crítico.** Con ángulos menores al crítico, parte de la onda se refleja y parte se refracta, pero para ángulos mayores toda la onda se refleja. Se dice entonces que la reflexión es total:

$$n_1 \cdot \operatorname{sen} \theta_1 = n_2 \cdot \operatorname{sen} 90^o = n_2 \cdot 1 = n_2$$

De donde:

$$\operatorname{sen} \theta_c = \frac{n_2}{n_1}$$

Finalmente el ángulo crítico será:

$$\theta_c = \operatorname{arcsen}\left(\frac{n_2}{n_1}\right)$$

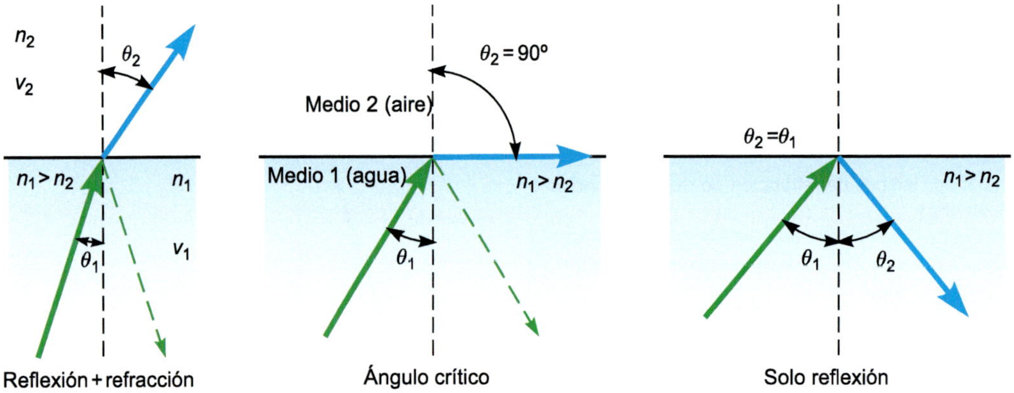

Figura 4.12. Ángulo crítico en la refracción de ondas que pasan de un medio con un índice de refracción mayor a otro menor. Con ángulos menores al crítico parte de la onda se refleja y parte se refracta. Con ángulos mayores, toda se refleja.

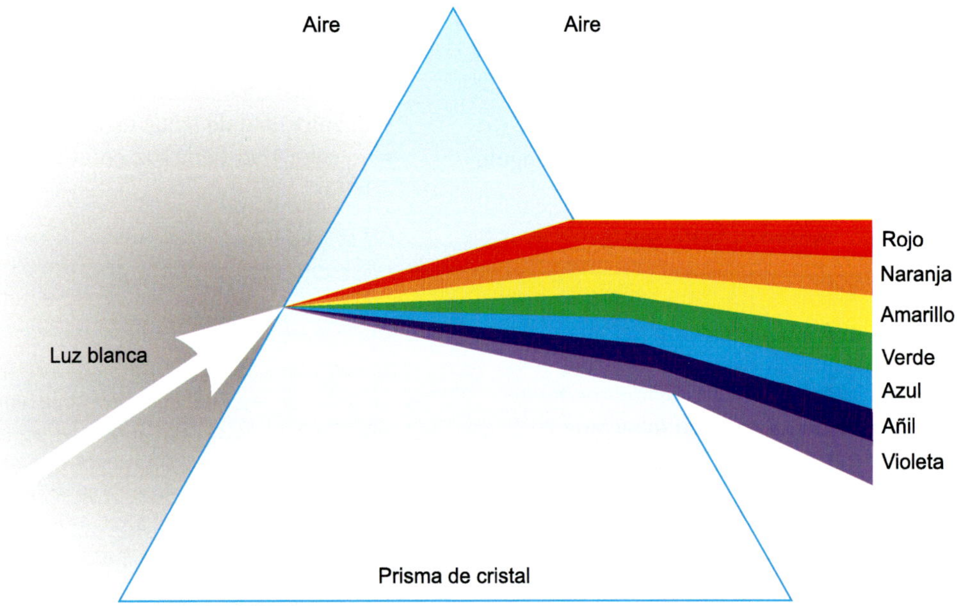

Figura 4.13. Dispersión de una onda de luz blanca.

Problemas resueltos

Un submarinista observa el fondo marino ayudándose de una linterna. Calcula:

- El ángulo mínimo con el que puede alumbrar la superficie sin que se vea la luz de la linterna desde el exterior.
- La velocidad de la luz en el agua.

Solución

Para hallar el ángulo crítico sabiendo que $n_{aire} = 1$ y $n_{agua} = 1{,}33$:

$$\theta_c = \text{arcsen}\left(\frac{n_2}{n_1}\right) = \text{arcsen}\left(\frac{1}{1{,}33}\right) \Rightarrow$$

$$\Rightarrow \quad \theta_c = 48{,}75^{o}$$

Ángulos mayores al crítico no se refractarán hacia el aire. Para calcular la velocidad de la luz en el agua:

$$n = \frac{c}{v} \quad \Rightarrow \quad v = \frac{c}{n} = \frac{3 \cdot 10^8}{1{,}33} \quad \Rightarrow$$

$$\Rightarrow \quad v = 2{,}255 \cdot 10^8 \text{ m/s}$$

4.5. DISPERSIÓN

Lo que conocemos como luz es un conjunto de ondas electromagnéticas que somos capaces de percibir a través de nuestro sentido de la vista. Las ondas electromagnéticas que somos capaces de ver pertenecen al denominado **espectro visible** (longitudes de onda desde 400 nm a 700 nm). A frecuencias menores se encuentran los infrarrojos y a frecuencias mayores, los ultravioletas.

Hemos visto que la luz se refracta al pasar de un medio a otro y que el ángulo de refracción depende de la longitud de la onda electromagnética. Hasta ahora hemos tratado a la luz como una onda **monocromática,** pero acabamos de decir que realmente es un conjunto de ondas. Si un rayo de luz incide sobre un prisma, este se descompondrá según los diferentes colores, ya que a cada color le corresponde una longitud de onda y a cada longitud de onda, un índice de refracción (Figura 4.13). Esto es lo que sucede cuando la luz del sol **(policromática)** pasa a través de las gotas de lluvia, mostrándonos el arcoíris.

4.6. LENTES

Una lente es un objeto transparente formado por dos superficies, siendo curva al menos una de ellas. Pueden ser convergentes o divergentes (Figura 4.14). Las **lentes convergentes** son más gruesas por el centro que por el borde, y concentran (hacen converger) en un punto los rayos de luz que las atraviesan. A este punto se le denomina foco F, y la separación entre él y la lente se conoce como distancia focal f (Figura 4.15). Cuanto menor sea la distancia focal, mayor será la potencia de la lente. La potencia de una lente es la inversa de su distancia focal y se mide en **dioptrías** si la distancia focal la medimos en metros. Si la lente es suficientemente fina, entonces:

$$P = \frac{1}{f} = (n - 1) \cdot \left(\frac{1}{R_2} - \frac{1}{R_1}\right)$$

En donde:

- P: potencia de la lente (dioptrías).
- f: distancia focal (m).
- n: índice de refracción.
- R_1: radio de la superficie anterior de la lente (m).
- R_2: radio de la superficie posterior de la lente (m).

Las lentes convergentes (Figura 4.16) se utilizan en muchos instrumentos ópticos (microscopios) y también para la corrección de la hipermetropía. Las personas hipermétropes no ven bien de cerca y tienen que alejarse los objetos. Una posible causa de la hipermetropía es el achatamiento anteroposterior del ojo que supone que las imágenes se formarían con nitidez por detrás de la retina.

Si las lentes son más gruesas por los bordes que por el centro, divergen (separan) los rayos de luz que pasan por ellas, por lo que se conocen como **lentes divergentes** (Figura 4.17). Si miramos por una lente divergente,

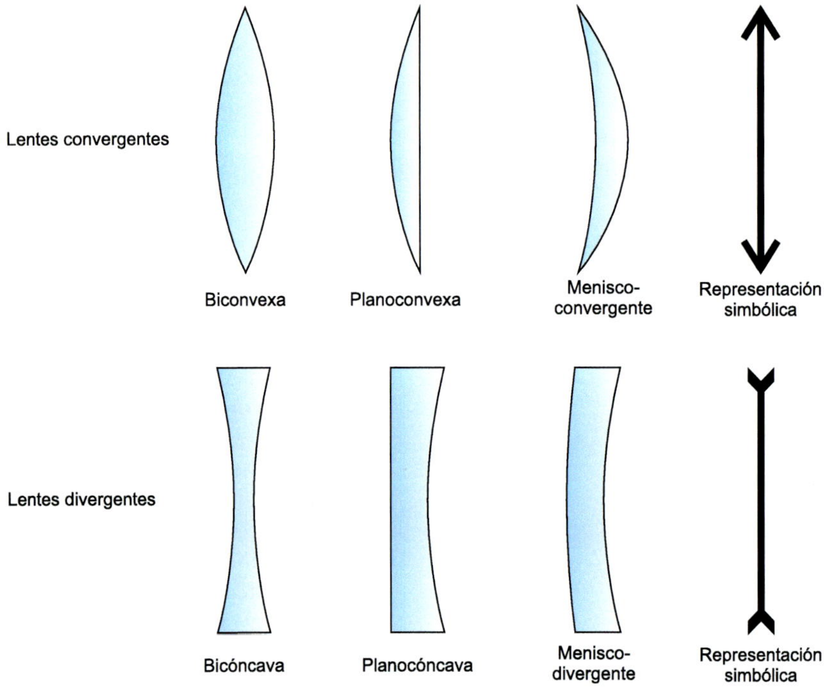

Figura 4.14. Diferentes tipos de lentes convergentes y divergentes.

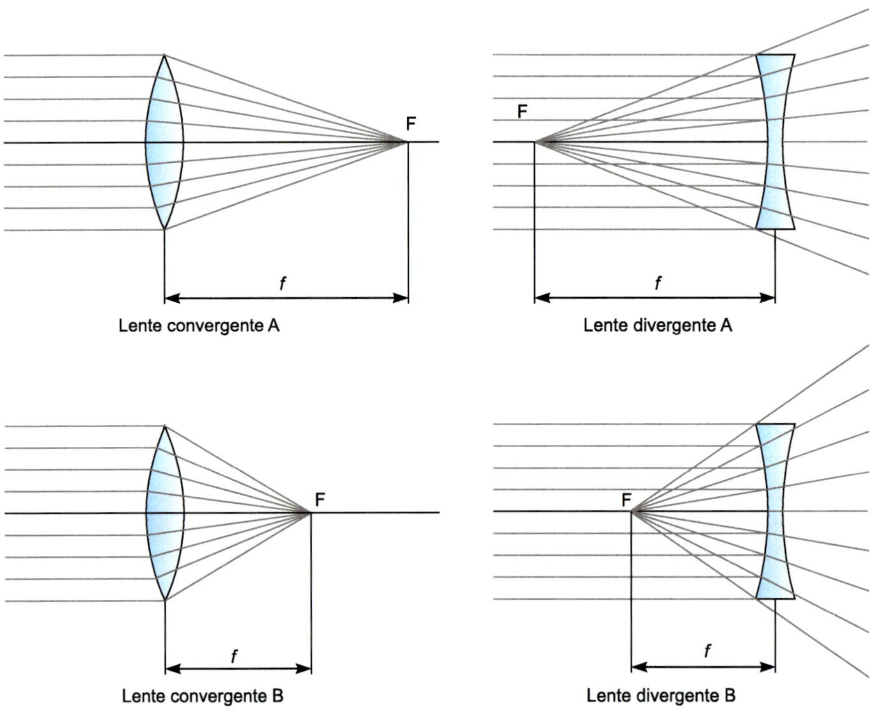

Figura 4.15. Las lentes B son más potentes que las lentes A, ya que en las primeras la distancia focal es menor.

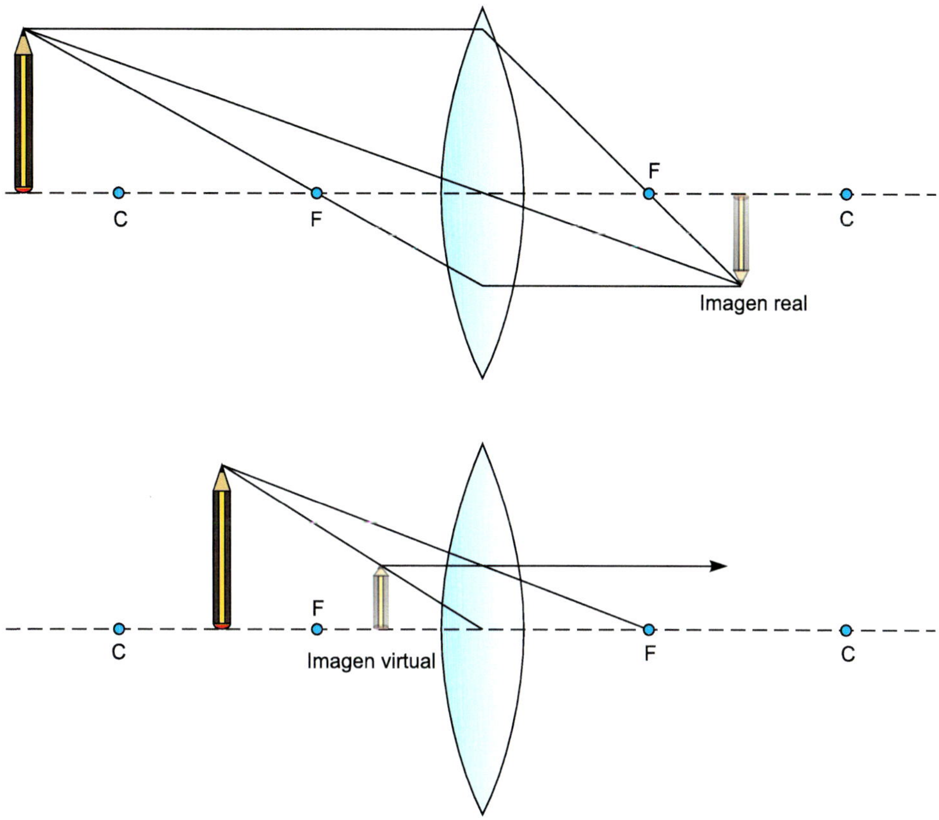

Figura 4.16. Imagen de un objeto visto a través de una lente convergente. Si el objeto está alejado, la imagen será real e invertida. Si el objeto se encuentra cerca de la lente, será virtual y derecha.

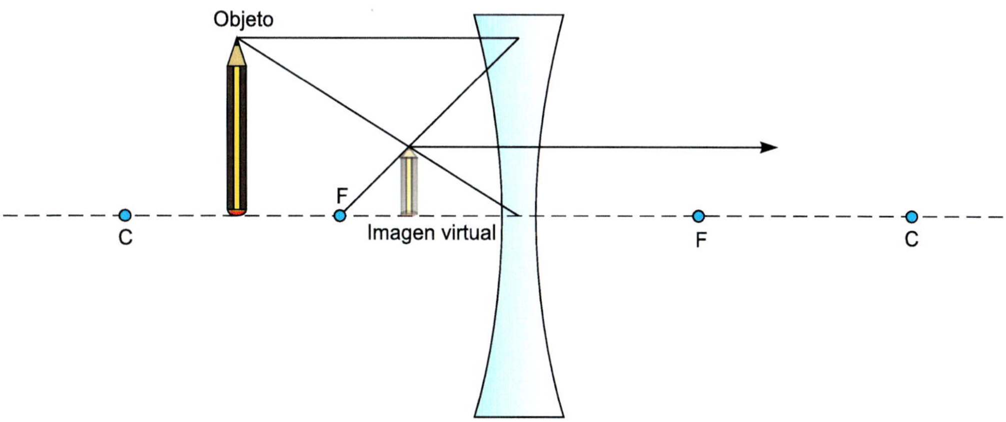

Figura 4.17. Imagen de un objeto visto a través de una lente divergente. La imagen será virtual y derecha.

da la sensación de que los rayos proceden del punto F. A este punto se le llama **foco virtual.** En estas lentes, la distancia focal se considera negativa.

La miopía puede deberse a una deformación del ojo consistente en un alargamiento anteroposterior que hace que las imágenes se formen con nitidez antes de alcanzar la retina. Los miopes no ven bien de lejos. Las lentes divergentes sirven para corregir este defecto.

4.7. FIBRA ÓPTICA

La fibra óptica se compone de filamentos flexibles de vidrio (sílice) más finos que un pelo, por donde se transmitirá una onda de luz. La fibra dispone de un núcleo *(core)* y un revestimiento *(clading)*. El índice de refracción del núcleo es mayor que el del revestimiento, por lo que, si el ángulo de incidencia es mayor que el crítico, toda la luz se reflejará: logramos la reflexión total. Los filamentos de vidrio están protegidos del medio ambiente por un recubrimiento exterior *(jacket)* que da resistencia mecánica al conjunto (Figura 4.18).

Figura 4.18. Cable de fibra óptica.

Por tanto, aunque la luz viaja en línea recta en el espacio libre, las propiedades de los filamentos de vidrio guían la luz a lo largo de una fibra óptica, permitiendo enrutar el cable para conectar diferentes equipos electrónicos. De esta manera, la fibra óptica se emplea para transmitir información de forma rápida y eficiente, basándose en el principio básico de encendido y apagado de una luz, como el utilizado antiguamente para la comunicación entre barcos. La fibra óptica es capaz de transmitir más información y de forma más eficiente que los tradicionales cables de cobre. Además son menos pesadas y voluminosas, lo que resulta muy útil en los sistemas de abordo.

La velocidad de transmisión de la onda de luz a lo largo de la fibra dependerá, lógicamente, del índice de refracción. El índice de refracción del núcleo de una fibra óptica es del orden de 1,5. Por tanto, la velocidad será de:

$$n = \frac{c}{v} \quad \Rightarrow \quad v = \frac{c}{n} = \frac{3 \cdot 10^8}{1,5} = 2 \cdot 10^8 \text{ m/s}$$

Se puede clasificar una fibra óptica como escalonada o gradual (Figura 4.19) en función del valor del índice de refracción del núcleo de la fibra. En la **fibra escalonada,** el índice de refracción es constante en todo su diámetro, por lo que las ondas de luz siguen trayectorias rectilíneas. En las **fibras graduales,** el índice de refracción varía gradualmente, siendo máximo en el centro y mínimo (aproximadamente igual el del revestimiento) en su perímetro.

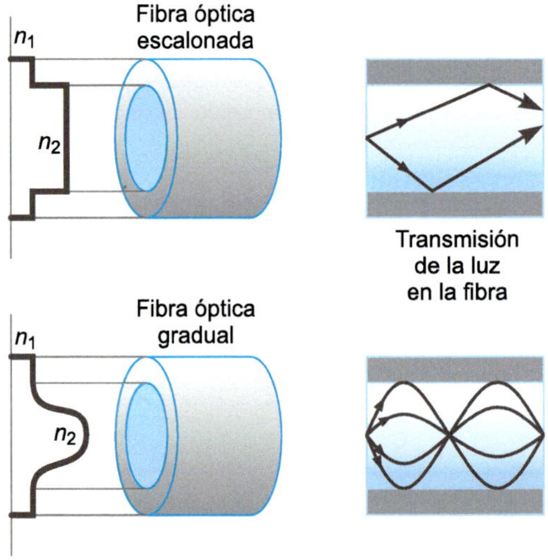

Figura 4.19. Tipos de fibra óptica.

PREGUNTAS de repaso

4.1. ¿Qué quiere decir que la luz tiene «naturaleza dual»?

4.2. Las ondas electromagnéticas _____________ tienen una frecuencia justo por debajo del espectro visible, mientras que las _____________ la tienen justo por encima.

4.3. La velocidad de la luz en el vacío es de __________ m/s.

4.4. ¿Qué es el índice de refracción?

4.5. ¿Qué tipo de reflexión se da en un espejo como los que tenemos en casa? ¿Y sobre una chapa metálica?

4.6. Un espejo cóncavo _____________ (concentrará/dispersará) los rayos de luz.

4.7. En un espejo esférico cóncavo los rayos paralelos reflejados no pasan todos por el mismo punto (foco). ¿Cómo se conoce a este fenómeno?

4.8. Colocamos un objeto a 10 cm del vértice de un espejo cóncavo y su imagen virtual aparece a 50 cm. ¿Cuál será el radio de curvatura del espejo?

4.9. Se coloca un objeto a 80 mm del vértice de un espejo cóncavo de 300 mm de curvatura. ¿A qué distancia del vértice del espejo aparecerá la imagen reflejada? ¿Es real o virtual?

4.10. ¿Dónde nos deberemos colocar enfrente de un espejo cóncavo para que nuestro reflejo salga invertido?

4.11. Se tiene un espejo cóncavo con un radio de curvatura de 4 m. ¿A qué distancia del vértice me tendré que situar para que mi reflejo esté invertido y sea el doble de alto que yo?

4.12. Cuando un rayo de luz pasa de un medio con un mayor índice de refracción a otro con uno menor, el rayo se _____________ (acercará/alejará) de la perpendicular a la superficie de contacto.

4.13. Sabiendo que la velocidad de la luz en el agua es de 225.000 km/s, ¿cuál será el ángulo crítico para los rayos de luz que pasen del agua al aire? ¿Qué sucede a ángulos de incidencia mayores?

4.14. Expresa de forma matemática la Ley de Snell.

4.15. ¿A qué se debe el fenómeno de dispersión de la luz que se puede observar en el arcoíris?

4.16. Cuanto _____________ (menor/mayor) sea la distancia focal de una lente, mayor será el número de dioptrías de la misma.

4.17. Las lentes _____________ (convergentes/divergentes) se emplean para corregir la miopía.

4.18. Los microscopios emplean lentes _____________ (convergentes/divergentes).

4.19. El núcleo de una fibra óptica tiene un coeficiente de refracción _____________ (menor/mayor) que el del revestimiento.

4.20. La velocidad de una onda de luz en una fibra óptica es de __________ m/s.

4.21. ¿Cuál es la altura mínima de un espejo plano para que una persona de 1,80 m se vea de cuerpo entero? Si los ojos están a una altura de 1,70 m, ¿a qué altura se colocará el espejo?

Para saber más

LA FIBRA ÓPTICA EN LAS AERONAVES

Los aviones comerciales modernos equipan varias computadoras, como la *Flight Control Computer* (FCC), la *Thrust Management Computer* (TMC), la *Air-Data Computer* (ADC), la *Engine Indicating and Crew Alerting System* (EICAS), etc. Dichas computadoras se comunican entre sí a través de un cable denominado *bus de datos*, tradicionalmente constituido por un par de cables de cobre trenzados.

En junio de 1994 efectuaba su primer vuelo el Boeing 777, el primer avión comercial en emplear buses de datos de fibra óptica de forma generalizada. Este tipo de bus de datos es capaz de transmitir de manera 1.000 veces más rápida que el bus de datos tradicional de cobre, lo que resulta tremendamente práctico, teniendo en cuenta la complejidad y el número de las computadoras que emplean los aviones comerciales de última generación como el Airbus A380 o el A350 y el Boeing 787.

Además de la gran capacidad de transmisión de datos, el bus de fibra óptica tiene otra gran ventaja, y es que no es recorrido por una corriente eléctrica, sino por un haz de luz. Las corrientes eléctricas pueden emitir ondas electromagnéticas que afectan a los equipos electrónicos adyacentes; por su parte, los equipos electrónicos adyacentes pueden emitir ondas que afectan al correcto funcionamiento del bus. Se dice que no se ven afectados por el entorno electromagnético.

Figura 4.20. Airbus A380, equipado con bus de datos de fibra óptica AFDX (ARINC 664).

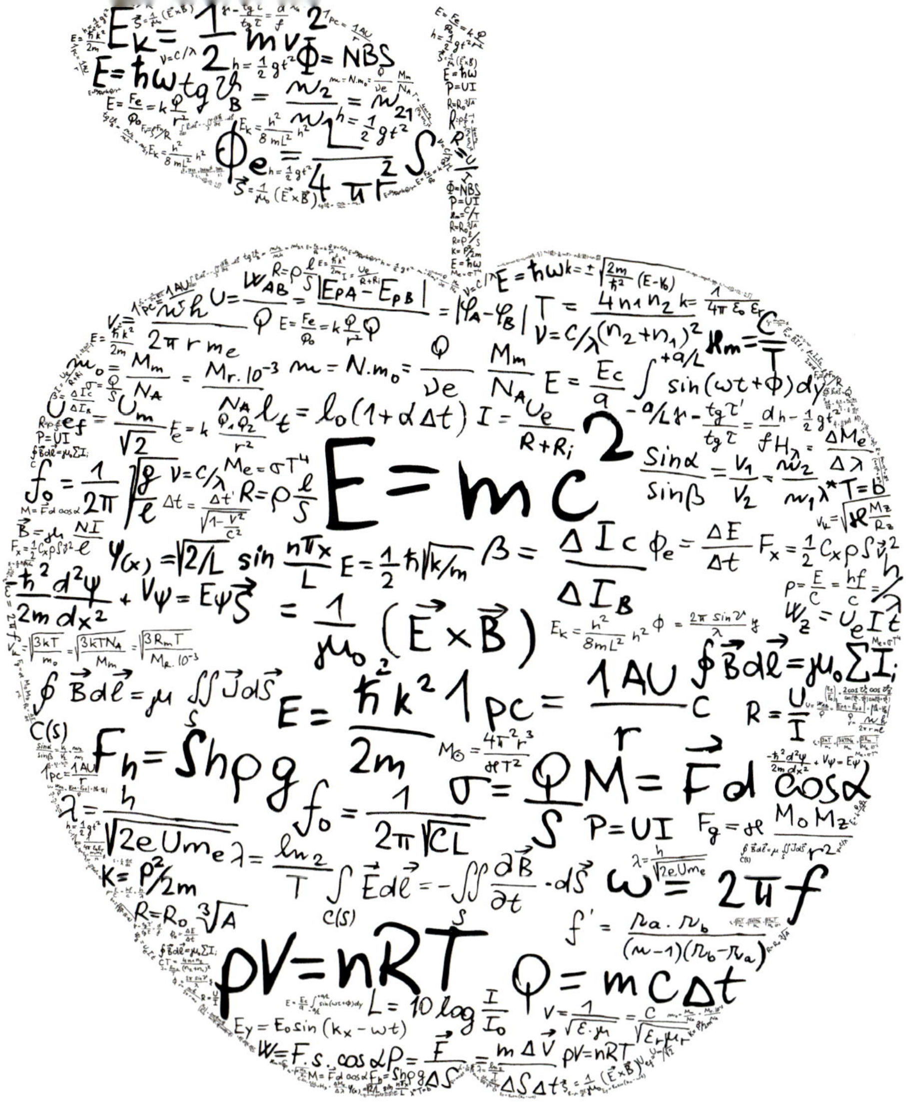

UNIDAD 5
MOVIMIENTO ONDULATORIO Y SONIDO

El movimiento ondulatorio forma parte de nuestro día a día. Cuando hablamos, la vibración de las cuerdas vocales en nuestra garganta genera una onda de sonido que se transmite por el aire. Si tiramos una pequeña piedra en un estanque, observaremos las ondas concéntricas que se generan. Cuando hablamos por el teléfono móvil, escuchamos la radio o vemos la televisión, es gracias a la transmisión de ondas electromagnéticas. Y, cómo no, la transmisión de la luz nos permite ver lo que tenemos alrededor, como hemos estudiado en el capítulo anterior.

5.1. TIPOS DE ONDAS

Las ondas se propagan por el espacio. Cuando hablamos con otra persona, la onda de sonido viaja desde nuestra garganta hasta su oído. Si colocamos una cuerda en el suelo, y le damos un impulso inicial desde un extremo, este se propagará hasta el otro extremo de la cuerda (Figura 5.1). En este caso la dirección de vibración es perpendicular a la dirección de propagación, por lo que a este tipo de onda se la denomina **onda transversal.** Las ondas que se forman al dejar caer un objeto sobre el agua o las ondas electromagnéticas son ejemplos de ondas transversales.

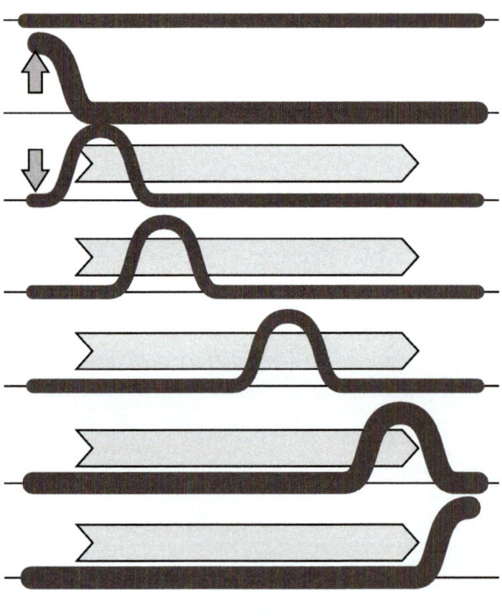

Figura 5.1. Onda transversal.

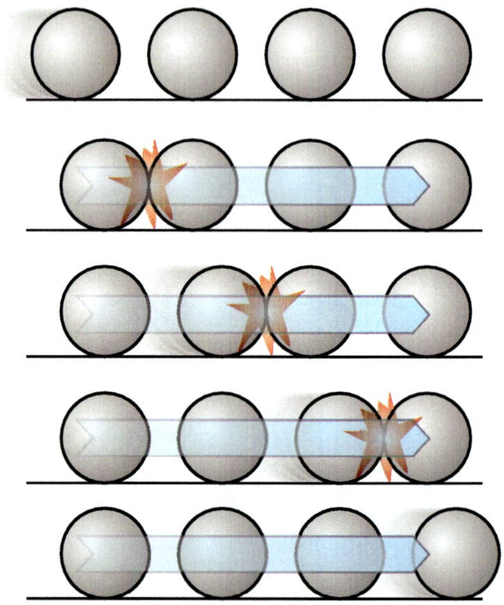

Figura 5.2. Onda longitudinal (sonido).

Las ondas de sonido se propagan mediante choques sucesivos de las moléculas que forman el medio. En este caso, la dirección de propagación coincide con la dirección de la vibración. Decimos entonces que el sonido es una **onda longitudinal** (Figura 5.2).

Otra forma de clasificar las ondas es en función de su naturaleza. Existen tres tipos de ondas: mecánicas, electromagnéticas y gravitacionales:

- Las **ondas mecánicas** necesitan un medio material para propagarse. Las partículas del medio oscilan alrededor de un punto fijo, por lo que no existe transporte neto de materia. El sonido, la onda que se propaga por la cuerda y las ondulaciones del agua son ejemplos de ondas mecánicas.
- Las **ondas electromagnéticas** se propagan por el espacio sin necesidad de un medio material pudiendo, por tanto, propagarse en el vacío. Esto es debido a que las ondas electromagnéticas son producidas por las oscilaciones de un campo eléctrico en relación con un campo magnético asociado. Las ondas de radio y la luz son ondas electromagnéticas.
- Las **ondas gravitacionales** son ondas derivadas de la teoría de la relatividad,

mediante las cuales se transmite la fuerza gravitatoria.

Además, las ondas pueden ser unidimensionales, bidimensionales o tridimensionales:

- Las **ondas unidimensionales** son aquellas que se propagan a lo largo de una sola dirección del espacio, como en los muelles o en las cuerdas. Si la onda se propaga en una dirección única, sus frentes de onda son planos y paralelos.
- Las **ondas bidimensionales** o superficiales son aquellas que se propagan en dos direcciones. Las ondas que se producen en la superficie de un lago cuando se deja caer una piedra sobre él son un ejemplo de ondas bidimensionales.
- Las **ondas tridimensionales** o esféricas son ondas que se propagan en tres direcciones. El sonido y las ondas electromagnéticas son ejemplos de ondas tridimensionales.

Por último, las ondas también se clasifican según sean periódicas o no periódicas:

- En las **ondas periódicas,** la perturbación local que las origina se produce en ciclos repetitivos, como en una onda sinusoidal.
- En las **ondas no periódicas,** la perturbación que las origina se da aisladamente y, en el caso de que se repita, las perturbaciones sucesivas tienen características diferentes. Las ondas aisladas se denominan también **pulsos** (onda transmitida por una cuerda).

5.2. MAGNITUDES CARACTERÍSTICAS DE LA ONDA

Las magnitudes que caracterizan a una onda son la frecuencia, la longitud de onda y la velocidad de propagación. Las tres magnitudes están relacionadas mediante la ecuación:

$$v = \lambda \cdot f$$

En donde:

- v: velocidad de propagación de la onda (m/s).
- λ: longitud de onda (m).
- f: frecuencia de la onda (Hz).

En el caso de transmisión de ondas electromagnéticas en el vacío, la velocidad de propagación es constante y de valor 300.000 km/s, por lo que podemos hablar de frecuencia o de longitud de onda indistintamente, ya que una es inversamente proporcional a la otra.

Problemas resueltos

Calcula la frecuencia de una onda de radio con longitud de onda 500 nm.

Solución

La velocidad de propagación es de $3 \cdot 10^8$ m/s.

$$v = \lambda \cdot f \quad \Rightarrow \quad f = \frac{v}{\lambda} = \frac{3 \cdot 10^8}{500 \cdot 10^{-9}} \quad \Rightarrow$$

$$\Rightarrow \quad f = 6 \cdot 10^{14} \text{ Hz} = 600 \text{ THz}$$

La frecuencia será 600 terahercios.

5.3. MOVIMIENTO ONDULATORIO SINUSOIDAL

Las ondas sinusoidales o senoidales se producen cuando un cuerpo vibra con un movimiento armónico simple sin distorsionarse en su propagación (Figura 5.3). Por tanto, tenemos una composición de dos movimientos: el de vibración y el de propagación. Del movimiento armónico simple tenemos que

$$y(t) = A \cdot \text{sen}\,(\omega \cdot t - \phi)$$

Dado que la velocidad de propagación de la onda por el medio es constante siempre que este sea homogéneo e isótropo, el desfase ϕ será:

$$\phi = k \cdot x$$

En donde:

- ϕ: desfase (rad).
- k: **número de onda:** número de veces que vibra una onda en una unidad de distancia (número de longitudes de onda que hay en la longitud $2 \cdot \pi$).
- x: desplazamiento de la onda al propagarse.

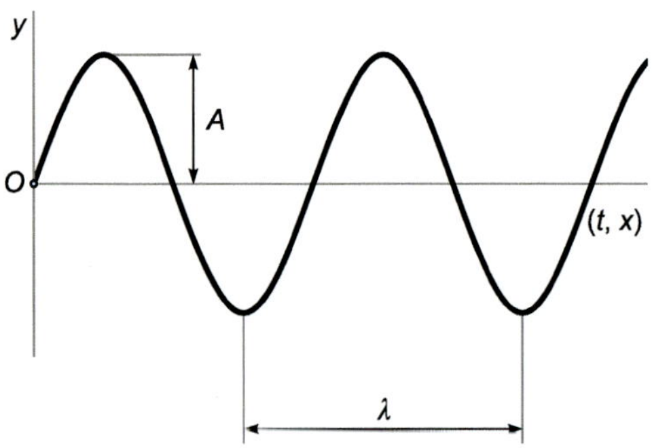

Figura 5.3. Onda sinusoidal unidimiensional.

Por tanto, una onda que se desplaza hacia la derecha:

$$y(t,\ x) = A \cdot \text{sen}\,(\omega \cdot t - k \cdot x)$$

Si definimos la longitud de onda λ como la distancia que hay entre dos puntos consecutivos de la onda que están en fase, es decir, con la misma velocidad, aceleración y elongación (Figura 5.3), entonces:

$$k \cdot \lambda = 2 \cdot \pi \quad \Rightarrow \quad k = \frac{2 \cdot \pi}{\lambda}$$

Y como

$$\omega = \frac{2 \cdot \pi}{T}$$

Para una onda sinusoidal unidimensional quedará finalmente:

$$y(t,\ x) = A \cdot \text{sen}\left[2 \cdot \pi \cdot \left(\frac{t}{T} - \frac{x}{\lambda}\right)\right]$$

En general, se puede considerar que todas las ondas están formadas por una superposición de ondas sinusoidales.

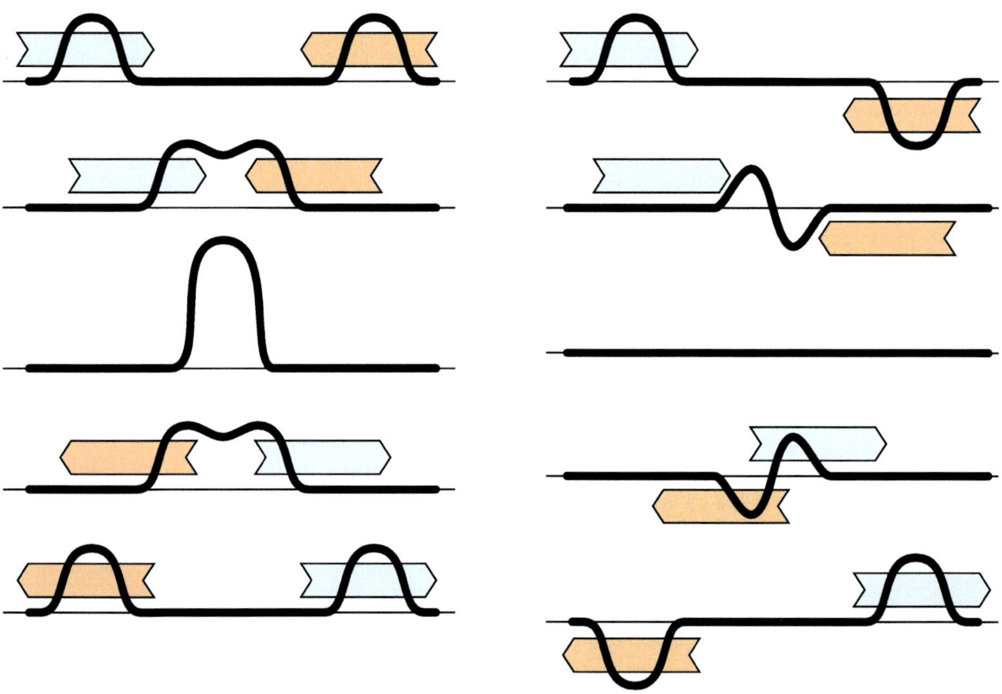

Figura 5.4. Interferencia producida por dos ondas longitudinales.

5.4. FENÓMENOS DE INTERFERENCIA

Uno de los fenómenos característicos del movimiento ondulatorio es la interferencia. La interferencia aparece cuando dos o más ondas se superponen para formar una onda resultante de mayor o menor amplitud (Figura 5.4). Las interferencias se pueden observar en cualquier tipo de ondas: luz, radio, sonido, ondas en el agua, etcétera.

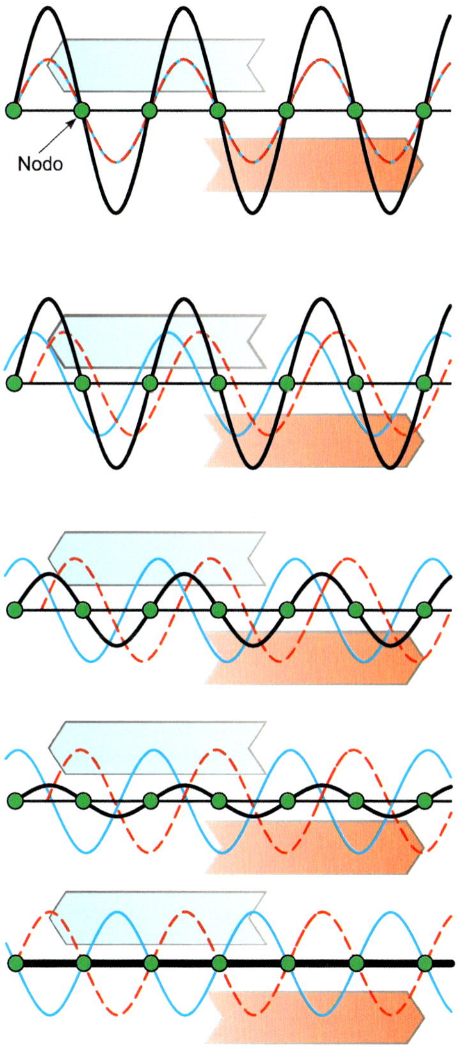

Figura 5.5. La interferencia de dos ondas idénticas que se propagan en sentidos contrarios genera una onda estacionaria. La onda estacionaria no se propaga, manteniendo sus nodos estáticos.

Cuando dos ondas periódicas idénticas viajan en sentidos opuestos, se crea lo que se denomina una **onda estacionaria** (Figura 5.5). Esta onda resultante no se propagará; simplemente vibrará.

5.5. DIFRACCIÓN

El fenómeno de la difracción se produce cuando un obstáculo impide el avance de una parte de un frente de onda. Según el principio de Huygens, cada punto alcanzado por la onda se comporta como un nuevo punto emisor de ondas. De esta forma se explica que las ondas logren bordear el obstáculo (Figura 5.6). Para que se aprecie bien este fenómeno, el tamaño del obstáculo debe ser del mismo orden de magnitud que la longitud de onda.

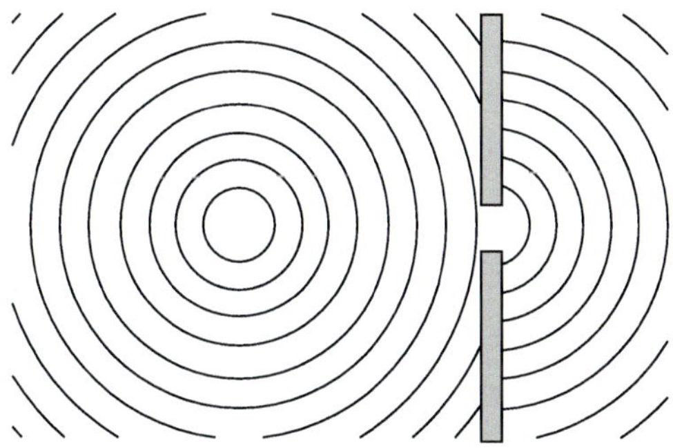

Figura 5.6. Difracción de una onda. El tamaño del agujero deberá ser del mismo orden que la longitud de onda.

5.6. SONIDO

El sonido es una onda mecánica longitudinal cuya velocidad de propagación depende del medio por donde se transmite.

5.6.1. VELOCIDAD DEL SONIDO

En los líquidos se propaga más rápido que en los gases y en los sólidos más rápido que en los líquidos. Como norma general, cuanto mayor sea la compresibilidad del medio, menor será la velocidad del sonido. Además, cuanto mayor sea la densidad, menor será la velocidad de propagación:

$$v_s = \sqrt{\frac{K}{\rho}}$$

En donde:

- v_s: velocidad del sonido (m/s).
- K: módulo de compresibilidad (Pa). Cuanto más compresible sea una sustancia, menor será el valor del módulo K. En los sólidos se considera equivalente al módulo de elasticidad de Young E.
- ρ: densidad (kg/m^3).

Tabla 5.1. **Velocidad del sonido en función del medio de propagación y la temperatura**

Medio	T (ºC)	v (m/s)
Aire	0	331,4
Aire	15	340
Oxígeno	0	317
Agua	15	1.450
Acero	20	5.130
Caucho	0	54
Aluminio	0	5.100

Cuando medimos la velocidad del sonido en distintos medios, podemos llegar a la conclusión errónea de que, a mayor densidad, mayor velocidad. Lo que sucede es que en muchos casos el aumento de densidad viene acompañado de un gran aumento del módulo de compresibilidad K, lo que da una alta velocidad del sonido.

En los gases, la velocidad del sonido es mayor cuanto mayor sea la temperatura. Cuanto mayor sea la temperatura, mayor será la vibración de las partículas que componen el gas, facilitando las colisiones entre ellas y, por tanto, aumentando la velocidad de propagación del sonido. Además, cuanto más pesadas sean las moléculas del gas, más lentamente se moverán por lo que, a mayor peso molecular, menor velocidad de propagación del sonido:

$$v_s = \sqrt{\frac{\gamma \cdot R \cdot T}{M}}$$

En donde:

- v_s: velocidad del sonido (m/s).
- γ: coeficiente adiabático del gas (1,4 en el aire).
- R: constante de los gases ideales (8,31 J/mol · K).
- T: temperatura (K).
- M: masa molar del gas (en el aire 0,029 kg/mol):

Para el aire se suele definir una constante R′ característica (R′ = 286,55 m^2/s^2 · K), de tal manera que:

$$R' = \frac{R}{M_{\text{aire}}}$$

La velocidad del sonido en el aire será:

$$v_s = \sqrt{\gamma \cdot R' \cdot T}$$

Por tanto, a mayor altitud, menor temperatura y menor velocidad del sonido (dentro de altitudes de vuelo convencionales). Este hecho influye sustancialmente en las características aerodinámicas de las aeronaves. Cuando el aire incide sobre las alas de un avión, se genera una diferencia de presiones gracias al aumento de la velocidad en el extradós del ala y a la disminución en el intradós. Esto produce la sustentación que mantiene la aeronave en el aire. No obstante, cuando la velocidad del aire incidente alcanza la velocidad del sonido, aparecen una serie de fenómenos característicos, que aumentan drásticamente la resistencia aerodinámica y reducen la sustentación. Estos fenómenos son las **ondas de choque** y las **ondas de expansión.**

Por tanto, las aeronaves «subsónicas» no deberán sobrepasar en ningún caso la velocidad del sonido. Dado que la velocidad del sonido disminuye con la altitud, cuanto más ascendamos, más fácilmente alcanzaremos la velocidad del sonido, y antes sufriremos los efectos de la compresibilidad del aire. Es necesario, por tanto, definir una nueva magnitud de velocidad que tenga en cuenta la velocidad del sonido. Esta magnitud es el **número de Mach.**

El número de Mach M es la relación de la velocidad de vuelo v entre la velocidad del sonido v_s en un instante determinado:

$$M = \frac{v}{v_s}$$

En función del número de Mach se clasifican las velocidades de vuelo como subsónicas (M < 0,8), transónicas (0,8 > M < 1,2), supersónicas (1,2 > M < 5,0) e hipersónicas (M > 5,0).

Problemas resueltos

Un avión vuela a 11.000 m de altitud, donde la temperatura es de –56 °C. Si vuela a 700 km/h, calcula el número de Mach del vuelo.

Solución

Sabiendo que a –56 °C son 217 K, se determinará la velocidad del sonido empleando la ecuación correspondiente:

$$v_s = \sqrt{\gamma \cdot R' \cdot T} = \sqrt{1{,}4 \cdot 286{,}55 \cdot 217} \Rightarrow$$

$$\Rightarrow \quad v_s = 295{,}6 \text{ m/s} = 1.063 \text{ km/h}$$

El número de Mach será por tanto:

$$M = \frac{v}{v_s} = \frac{700}{1.063} = 0{,}658$$

El número de Mach es adimensional por ser una relación de velocidades.

5.6.2. INTENSIDAD, TONO Y TIMBRE

Si hacemos vibrar la cuerda de una guitarra, percibimos un sonido, pero, si hacemos vibrar la misma cuerda con mayor fuerza, percibimos el mismo sonido con mayor intensidad; lo mismo ocurre al golpear una campana: cuanto mayor sea la fuerza que aplicamos, más intenso será el sonido. Cuando elevamos el volumen de la radio o del televisor, lo que hacemos es aumentar la **intensidad del sonido.** La intensidad de un sonido por tanto depende de la magnitud de las vibraciones del cuerpo que las produce y, cuando hablamos de magnitud de la vibración, nos referimos a su **amplitud.**

Si ahora hacemos sonar las diferentes cuerdas de una guitarra con igual intensidad, notaremos que los sonidos son diferentes, unos más agudos y otros más bajos. Entonces se dice que tienen diferentes alturas o **tonos.** El tono depende del número de oscilaciones por segundo del cuerpo en vibración, esto es, de la **frecuencia.** Cuanto mayor sea la frecuencia, más agudo o alto será el tono.

Una misma nota musical producida con la misma intensidad y tono, tocada por un piano o por un violín, no suenan igual; esto se debe a una cualidad denominada **timbre.** El timbre es la cualidad del sonido que nos permite distinguir entre dos sonidos de la misma intensidad y tono. Casi nunca se puede producir un sonido puro; siempre se producen otros que lo acompañan. Algunos de estos se llaman armónicos. El timbre depende de los **sonidos armónicos** que acompañan al principal. Por ejemplo, la nota emitida por un piano es el resultado de la vibración no únicamente de la cuerda accionada, sino también de algunas otras partes del piano (madera, otras cuerdas, etc.), las cuales vibran junto con ella y le da su sonido característico, y es por eso que suena distinto a un violín u otro instrumento que toque la misma nota, o incluso de otros pianos.

5.7. EFECTO DOPPLER

Cuando el emisor de una onda se encuentra en movimiento relativo respecto al observador (receptor), la frecuencia observada por uno y por otro será distinta. A este fenómeno se le conoce como efecto Doppler en honor a su descubridor. Para estudiar este efecto, consideraremos que el observador se encuentra en reposo, esto es, sin movimiento, siendo el emisor el que se mueva.

Vamos a dibujar los sucesivos frentes de ondas como circunferencias separadas una distancia igual a la longitud de onda, centradas en el emisor. Por tanto, el radio de cada circunferencia es igual al producto de la velocidad de propagación por el tiempo transcurrido desde que la onda fue emitida. La separación entre dos frentes de onda es igual a la longitud de onda (Figura 5.6).

Cuando el emisor está en reposo ($v_e = 0$), este medirá la misma longitud de onda que el observador y, por tanto, la misma frecuencia (Figura 5.6). Cuando el emisor empieza a moverse hacia la derecha con una velocidad inferior a la del sonido ($v_e < v_s$), un observador situado a la derecha del emisor medirá una longitud de onda menor (frecuencia mayor) que un observador situado a la izquierda del emisor. En el caso de ondas sonoras, el sonido que escucha el observador de la derecha será más agudo que el escuchado por el observador de la izquierda. Esto es lo que experimentamos cuando se acerca una ambulancia (sonido agudo) para alejarse a continuación (sonido grave).

Según la Figura 5.7, cuando el emisor se mueve a la velocidad del sonido ($v_e = v_s$), un

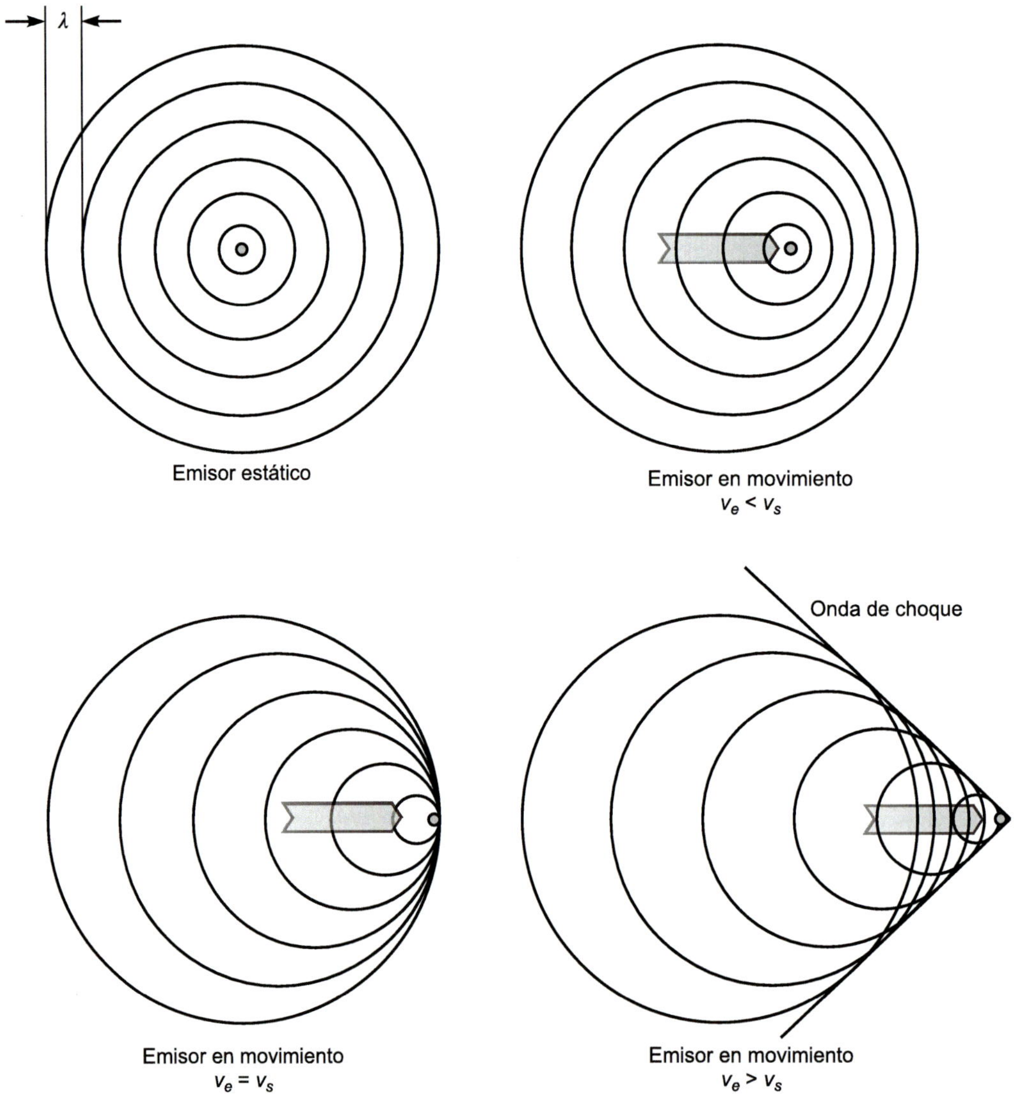

Figura 5.7. Efecto Doppler en función de la velocidad relativa del emisor respecto al observador (receptor).

observador de la derecha del móvil medirá una longitud de onda nula, mientras que uno situado a la izquierda medirá una longitud de onda del doble que la del sonido.

Cuando la velocidad del emisor supera la velocidad del sonido ($v_e > v_s$), este «deja atrás» las ondas, de modo que se forma una onda cónica denominada onda de Mach u onda de choque (Figura 5.7). Esta onda de choque provoca el gran estruendo que podemos escuchar cuando sobre nosotros pasa un avión supersónico (estampido sónico).

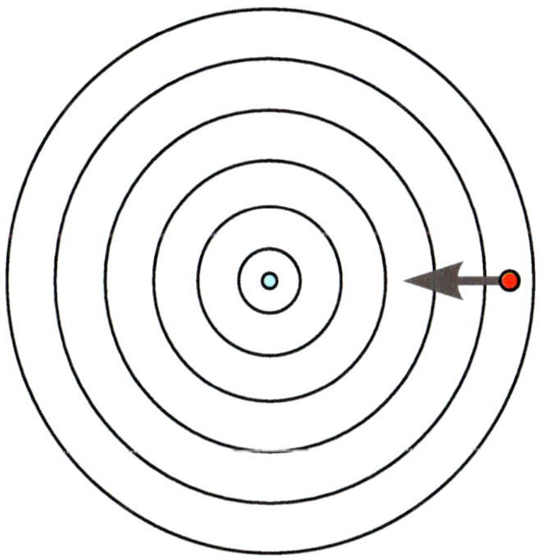

Receptor acercándose a un emisor en reposo

$$f' = f \cdot \left(1 + \frac{v_r}{v_s}\right)$$

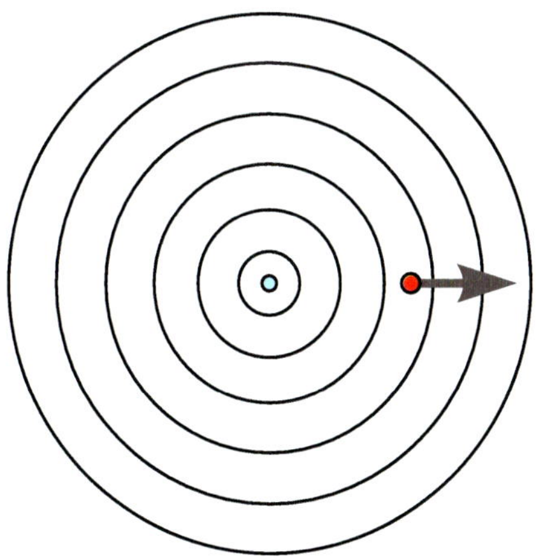

Receptor alejándose de un emisor en reposo

$$f' = f \cdot \left(1 - \frac{v_r}{v_s}\right)$$

Figura 5.8. Efecto Doppler cuando el emisor se encuentra en reposo y el receptor en movimiento.

5.7.1. ECUACIONES DEL EFECTO DOPPLER

Vamos a estudiar las ecuaciones que definen el efecto Doppler para una onda de sonido. Supongamos que el receptor se acerca con una velocidad constante al emisor que se encuentra en reposo (Figura 5.8). La velocidad con la que el receptor recibe la onda será:

$$v' = v_s + v_r$$

En donde:

- v': velocidad relativa con la que el receptor recibe la onda.
- v_s: velocidad del sonido.
- v_r: velocidad absoluta del receptor.

Como el emisor permanece en reposo, la longitud de onda no varía; por tanto, la frecuencia f' con la que el receptor percibe la onda será:

$$f' = \frac{v'}{\lambda} = \frac{v_s + v_r}{\lambda} = \frac{v_s}{\lambda} + \frac{v_r}{\lambda} = f + \frac{v_r}{\lambda}$$

Por tanto:

$$f' = f \cdot \left(1 + \frac{v_r}{f \cdot \lambda}\right)$$

Finalmente la frecuencia percibida por el receptor será:

$$f' = f \cdot \left(1 + \frac{v_r}{v_s}\right)$$

Si el receptor se aleja del emisor, entonces:

$$f' = f \cdot \left(1 - \frac{v_r}{v_s}\right)$$

Si es el emisor el que se acerca al receptor, la frecuencia aparente f' recibida será mayor que la emitida, y la longitud de onda menor:

$$\lambda' = \lambda - \Delta\lambda$$

En donde:

- λ': longitud de onda percibida por el receptor.
- λ: longitud de onda emitida.
- $\Delta\lambda$: variación de la longitud de onda.

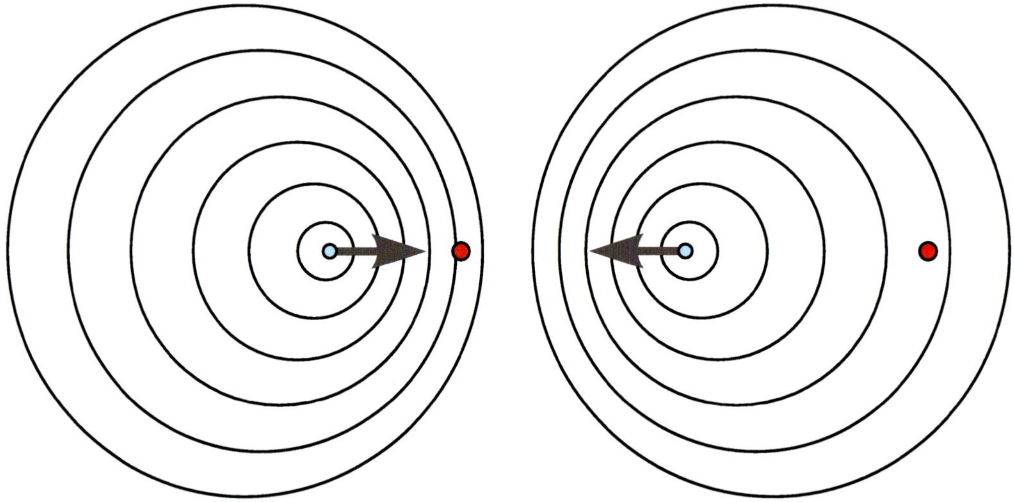

Emisor acercándose a un receptor en reposo

$$f' = f \cdot \left(\frac{1}{1 - v_e/v_s}\right)$$

Emisor alejándose de un receptor en reposo

$$f' = f \cdot \left(\frac{1}{1 + v_e/v_s}\right)$$

Figura 5.9. Efecto Doppler cuando el receptor se encuentra en reposo y el emisor en movimiento.

La frecuencia percibida por el receptor f' cuando la velocidad del emisor es v_e será:

$$f' = \frac{v_s}{\lambda'} = \frac{v_s}{\lambda - \Delta\lambda} = \frac{v_s}{\dfrac{v_s}{f} - \dfrac{v_e}{f}} = f \cdot \left(\frac{v_s}{v_s - v_e}\right)$$

Finalmente la frecuencia percibida por el receptor será:

$$f' = f \cdot \left(\frac{1}{1 - v_e/v_s}\right)$$

Si el emisor se aleja del receptor, entonces será:

$$f' = f \cdot \left(\frac{1}{1 + v_e/v_s}\right)$$

Cuando el emisor y el receptor se están moviendo tenemos:

$$f' = f \cdot \left(\frac{v_s \pm v_r}{v_s \mp v_e}\right)$$

Los signos de numerador y denominador dependen del sentido del movimiento de emisor y receptor (Figura 5.10).

El efecto Doppler también se observa en las ondas electromagnéticas. Esto lo saben bien los astrofísicos, que aplican el efecto para determinar si las estrellas se acercan o alejan de la tierra. Cuando las estrellas se alejan, la frecuencia de la luz que nosotros percibimos es más baja (efecto Doppler) y, por tanto, más rojiza. Por el contrario, cuando las estrellas se acercan, la frecuencia que percibimos es mayor y, por tanto, más azulada. Se dice que la luz tiene una «desviación» al rojo o al azul, en función de si el emisor se aleja o acerca respectivamente.

El efecto Doppler tiene numerosas aplicaciones prácticas. El sistema de navegación Doppler permite conocer cómo se mueve el avión respecto a tierra. El avión emite cuatro haces de ondas de radio hacia el suelo (Figura 5.11). En función de la frecuencia de la onda rebotada, se puede determinar si el avión se está acercando o alejando de esa zona del terreno.

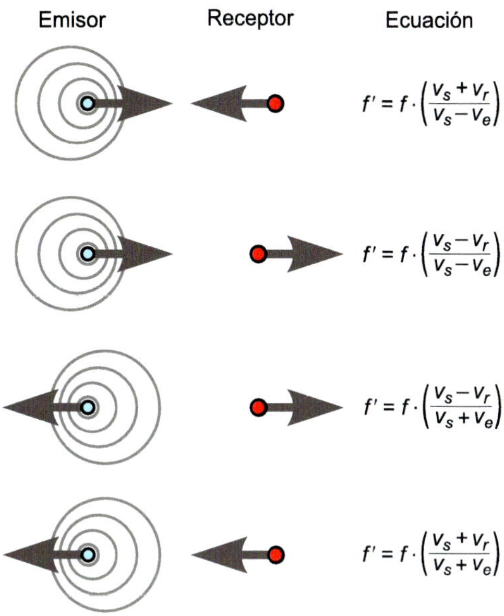

Figura 5.10. Frecuencia percibida por el receptor en función del movimiento relativo entre emisor y receptor, debido al efecto Doppler.

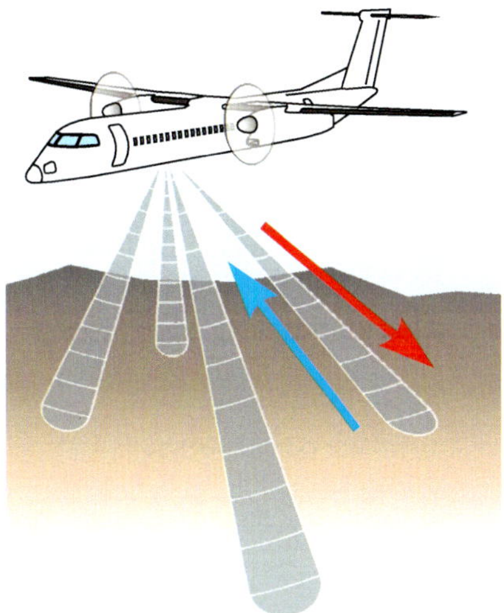

Figura 5.11. Sistema de navegación Doppler (Doppler navigation system). El avión emite una onda de una determinada frecuencia hacia el terreno. La onda rebota y vuelve hacia el avión. Si los receptores detectan un aumento de frecuencia, es que el avión se está moviendo en esa dirección.

Problemas resueltos

Estamos esperando a que se ponga verde el semáforo para cruzar la calle, cuando oímos la sirena de una ambulancia acercándose velozmente. Si la ambulancia avanza a 90 km/h y su sirena emite a 44 kHz, calcula:

- Frecuencia con la que percibiremos nosotros la onda ($v_s = 350$ m/s).
- Temperatura ambiente.

Solución

En primer lugar convertiremos la velocidad a m/s:

$$v_e = 90 \text{ km/h} \cdot \frac{1.000 \text{ m}}{1 \text{ km}} \cdot \frac{1 \text{ h}}{3.600 \text{ s}} = 25 \text{ m/s}$$

La ecuación que debemos emplear será:

$$f' = f \cdot \left(\frac{1}{1 - v_e/v_s}\right) = 44 \cdot \left(\frac{1}{1 - 25/350}\right) \Rightarrow$$

$$\Rightarrow f' = 47{,}38 \text{ kHz}$$

La temperatura se obtiene de la velocidad del sonido dada:

$$v_s = \sqrt{\gamma \cdot R' \cdot T} \Rightarrow T = \frac{v_s^2}{\gamma \cdot R'} = \frac{350^2}{1{,}4 \cdot 287} \Rightarrow$$

$$\Rightarrow T = 304{,}9 \text{ K} = 31{,}9 \text{ °C}$$

PREGUNTAS de repaso

5.1. Una onda ______________ es aquella en la que la dirección de vibración es perpendicular a la dirección de propagación.

5.2. El sonido es una onda ______________ (transversal/longitudinal) y ______________ (mecánica/electromagnética/gravitatoria).

5.3. ¿Qué tipo de ondas no necesitan un medio material para propagarse?

5.4. ¿Qué tipo de onda se genera cuando dejamos caer una piedra sobre un estanque en calma (concreta lo máximo posible)?

5.5. ¿Cuál es la longitud de onda de una onda de radio de 130 MHz?

5.6. Cuando dos ondas periódicas idénticas viajan en sentidos opuestos, se crea lo que se denomina una onda ______________. Esta onda resultante _____ (no/sí) se propagará; simplemente vibrará.

5.7. Para apreciar el fenómeno de la difracción, ¿cómo deberá ser el tamaño del obstáculo?

5.8. ¿Cómo afecta la compresibilidad de una sustancia a la velocidad con la que el sonido la atraviesa?

5.9. ¿Cuánto valdrá la velocidad del sonido a 11.000 m? ¿A qué velocidad se moverá un avión que vuele a Mach 1,8 a esa altura ($T_{11.000}$ = −56 °C)?

5.10. Un avión vuela a 920 km/h a 30.000 pies de altitud. Sabiendo que el gradiente térmico según la atmósfera estándar internacional es de $-6{,}5 \cdot 10^{-3}$ K/m, ¿cuál será su número de Mach?

5.11. La intensidad del sonido está ligada a la ______________ de la onda. El tono (más agudo o más bajo) del sonido está ligado a la ______________.

5.12. El ______________ nos dice que, si una fuente que emite ondas se acerca a nosotros, la frecuencia que percibimos será ____________ (menor/mayor) que la frecuencia con que la onda ha sido emitida.

5.13. Nos disponemos a cruzar un paso a nivel sin barrera con nuestro coche cuando escuchamos al tren pitando mientras se acerca, por lo que nos detenemos a esperar que pase. El tren avanza a 180 km/h y su silbato emite a 700 Hz. Si la temperatura es de 30 °C, ¿con qué frecuencia percibiremos nosotros las ondas de sonido provenientes del silbato? ¿Y cuándo se aleja?

5.14. Cuando los astrónomos dicen que la luz proveniente de una estrella tiene una «desviación al azul», ¿qué quieren decir?

SOLUCIONES A LAS PREGUNTAS DE REPASO

Unidad 1. La materia

1.1. La materia es todo aquello que ocupa un volumen y tiene una masa.

1.2. La masa se conserva durante las reacciones químicas: la masa antes de la reacción es igual a la masa después de la reacción. Es aplicable a todos los procesos salvo a los nucleares.

1.3. La masa se puede transformar en energía y la energía en masa, pero la suma de ambas deberá ser constante.

1.4. 92.

1.5. El átomo es la parte más pequeña en que la materia se puede dividir mediante procesos químicos, manteniendo su identidad y propiedades.

1.6. El número de protones que tiene un determinado elemento.

1.7. Halógenos, gases nobles y no metales.

1.8. Alcalinos, alcalinotérreos, metales de transición, lantánidos y actínidos.

1.9. Boro (B), silicio (Si), germanio (Ge), arsénico (Ar), antimonio (Sb), telurio (Te) y polonio (Po).

1.10. Período.

1.11. Tienen el mismo número de orbitales atómicos.

1.12. Tienen una valencia atómica igual.

1.13. Consta de un núcleo formado por protones (carga positiva) y neutrones (sin carga), y electrones (carga negativa) que se mueven en torno a dicho núcleo.

1.14. El protón y el neutrón tienen aproximadamente la misma masa, pero el protón tiene carga positiva y el neutrón no tiene carga. El protón tiene la misma carga que el electrón mas de sentido contrario, pero el electrón tiene una masa de 1/1.846 de la del protón.

1.15. Igual.

1.16. Variedades de un mismo elemento que se diferencian en el número de neutrones que poseen.

1.17. El átomo se vuelve inestable, por lo que se desintegra (desintegración radiactiva).

1.18. La masa total del núcleo.

1.19. Dalton consideraba que los átomos eran minúsculas partículas esféricas, indivisibles e inmutables, iguales entre sí en cada elemento químico.

1.20. Thomsom demostró que en el átomo existen unas diminutas partículas con carga eléctrica negativa a las que llamó electrones. Así dedujo que el átomo era una esfera de materia cargada positivamente, en cuyo interior estaban incrustados los electrones.

1.21. Rutherford demostró que los átomos no eran macizos, sino que estaban vacíos en su mayor parte, con un núcleo en el centro. Para Rutherford el átomo está formado por un núcleo positivo y una corteza donde se mueven los electrones.

1.22. Bohr estableció que los electrones se mueven en zonas o niveles bien definidos (orbitales y suborbitales).

1.23. Número principal (n): varían entre 1 y 7; número secundario, acimutal o de momento angular (l): toma los valores s, p, d y f; número cuántico magnético (m): toma valores entre −3, −2, −1, 0, +1, +2, +3, y spin (s): toma valores entre −1/2 y +1/2.

1.24. Número secundario, acimutal o de momento angular (l).

1.25. Número cuántico magnético.

1.26. El sentido de giro en torno a sí mismo del electrón.

1.27. 2.

1.28. $1s^2 2s^2 2p^6 3s^2 3p^6 4s^2 3d^{10} 4p^4$.

1.29. 2.

1.30. Gases nobles (8).

1.31. Los átomos que forman la molécula comparten sus electrones.

1.32. Entre los no metales.

1.33. Covalente y metálico.

1.34. La electronegatividad es la tendencia de un átomo para atraer los electrones hacia él.

1.35. El enlace iónico se da entre un metal y un no metal, en donde el metal (menos electronegativo) dona uno o más electrones formando un catión (ion positivo) y el no metal (más electronegativo) los recibe, formando un anión (ion negativo).

1.36. Duros, frágiles, y con altas temperaturas de fusión y ebullición.

1.37. Bajas y parecidas.

1.38. Restos positivos.

1.39. La nube electrónica.

1.40. Los metales son reductores (poca electronegatividad: tendencia a ceder electrones), por lo que se oxidan; tienen un color y brillo característico; alta conductividad eléctrica y térmica; densidad elevada; capacidad de conformado sin rotura (al contrario que los sólidos iónicos), y elevadas temperaturas de fusión y ebullición.

1.41. El plasma es un estado de agregación en donde parte de las partículas de un gas están ionizadas, permaneciendo en desequilibrio.

1.42. Sólido y líquido.

1.43. Las sustancias isótropas son aquellas cuyas propiedades físicas no dependen de la dirección en que se observen; lo contrario a la anisotropía.

1.44. Se debe a la atracción mutua de las moléculas de un líquido.

1.45. Es debido a la capilaridad. Las moléculas de agua se ven atraídas por las de vidrio, por lo que ascienden por el tubo, hasta que el peso de la columna de agua se iguala a la fuerza intermolecular agua-vidrio.

1.46. Menor.

1.47. La temperatura de ebullición varía en función de la naturaleza del líquido en cuestión y de la presión a la que se le someta (a mayor presión, mayor temperatura de ebullición).

1.48. Sublimación.

Unidad 2. Mecánica

2.1. Estática, cinemática y dinámica.

2.2. No hay variaciones a lo largo del tiempo.

2.3. Módulo, dirección y sentido.

2.4. Vectoriales: fuerza, momento, velocidad, aceleración; escalares: temperatura, trabajo, resistencia eléctrica, masa, tiempo (por ejemplo).

2.5. A (7, –1).

2.6. Son vectores que tienen la dirección de cada eje cartesiano (ortogonal), sentido hacia los valores positivos y módulo la unidad. Son i (eje x), j (eje y) y k (eje z).

2.7. –2i + 3j; 5i + 3j + 2k; –i + 4k; j.

2.8.

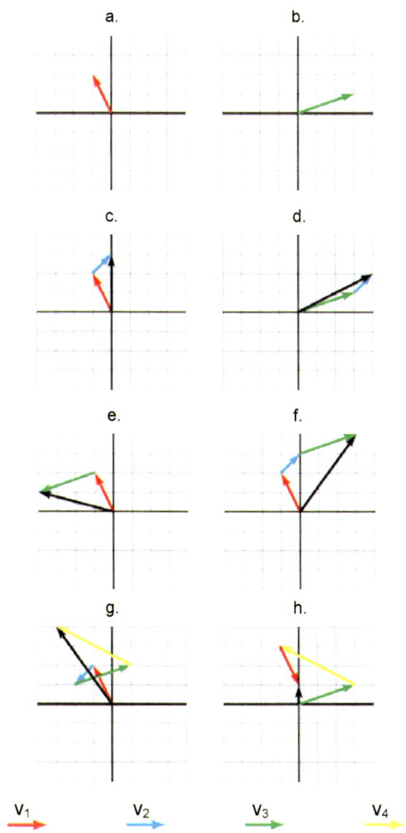

2.9. a. (–3, 5); b. (2, 7); c. (–5, –2); d. (–1, 8); e. (–1, 0); f. (–1, 0, 8); g. (1, –3, 3); h. (–2, 3, 5); i. (0, 0, 9); j. (0, 6, 5).

2.10. 4; 12; –3, 9.

2.11. –6 k.

2.12. (–3, –2).

2.13. –4 k N · m; 35,36 lb · in.

2.14. Centro de gravedad.

2.15. Centroide (2, 4/3).

2.16. Esfuerzo = 190.985 Pa; deformación = 0,954 mm.

2.17. Si un conjunto de fuerzas provoca una deformación elástica en una pieza, cuando estas fuerzas cesan, la pieza recobra su forma original. Si la deformación es plástica, no recobrará su forma original, quedando con una deformación permanente.

2.18. E = 5,67 (con la misma unidad en la que se represente el esfuerzo en la gráfica).

2.19. Siempre que hay una deformación plástica, hay también una elástica que se recupera al cesar las fuerzas que han provocado la deformación.

2.20. Ductilidad; maleabilidad.

2.21. Tenaz; frágil.

2.22. Resistencia de un sólido a ser rayado por otro. La resistencia de un material a ser penetrado por otro.

2.23. Duros.

2.24. Flexibilidad.

2.25. Propiedad de los líquidos que caracteriza su resistencia a fluir.

2.26. Volatilidad; se evaporan más fácilmente porque la presión es menor.

2.27. Al peso de la columna de aire que tenemos sobre nuestras cabezas.

2.28. P (4.500m) = 57.709 Pa.

2.29. 7.918 m.

2.30. 288 K, o 15° C.

2.31. 677,5 mmHg = (26,67 inHg).

2.32. 1 cm.

2.33. 16 m; 8 m/s.

2.34. 800 s (13 minutos y 20 segundos); no, lo atraparán cuando queden 1,11 km para la meta.

2.35. 6 minutos y 18,72 segundos; el ciclista recorrerá 3,787 km y el tractor, 4,213 km.

2.36. 3,53 s; 40,31 m/s

2.37. –2,77 m/s^2; 24 s.

2.38. 16,2 m; 0,88 s; 9,16 m/s.

2.39. t = 4,62; si golpeara el árbol: x = 64,26 m.

2.40. 151,25 m; 5 m/s; 23,96 s.

2.41. 7.500 m; 300 m/s; 118,5 s.

2.42. 200 m; 40 m/s (144 km/h).

2.43. 20 m/s.

2.44. 4,5 s.

2.45. 46,9 km/h.

2.46. 7,272 · 10^{-5}; 463,3 km/h; 203,3 km.

2.47. 1.587,3 m.

2.48. 20,86 s^{-2}; 26 vueltas 201° 31′ 10,8″; 50,07 s^{-1}; 6,944 m/s^2; 2.317 m/s^2.

2.49. –10,43 s^{-2}; 52 vueltas 348° 7′ 19,7″.

2.50. Centrípeta; centrífuga.

2.51. Con solo una ecuación armónica como el seno o el coseno.

2.52. 17,3 s^{-1}; 1,8 N; 0,519 m/s; 8,98 m/s^2; 0,171 m; 2,75 Hz.

2.53. 1,55 s.

2.54. 253,3 mm; el reloj se atrasaría 7,1 segundos por cada hora.

2.55. Cuando las fuerzas que actúan sobre dicho objeto tienen la misma frecuencia y fase que la frecuencia natural de vibración de este.

2.56. Mayor; menor.

2.57. A mayor espesor, mayor frecuencia natural y menor amplitud en la oscilación

2.58. Plano inclinado, palanca, polea, rueda, tornillo.

2.59. 1,6 m.

2.60. Primer; tercer; segundo.

2.61. 33,66 kgf; VM = 1,485; η = 74,27%.

2.62. El coeficiente de rozamiento es independiente de la superficie de contacto.

2.63. 20 kg; 10 m; VM = 2.

2.64. 60 kg; 18 minutos y 40 s; VM = 1/8 = 0,125.

2.65. 1: 2,15.

2.66. 12,04 rpm; 28,2: 1; 2.259,13 N · m.

2.67. 6,86 rpm; 1: 3,5.

2.68. VMR = 1,923; η = 96,15%.

2.69. Masa es la cantidad de materia que tiene un cuerpo. Peso es la fuerza con que la tierra atrae a ese cuerpo.

2.70. 278,21 N (28,36 kgf).

2.71. 2.639 km.

2.72. 1,622 m/s^2; 146 N (14,88 kgf).

2.73. 3,91 · 10^6 N (398.657 kg); 7.671 m/s; 1 h 32 min 26 s.

2.74. Ley de la inercia; ley de la fuerza; principio de acción y reacción.

2.75. Magnitud que da información sobre la «diferencia de energía que manifiesta un cuerpo al pasar entre dos estados o puntos».

2.76. 72 kJ.

2.77. 20 kJ; 66,6 w.

2.78. 503,2 N · m (4.452 lb · in); 5.032,1 N · m (44.521,8 lb · in).

2.79. Aquel en el que el trabajo realizado por una fuerza en una trayectoria cerrada es cero.

2.80. 16 kJ.

2.81. 0,9 J.

2.82. 1,1 s; 13,18 kw (17,9 CV); 24 kN.

2.83. 4.000 J; 200 kg · m/s.

2.84. De la cantidad de movimiento de las partículas que forman dicho cuerpo.

2.85. 20 m/s; 20 J.

2.86. 120 kg · m/s.

2.87. 2.500 kg · m/s; 312,5 kJ.

2.88. $2{,}66 \cdot 10^{40}$ kg · m^2/s.

2.89. 3.065,54 m/s; $5{,}1956 \cdot 10^{13}$ kg · m^2/s.

2.90. $1 \cdot 10^9$ kg · m^2/s; $1{,}02 \cdot 10^9$ kg · m^2/s.

2.91. Se multiplicará por 16.

2.92. 26,66 s; 540 kJ; 4,03 s^{-2}.

2.93. El momento de inercia del cuerpo.

2.94. 0,019 s^{-1}.

2.95. Cuatro veces mayor.

2.96. Que la precesión será nula. No habrá precesión.

2.97. Precesión.

2.98. Rigidez

2.99. Nutación.

2.100. Tribología.

2.101. Menor.

2.102. 0,24; 0,1.

2.103. Cero.

2.104. 0,2; 48 cm^2.

2.105. Mayor; menor; mayor.

2.106. Menor.

2.107. Menor.

2.108. 1,245 kg/dm^3.

2.109. Viscosidad.

2.110. Relación entre la fuerza aplicada para mover a un fluido y la velocidad que este alcanza; poise (g/cm · s), centipoise, Pa · s.

2.111. El viscosímetro consta de un cilindro fijo exterior y otro giratorio interior denominado rotor, que es accionado por una pesa que lo hace girar. La sustancia que se vaya a analizar se introduce en el hueco existente entre ambos cilindros. Mediré el tiempo que necesita el rotor para dar 100 vueltas. Cuanta mayor sea la viscosidad, más tiempo necesitará.

2.112. La viscosidad absoluta entre la densidad del fluido; *stokes* (cm^2 · s), *centistokes,* m^2/s.

2.113. Comercial.

2.114. Menor.

2.115. Mayor.

2.116. Líneas de corriente que se adaptan al contorno de los cuerpos sobre los que se mueve el fluido.

2.117. Líneas de corriente desordenadas siguiendo trayectorias aleatorias.

2.118. La presión ejercida por un fluido incompresible y en equilibrio dentro de un recipiente de paredes indeformables se transmite con igual intensidad en todas las direcciones y en todos los puntos del fluido.

2.119. 2 N.

2.120. 10 cm.

2.121. La presión total de un fluido ideal que circula por un conducto cerrado se mantiene constante siempre que no se aporte o extraiga trabajo del mismo.

2.122. A la suma de la altura de posición z y la altura de presión $P/\rho \cdot g$.

2.123. Disminuye; aumenta.

2.124. 11.300 Pa.

2.125. De pitot; piezométrico.

2.126. La velocidad es nula, por lo que toda la presión estática se habrá convertido en dinámica.

2.127. Densidad, velocidad, longitud.

2.128. 2.000; 4.000.

2.129. Inercia; fricción (viscosidad).

2.130. Anemómetro.

2.131. Cuando un futbolista o tenista golpean la pelota de forma sesgada, provocan que esta empiece a girar sobre sí misma, por lo que aparece una diferencia de presiones entre el lado izquierdo y el derecho, haciendo que la trayectoria no sea recta: tiro «con efecto».

2.132. Mayor.

Unidad 3. Termodinámica

3.1. Parte de la física que estudia las relaciones entre el calor y las restantes formas de energía.

3.2. Mayor.

3.3. Cuando se ponen en contacto dos cuerpos a distintas temperaturas, pasado un tiempo, la temperatura de ambos se igualará, alcanzando el equilibrio térmico.

3.4. Si un cuerpo A está en equilibrio térmico con un cuerpo C y un cuerpo B también está en equilibrio térmico con el cuerpo C, entonces los cuerpos A y B están en equilibrio térmico entre sí (principio cero de la termodinámica).

3.5. Cuando la temperatura aumenta, el mercurio encerrado dentro de un tubo capilar se dilata, «subiendo» por dicho capilar una distancia proporcional a su temperatura.

3.6. 27,7 °C.

3.7. 307,4.

3.8. 506 °R.

3.9. 32 °F; 0° C; 273 K; 492 °R.

3.10. Exotérmica; endotérmica.

3.11. 588 kJ.

3.12. 14.789 J/kg · K.

3.13. Extensiva.

3.14. Las partículas más calientes y ligeras suben y las más frías y pesadas bajan.

3.15. De la temperatura.

3.16. Conducción, convección y radiación.

3.17. 14,974 m.

3.18. Variables de estado.

3.19. Un sistema termodinámico puede intercambiar energía con su entorno en forma de calor y/o trabajo, acumulándola en forma de energía interna (temperatura).

3.20. No es posible construir una máquina térmica que transforme íntegramente todo el calor absorbido en trabajo. No es posible el paso de calor de un cuerpo frío a uno caliente sin realizar trabajo.

3.21. El cero absoluto no se puede alcanzar por ningún procedimiento que conste de un número finito de pasos.

3.22. 24,3%.

3.23. Magnitud termodinámica que mide la parte no utilizable de la energía contenida en un sistema; J/K.

3.24. Mayor; menor.

3.25. Se doblará.

3.26. Doblarse.

3.27. Se doblará.

3.28. 9,44 atm.

3.29. Disminuye hasta los 1,71 l; permanece constante e igual a la presión exterior.

3.30. 0,7547 kg/m^3.

3.31. 71,8 kJ; el trabajo será nulo ya que no existe desplazamiento al ser el recipiente indeformable.

3.32. 229,6 kJ.

3.33. 202,65 J.

3.34. 12,05 kJ; endotérmico.

3.35. Aquella donde no hay intercambio de calor con el exterior.

3.36. 18,37 atm; 56,4%.

3.37. Admisión isóbara, compresión adiabática, explosión isócora, expansión adiabática, enfriamiento isócoro, escape isóbaro.

3.38. Mayor; menor; mayor; menor.

3.39. Ciclo Brayton.

3.40. Presión.

3.41. Entropía.

3.42. Exotérmica; endotérmica.

3.43. 40%.

3.44. 1.020 kJ; 0,042 €.

3.45. Poder calorífico.

Unidad 4. Óptica

4.1. Que se comporta como una onda (reflexión, refracción y difracción) pero también como un corpúsculo (efecto fotoeléctrico).

4.2. Infrarrojas; ultravioletas.

4.3. $3 \cdot 10^8$ m/s.

4.4. La velocidad de la luz en el vacío dividido entre la velocidad de la luz en un medio determinado.

4.5. Reflexión especular; reflexión difusa.

4.6. Concentrará.

4.7. Aberración esférica.

4.8. 25 cm.

4.9. 171,4 mm; virtual.

4.10. A una distancia mayor que la distancia focal, esto es, «detrás» del foco.

4.11. 3 m.

4.12. Alejará.

4.13. 48,6°. Toda la energía de la onda se refleja; nada se refracta.

4.14. $n_1 \cdot \text{sen}\theta_1 = n_2 \cdot \text{sen}\theta_2$, en donde n son los índices de refracción y θ el ángulo que forma el rayo con la normal a la superficie.

4.15. Se debe a que la velocidad con la que las ondas de luz atraviesan una sustancia (agua en este caso) depende de la longitud de onda de estas. Esto provoca que cada onda que compone la luz blanca (cada color) se refracte con ángulos distintos, separándose.

4.16. Menor.

4.17. Divergentes.

4.18. Convergentes.

4.19. Mayor.

4.20. $2 \cdot 10^8$ m/s.

4.21. 90 cm; a 85 cm del suelo.

Unidad 5. Movimiento ondulatorio y sonido

5.1. Transversal.

5.2. Longitudinal; mecánica.

5.3. Electromagnéticas y gravitatorias.

5.4. Mecánica, transversal, bidimensional y no periódica.

5.5. 2,307 m

5.6. Estacionaria; no.

5.7. Del mismo orden de magnitud que la longitud de onda.

5.8. Cuanto mayor sea la compresibilidad, menos será la velocidad del sonido.

5.9. 295 m/s (1.062 km/h); 531 m/s (1.911,6 km/h).

5.10. M = 0,84.

5.11. Amplitud; frecuencia.

5.12. Efecto Doppler; mayor.

5.13. 817 Hz; 612,2 Hz.

5.14. Que la estrella se está acercando y, debido al efecto Doppler, la longitud de la onda que percibimos disminuye, haciendo azulada la luz.

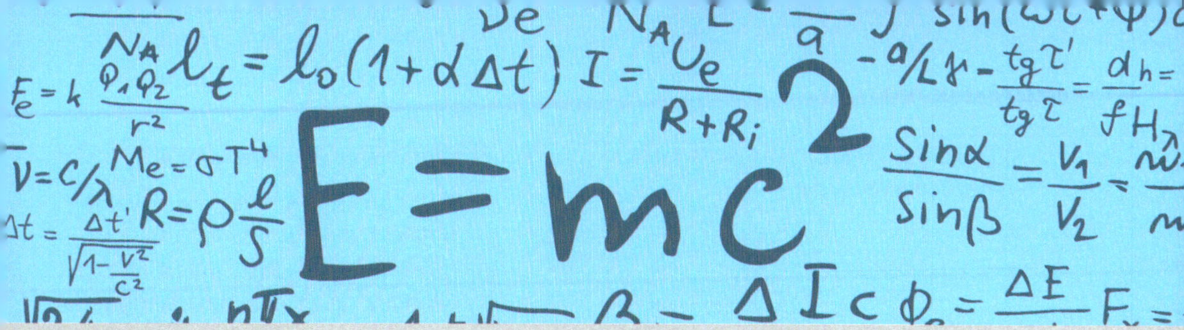

PREGUNTAS DE TEST

1. Una fuerza de 10 millones de Newtons se expresa numéricamente como:

   A. 1 MN

   B. 10.000 kN

   C. 10.000.000 MN

2. La unidad de energía en el sistema internacional es el:

   A. Pascal (Pa)

   B. Vatio (w)

   C. Julio (J)

3. El número de Reynolds es inversamente proporcional a:

   A. La velocidad del fluido.

   B. La viscosidad cinemática del fluido.

   C. La densidad del fluido.

4. Un átomo con tres electrones en la capa de valencia se denomina:

   A. Trivalente

   B. Covalente

   C. Pentavalente

5. La gravedad específica de una sustancia se define como:

   A. La densidad de la sustancia dividida entre la densidad del agua

   B. La densidad de la sustancia multiplicada por la densidad del agua

   C. La densidad de la sustancia al cuadrado multiplicada por la densidad del agua

6. La energía cinética de un avión de 2 toneladas de peso que avanza a 2 m/s es de:

   A. 2 kJ

   B. 4 kJ

   C. 8 kJ

7. El número atómico de un elemento es:

   A. El número de protones o de electrones

   B. El número de protones más el de neutrones

   C. El número de neutrones

8. La cantidad de movimiento de una masa de 2 g que se mueve a una velocidad de 10 cm/s es de:

   A. 0,0002 kg · m/s

   B. 20 kg · m/s

   C. 5 kg · m/s

9. Cuando se juntan dos moléculas de hidrógeno molecular H_2 con una de oxígeno molecular O_2, se obtiene:

   A. H_2O

   B. $2H_2O_2$

   C. $2H_2O$

10. Si el período de una onda es de 10 μs, su frecuencia será de:
    A. 10 kHz
    B. 1 MHz
    C. 100 kHz
11. El calor específico a presión constante de un gas es:
    A. Igual que el calor específico a volumen constante
    B. Menor que el calor específico a volumen constante
    C. Mayor que el calor específico a volumen constante
12. Un Newton equivale a:
    A. 1 J/s
    B. 1 kg · m/s^2
    C. 1 kgf
13. Un aumento de 1 °C equivale a un aumento en la escala Fahrenheit de:
    A. 0,911 °F
    B. 33 °F
    C. 1,8 °F
14. En una compresión adiabática:
    A. Aumenta la energía cinética del sistema
    B. No hay transferencia de calor
    C. Se entrega calor a los alrededores
15. Al vector suma de otros dos se le denomina:
    A. Componente
    B. Resultante
    C. Equipolente
16. En el sistema internacional, la unidad de masa es:
    A. Libra (lb)
    B. Gramo (g)
    C. Kilogramo (kg)
17. El calor latente se define como:
    A. Calor que se necesita para elevar la temperatura 1 °C de una sustancia
    B. Calor necesario para cambiar el estado de agregación de una sustancia
    C. Calor necesario para elevar la temperatura de un 1 kg de sustancia 1 K
18. Cuando el flujo es turbulento, el número de Reynolds tiene un valor:
    A. De menos de 2.000
    B. Entre 2.000 y 4.000
    C. De más de 4.000
19. Una unidad térmica británica (BTU) equivale a:
    A. 1.055 J
    B. 1.055 kJ
    C. 1.055 cal
20. Si se sumerge un objeto en líquido, su peso:
    A. Aumenta
    B. Disminuye
    C. Permanece constante
21. Un cuerpo en reposo se empieza a mover alcanzando una velocidad de 84 m/s transcurridos 3 segundos. Su aceleración será de:
    A. 28 m/s
    B. 14 m/s
    C. 252 m/s
22. La velocidad del sonido en el aire a 0 °C es de aproximadamente:
    A. 331 m/s
    B. 181 m/s
    C. 3 · 10^8 m/s
23. ¿A qué profundidad deberemos sumergirnos en agua para estar sometidos a una presión de 1 bar?
    A. 9,81 m
    B. 11,09 m
    C. 10,19 m

24. La tensión que soporta una estructura se calcula como:

A. La carga multiplicada por la sección

B. La carga dividida entre la sección

C. La sección dividida entre la carga

25. ¿Qué sucederá si una onda que viaja desde un punto A hasta un punto B se encuentra con otra idéntica que viaja desde el punto B hacia el punto A?:

A. Se generará una onda estacionaria

B. Las ondas se cancelarán una a otra

C. Las ondas no se afectarán entre sí

26. En una lente cóncava, la imagen será:

A. Real

B. Virtual

C. Unas veces real, otras virtual

27. Por un tubo de 5 cm^2 circula aire a 10 m/s. La velocidad, al atravesar un estrechamiento de 2 cm^2, será:

A. 20 m/s

B. 25 m/s

C. 50 m/s

28. Un líquido que fluye lentamente tendrá una viscosidad:

A. Baja

B. Media

C. Alta

29. El núcleo de un átomo está formado por:

A. Protones y electrones

B. Protones y neutrones

C. Neutrones y electrones

30. El máximo número de electrones que se pueden alojar en la capa de valencia de un átomo es de:

A. 2

B. 4

C. 8

31. La temperatura es una medida de:

A. La cantidad de calor de una sustancia

B. La vibración de las partículas de una sustancia

C. La fricción entre dos superficies

32. En una bomba de calor el refrigerante se enfría en:

A. El condensador

B. El evaporador

C. La válvula de expansión

33. La velocidad de precesión de un giróscopo es:

A. Directamente proporcional a la velocidad de giro del volante

B. Inversamente proporcional al cuadrado del radio del volante

C. Inversamente proporcional al cuadrado de la velocidad de giro del volante

34. El cambio de dirección en la refracción de un rayo de luz se debe a un cambio de:

A. Velocidad

B. Frecuencia

C. Intensidad

35. La masa del protón es prácticamente igual a la masa de:

A. Una partícula beta

B. Un electrón

C. Un neutrón

36. La sustancia que retarda o ralentiza una reacción química sin intervenir en la misma se denomina:

A. Catalizador

B. Inhibidor

C. Enfriador

37. La sustancia que acelera una reacción sin intervenir en la misma se denomina:

A. Catalizador

B. Inhibidor

C. Acelerador

38. Cuando un rayo de luz se mueve por una fibra óptica de índice de refracción 1,5, su velocidad será:

A. 200.000 km/s

B. 300.000 km/s

C. 400.000 km/s

39. El índice de refracción del núcleo de una fibra óptica multimodo escalonada:

A. Es constante en todo su diámetro

B. Aumenta progresivamente desde el perímetro al centro

C. Disminuye progresivamente desde el centro al perímetro

40. La Ley de Estado de Charles estipula que:

A. El volumen es directamente proporcional a la temperatura

B. El volumen es inversamente proporcional a la temperatura

C. El volumen es igual al producto de la presión por la temperatura

41. La Ley de Estado de Boyle estipula que:

A. La presión es directamente proporcional al volumen

B. La presión es inversamente proporcional al volumen

C. La presión es igual a la temperatura dividida entre el volumen

42. El calor no se puede transmitir por convección en:

A. Sólidos

B. Líquidos

C. Gases

43. En un espejo:

A. Toda la luz se refleja

B. Parte de la luz se refleja y parte se refracta o absorbe

C. Todo se refracta

44. Si el nivel más externo de un átomo está completo, el elemento será:

A. Inestable o reactivo

B. Un buen conductor de electricidad o calor

C. Prácticamente inerte

45. ¿Qué ley describe la relación entre la energía potencial, cinética y presión?:

A. Bernoulli

B. Charles

C. Tercera Ley de Newton

46. El oxígeno tiene una valencia de:

A. 2

B. 4

C. 6

47. Se denominan isótopos a los átomos con diferente número de:

A. Protones

B. Neutrones

C. Electrones

48. Un proceso termodinámico en que la presión no varía se denomina:

A. Isócoro

B. Isóbaro

C. Isótropo

49. Una aeronave recorre 1.350 millas en 2 h y 15 min. ¿Cuál ha sido su velocidad media?:

A. 150 mil/h

B. 600 mil/h

C. 900 mil/h

50. Un muelle se expande y se contrae 7 cm y 20 veces en un minuto. ¿Cuál será el período?:

A. 1/3 s

B. 3 s

C. 7 cm

51. Un ciclista se pone en marcha tras detenerse en un semáforo y alcanza los

36 km/h en 4 s. Su aceleración habrá sido de:

A. 2,5 m/s^2
B. 4 m/s^2
C. 9 m/s^2

52. En la mayoría de los casos, cuando calentamos un líquido, este se expande:

A. Más que un sólido
B. Menos que un sólido
C. Más que un gas

53. Si la presión a la que sometemos un líquido aumenta, manteniendo constante su temperatura, su volumen:

A. Aumenta
B. Disminuye
C. Permanece constante

54. ¿A qué equivale 1 BTU/lb?

A. 9,18 J/kg
B. 2.326 J/kg
C. 4.128 J/kg

55. La distancia focal de un espejo es:

A. Igual al radio
B. El doble del radio
C. La mitad del radio

56. Una presión de 1 bar equivale a:

A. 750 mmHg
B. 700 mmHg
C. 1.000 mmHg

57. Un recipiente contiene 25 ml de agua produciendo en su fondo una presión de 10 kPa. Si se añaden 125 ml más al recipiente, ¿cuál será la presión en el fondo del recipiente?

A. 40 kPa
B. 50 kPa
C. 60 kPa

58. El período de una onda de 4 Hz será de:

A. 4 s
B. 0,25 s
C. 8 s

59. ¿Qué distancia puede recorrer la luz por el espacio en un año?:

A. $9{,}46 \cdot 10^{15}$ m
B. $1{,}5 \cdot 10^{15}$ m
C. $3 \cdot 10^{15}$ m

60. Dos ondas de sonido idénticas se propagan desfasadas una longitud igual a la mitad de la longitud de onda. ¿Qué percibiremos cuando alcancen nuestra posición?

A. Nada, silencio
B. Un sonido con el doble de intensidad que el de las ondas
C. Un sonido con la mitad de intensidad que el de las ondas

61. Un tubo de pitot percibe presión:

A. Estática
B. Dinámica
C. Total

62. Para apretar una tuerca, se realiza una fuerza de 50 lb empleando una llave de 12 pulgadas. El par realizado será de:

A. 50 lb · ft
B. 600 lb · ft
C. 14 kg/m

63. Se tienen dos gatos hidráulicos funcionando a la misma presión. Si el primero tiene la mitad de sección que el segundo, entonces:

A. El segundo empuja con la mitad de fuerza que el primero
B. El segundo empuja con el doble de fuerza que el primero
C. Ambos empujarán con la misma fuerza

64. Para dar un par de 50 lb · in a un perno, se emplea un alargador de 2 pulgadas montado en una llave dinamométrica de 8 pulgadas. ¿Qué lectura observaré en el indicador de la llave dinamométrica cuando el par en el perno sea de 50 lb · in?:

A. 54 lb · in
B. 44 lb · in
C. 40 lb · in

65. Un compresor aumenta la energía:
    A. Cinética
    B. Potencial
    C. Química

66. La transición de estado sólido a gaseoso se denomina:
    A. Licuefacción
    B. Sublimación
    C. Conversión

67. La energía necesaria para elevar en 1 °C la temperatura de una masa de 1 g de agua es:
    A. 1 J
    B. 1 cal
    C. 1 BTU

68. La energía necesaria para elevar 1 °F la temperatura de una masa de 1 lb de agua es:
    A. 1 BTU
    B. 1 ft · lb
    C. 1 cal

69. Un HP equivale a:
    A. 735,5 w
    B. 745,5 w
    C. 760 w

70. El tiempo que tarda en alcanzar el suelo un cuerpo en caída libre desde 20 m de altura es:
    A. 2 s
    B. 2,6 s
    C. 4 s

71. Un eje gira a 1.200 rpm, que equivalen a:
    A. $40 \cdot \pi$ rad/s
    B. $20 \cdot \pi$ rad/s
    C. $10 \cdot \pi$ rad/s

72. Una máquina tiene una ventaja mecánica de 10 y una relación de velocidades de 20. La eficiencia de la máquina será de:
    A. 1,5%
    B. 3%
    C. 50%

73. La fuerza que actúa sobre un cuerpo y lo hace seguir una trayectoria circular se denomina:
    A. Centrífuga
    B. Centrípeta
    C. De inercia

74. Una temperatura de 50 °F equivale a:
    A. 10 °C
    B. 14 °C
    C. 16 °C

75. El calor se define como:
    A. Energía almacenada en un cuerpo caliente
    B. Efecto de la vibración de las partículas de los cuerpos
    C. Energía que se transmite entre dos cuerpos a distintas temperaturas

76. Para detener un avión de 4 Tm, durante el aterrizaje, se emplean 1.200 kJ. Si sus frenos provocan una fuerza de 5 kN para detener el avión, ¿qué longitud de pista habrá empleado?:
    A. 60 m
    B. 240 m
    C. 300 m

77. Cuando un átomo pierde un electrón, se forma:
    A. Un isótopo
    B. Un catión
    C. Un ion negativo

78. El calor del Sol llega a la Tierra por:
    A. Conducción
    B. Convección
    C. Radiación

79. El módulo de Young es:
    A. La deformación dividida entre el esfuerzo
    B. El esfuerzo dividido entre la deformación
    C. El esfuerzo por la deformación

80. Un cuerpo que gira a 4 rad/s siguiendo una trayectoria circular de 8 m de radio tiene una velocidad de:

A. 0,5 m/s

B. 2 m/s

C. 32 m/s

81. Para mover 20 m una masa de 80 kg, se realiza una fuerza de 40 N. El trabajo realizado será de:

A. 3,2 kJ

B. 800 J

C. 1,6 kJ

82. ¿Cuál será la presión ejercida por el agua en el fondo de una piscina olímpica de 50 m de largo, 25 de ancho y 2 m de profundidad?:

A. 20 kPa

B. 16 kPa

C. 12 kPa

83. Un avión reposta 2.400 kg de combustible cuya gravedad específica es de 0,8. ¿Cuántos litros de combustible ha repostado?:

A. 1.920 l

B. 3.000 l

C. 3.400 l

84. Un proceso termodinámico que se produce sin intercambio de calor con el exterior se denomina:

A. Isócoro

B. Isotermo

C. Adiabático

85. Para escaparse del pelotón, un ciclista aumenta su velocidad desde los 40 km/h hasta los 47,2 km/h empleando 2 s. Su aceleración será:

A. 1 m/s^2

B. 2 m/s^2

C. 4 m/s^2

86. En un espejo plano, el ángulo de reflexión es:

A. Mayor que el de incidencia

B. Menor que el incidencia

C. Igual al de incidencia

87. Un cuerpo que se deja caer desde 10 m alcanzará el suelo transcurridos:

A. 1 s

B. 1,4 s

C. 2 s

88. Una temperatura de 800 K es igual a:

A. 527 °C

B. 673 °C

C. 1.073 °C

89. El número de electrones de un elemento es igual al número de:

A. Protones

B. Neutrones

C. Protones más neutrones

90. Un electrón tiene carga:

A. Positiva

B. Negativa

C. Neutra

91. Cuando realizo cálculos con la Ley de Charles, la temperatura deberá expresarse en:

A. °C

B. °F

C. K

92. ¿Cuál es la diferencia entre el hidrógeno, el deuterio y el tritio?:

A. El número de protones

B. El número de neutrones

C. El número de electrones

93. Las calorías que tiene 1 J son:

A. 4,186 cal

B. 0,239 cal

C. 252 cal

94. Un motor eléctrico con una eficiencia del 80% proporciona 6,4 kw. ¿Cuánta energía necesita para funcionar 10 s?:

A. 800 J

B. 51,2 kJ

C. 80 kJ

95. Si la temperatura de un sistema es de 50 °F y aumenta 1 °C, la temperatura final será de:

A. 50,9 °F

B. 51,8 °F

C. 52,4 °F

96. Una masa de 5 kg pesa:

A. 7,45 lb

B. 11 lb

C. 12,4 lb

97. Una aeronave que vuela a 200 kn tiene una velocidad de:

A. 290 km/h

B. 300 km/h

C. 370,4 km/h

98. Un vehículo recorre 8 millas en 4 minutos. Su velocidad será de:

A. 2 mph

B. 32 mph

C. 120 mph

99. «Todo cuerpo tiende a mantener su estado de reposo o movimiento uniforme y rectilíneo a no ser que sea obligado a cambiar su estado por fuerzas ejercidas sobre él». Este es el enunciado de la:

A. Primera Ley de Newton

B. Segunda Ley de Newton

C. Tercera Ley de Newton

100. La expresión $F = m \cdot a$ deriva de la:

A. Primera Ley de Newton

B. Segunda Ley de Newton

C. Tercera Ley de Newton

101. Un tubo de Venturi:

A. Se estrecha en el centro

B. Se estrecha en los extremos

C. Tiene forma cónica

102. La imagen obtenida en una lente divergente es:

A. Real

B. Virtual

C. Negativa

103. Si un rayo de luz pasa del aire al agua, el ángulo de refracción será:

A. Mayor que el de incidencia

B. Menor que el de incidencia

C. Igual al de incidencia

104. La densidad de los líquidos se obtiene con una temperatura y presión estándar de:

A. 0 °C y 760 mmHg

B. 4 °C y 760 mmHg

C. 15 °C y 760 mmHg

105. El estado en el que el agua está en un estado energético mayor es el:

A. Hielo

B. Líquido

C. Vapor

106. Se está calentando 1 l de agua a una altura de 2.000 m. La temperatura de en ebullición será:

A. Mayor que a nivel del mar

B. Menor que a nivel del mar

C. Igual que a nivel del mar

107. ¿Cuál de las siguientes ondas es longitudinal?:

A. Sonido

B. Luz

C. Radio

108. La viscosidad de un líquido aumenta si la temperatura:

A. Aumenta

B. Disminuye

C. La viscosidad no depende de la temperatura

109. La suma de las fuerzas (3, 0) N y (0, 4) N será:

A. 1 N
B. 5 N
C. 7 N

110. ¿Cuántos elementos se encuentran en la tierra de forma natural?:

A. 92
B. 103
C. 118

111. La parte más pequeña en la que se puede dividir la materia mediante procesos químicos, manteniendo su identidad y propiedades, es:

A. El protón
B. El átomo
C. La molécula

112. El litio es un metal:

A. De transición
B. Alcalino
C. Halógeno

113. Los períodos de la tabla periódica de los elementos son sus:

A. Filas
B. Columnas
C. Grupos

114. Los elementos de un mismo período tienen:

A. El mismo número de orbitales atómicos
B. La misma valencia atómica
C. La misma afinidad electrónica

115. Los elementos de una misma columna tienen:

A. Masas similares
B. La misma valencia atómica
C. El mismo diámetro

116. La masa del electrón es:

A. Igual a la del protón
B. Igual a la del neutrón
C. 1/1.846 de la del protón

117. El número atómico es el número de:

A. Protones de un átomo
B. Electrones de un átomo
C. Protones o electrones de un átomo

118. Protio, deuterio y tritio son:

A. Iones del hidrógeno
B. Isótopos del hidrógeno
C. Compuestos de hidrógeno

119. La masa atómica es:

A. La suma de la masa de los protones que tenga un átomo
B. La suma de la masa de los neutrones que tenga un átomo
C. La suma de la masa de los protones y neutrones que tenga un átomo

120. Átomos con elevada masa atómica tendrán elevada:

A. Densidad
B. Temperatura de fusión
C. Conductividad eléctrica

121. El número cuántico principal de un átomo puede variar entre:

A. 1 y 7
B. s, p, d y f
C. −3 y +3

122. La orientación de un suborbital atómico está determinada por:

A. El número cuántico principal
B. El número cuántico magnético
C. El spin

123. En un orbital atómico d caben un máximo de:

A. 6 electrones
B. 10 electrones
C. 14 electrones

124. Las características químicas y eléctricas de los átomos está determinada fundamentalmente por:
   A. El número de electrones de valencia
   B. El número de neutrones del elemento
   C. La masa atómica

125. La valencia del germanio (número atómico de 32) es de:
   A. 2
   B. 4
   C. 6

126. El agua es la unión de dos átomos de hidrógeno con uno de oxígeno mediante enlace:
   A. Covalente
   B. Iónico
   C. Metálico

127. El enlace covalente se da entre:
   A. No metales
   B. Metales
   C. Metal con no metal

128. La energía necesaria para introducir un electrón en un átomo se denomina:
   A. Electronegatividad
   B. Potencial de ionización
   C. Afinidad electrónica

129. La tendencia de los elementos a adquirir electrones se define con:
   A. La afinidad electrónica
   B. El potencial de ionización
   C. La valencia atómica

130. Cuanto mayor sea la afinidad electrónica negativa de un elemento,:
   A. Mayor será su tendencia a ceder electrones
   B. Mayor será su tendencia de captar electrones
   C. Mayor será su conductividad eléctrica

131. Los metales tienen una afinidad electrónica:
   A. Nula
   B. Negativa
   C. Positiva

132. La energía necesaria para extraer un electrón de un átomo se denomina:
   A. Potencial de ionización
   B. Afinidad
   C. Electronegatividad

133. Los metales tienen un potencial de ionización:
   A. Alto
   B. Bajo
   C. Negativo

134. La capacidad de un átomo para atraer hacia sí mismo los electrones de un enlace químico se denomina:
   A. Electronegatividad
   B. Afinidad electrónica
   C. Potencial de ionización

135. Si la diferencia de electronegatividad entre dos elementos es baja:
   A. Tenderán a formar enlace covalente
   B. Tenderán a formar enlace iónico
   C. No formarán ningún tipo de enlace

136. La compresibilidad es característica de los:
   A. Sólidos
   B. Líquidos
   C. Gases

137. El fenómeno de la capilaridad de los líquidos es causado por:
   A. Las fuerzas intermoleculares
   B. La viscosidad
   C. La densidad

138. El cambio de estado de sólido a líquido se da a la temperatura de:

A. Fusión
B. Ebullición
C. Rocío

139. La temperatura de ebullición de un líquido es mayor cuanto:

A. Mayor sea la presión ejercida sobre el mismo
B. Menor sea la presión ejercida sobre el mismo
C. Mayor sea la temperatura de fusión

140. Durante el ascenso de una avioneta, la temperatura de ebullición del combustible que porta:

A. Aumentará
B. Disminuirá
C. Permanecerá constante

141. Un proceso de condensación es:

A. Exotérmico
B. Endotérmico
C. Isentrópico

142. ¿Cuál de las siguientes magnitudes es vectorial?:

A. Temperatura
B. Velocidad
C. Masa

143. Sean los puntos A (1, –2) y B (0, 1), el vector **AB** será:

A. (1, –1)
B. (–1, –3)
C. (–1, 3)

144. Sean dos fuerzas **A** (2, 0) N y **B** (–1, 2) N, **A** + **B** será:

A. (1, 2) N
B. (3, 2) N
C. (–3, –2) N

145. Sean dos fuerzas **A** (–2, 1) N y **B** (1, 1) N, **A – B** será:

A. (–1, 2)
B. (3, 0) N
C. –3i N

146. Sobre una masa de 4 kg se aplica una fuerza de (1, 2) N provocando un desplazamiento según el vector (3, 0) m. El trabajo realizado será de:

A. 3 J
B. 6 J
C. 12 J

147. El resultado de multiplicar vectorialmente dos vectores es:

A. Un vector
B. Un escalar
C. Un número imaginario

148. El producto vectorial de dos vectores es:

A. Otro vector perpendicular a ambos
B. Un escalar
C. Directamente proporcional al coseno del ángulo que forman

149. El vector opuesto al resultante se denomina:

A. Equipolente
B. Equilibrante
C. Inverso

150. La unidad de fuerza en el sistema internacional de unidades es el:

A. N
B. Kgf
C. Kp

151. Si aplico una fuerza de 40 N sobre una llave de 20 cm, el par de apriete será de:

A. 200 N · m
B. 80 N · m
C. 8 N · m

152. Una fuerza de 1 lb equivale a:

A. 0,45 kp
B. 0,254 kgf
C. 9,81 N

153. Necesitamos dar un par de apriete de 80 lb · in a una tuerca, pero solo disponemos de una llave dinamométrica graduada en N · m. Por tanto, el par deberá ser de:

A. 6,4 N · m

B. 9 N · m

C. 14 N · m

154. Se dispone de dos bolas de acero de 10 kg y 5 kg unidas por una barra de masa despreciable de 20 cm de longitud. ¿A qué distancia de la masa de 5 kg se encuentra el centro de gravedad?

A. 6,6 cm

B. 13,3 cm

C. 15 cm

155. Una barra de acero de 1 m se deforma 1 mm si se le aplica una fuerza que provoque un esfuerzo de 200 MPa. El módulo elástico del acero será:

A. 2 kPa

B. 20 MPa

C. 200 GPa

156. La capacidad que tiene un sólido para deformarse en forma de plancha sin romperse se denomina:

A. Ductilidad

B. Maleabilidad

C. Tenacidad

157. Los materiales frágiles son inherentemente:

A. Tenaces

B. Flexibles

C. Duros

158. Un material frágil rompe:

A. Con esfuerzos bajos

B. Con baja deformación

C. Tras aplicar poca energía

159. Cuanto mayor es la temperatura de un líquido, su viscosidad será:

A. Mayor

B. Menor

C. La viscosidad es independiente de la temperatura

160. Cuanto más volátil sea un líquido:

A. Más fácilmente se evaporará

B. Mayor cantidad de energía se obtendrá durante su combustión

C. Menor será su densidad

161. La presión:

A. Es directamente proporcional a la fuerza aplicada y a la sección

B. Es directamente proporcional a la fuerza aplicada e inversamente proporcional a la sección

C. Es inversamente proporcional a la fuerza aplicada

162. Según la ISA, la presión atmosférica a nivel del mar es de:

A. 100 bar

B. 1 atm

C. 100 Pa

163. Si un barco desaloja 100 m^3 de agua, su peso será de:

A. 100 kg

B. 10.000 N

C. 1.000 kN

164. Un coche sale de Madrid con dirección Barcelona a una velocidad de 120 km/h. Al mismo tiempo sale otro desde Barcelona a 80 km/h. Si la distancia entre Madrid y Barcelona es de 600 km, ¿a qué distancia de Madrid se cruzarán?:

A. 360 km

B. 400 km

C. 420 km

165. Se deja caer una piedra de 200 g de masa desde una altura de 20 m. La velocidad que lleva la piedra cuando toca el suelo es de:

A. 20 m/s

B. 18 m/s

C. 10 m/s

166. Un automóvil acelera de 0 a 30 m/s en 5 s. La distancia recorrida en la aceleración es de:

A. 50 m

B. 75 m

C. 100 m

167. Una partícula se mueve a 20 m/s siguiendo una trayectoria circular con radio de 2 m. Su velocidad angular será de:

A. 10 rad/s

B. 40 rad/s

C. 80 rad/s

168. Una partícula que se mueve siguiendo una trayectoria circular de 2 m de radio recorre 80 cm en 4 s. Su velocidad angular es de:

A. 0,1 rad/s

B. 0,2 rad/s

C. 0,4 rad/s

169. La aceleración centrífuga sufrida por una masa que avanza a 20 m/s siguiendo una trayectoria circular de 4 m de diámetro es de:

A. 5 m/s^2

B. 100 m/s^2

C. 200 m/s^2

170. La fuerza ejercida por un muelle es:

A. Directamente proporcional a la elongación e inversamente proporcional a la constante elástica del muelle

B. Inversamente proporcional a la elongación

C. Directamente proporcional a la elongación y a la constante elástica del muelle

171. El valor, en unidades del SI, de la pulsación de un movimiento oscilante de frecuencia 4 Hz es de:

A. $0,5 \cdot \pi$

B. $2 \cdot \pi$

C. $8 \cdot \pi$

172. El período de un péndulo de 2 kg de masa que cuelga de un cordel de 40 cm es de:

A. 1,256 s

B. 1,65 s

C. 2,2 s

173. Un cuerpo entra en resonancia cuando su frecuencia natural de vibración es:

A. Menor que la frecuencia de la fuerza excitadora

B. Igual a la de la frecuencia de la fuerza excitadora

C. Mayor que la frecuencia de la fuerza excitadora

174. Para una estructura, será más perjudicial una vibración:

A. De amplitud elevada

B. De frecuencia elevada

C. De baja pulsación

175. Como norma general, la frecuencia natural de vibración de una estructura será mayor cuanto:

A. Mayor sea su espesor

B. Menor sea su espesor

C. La frecuencia natural es independiente del espesor

176. Para mover una piedra de 40 kg, empleamos una palanca de 2 m de longitud. Si pretendemos realizar una fuerza de 100 N, ¿a qué distancia de la piedra deberemos situar el fulcro?:

A. 0,2 m

B. 0,4 m

C. 0,6 m

177. Una carretilla como la empleada por un albañil en la construcción se basa en la palanca de:

A. Primer género

B. Segundo género

C. Tercer género

178. Se pretende elevar un cuerpo de 20 kg deslizándolo por un plano inclinado 30°. Si despreciamos el rozamiento, ¿qué fuerza habrá que realizar?:

A. 100 N

B. 170 N

C. 200 N

179. Una palanca de 1 m, con fulcro a 20 cm de la carga que se pretende elevar, tendrá una ventaja mecánica de:

A. 0,25

B. 4

C. 80

180. Se pretende elevar un cuerpo de 100 kg por un plano inclinado 30°, si el coeficiente de rozamiento es de 0,2. ¿Cuánto valdrá la fuerza de rozamiento?:

A. 50 N

B. 173 N

C. 200 N

181. En un polipasto de cinco ruedas, la ventaja mecánica será de:

A. 0,2

B. 5

C. 10

182. Una rueda conductora de 40 dientes gira a 200 rpm arrastrando a la conducida de 60 dientes. La rueda conducida gira a una velocidad de:

A. 360 rpm

B. 300 rpm

C. 133 rpm

183. La ventaja mecánica de un plano inclinado 30° es de:

A. 1,15

B. 1,5

C. 2

184. En una transmisión la conductora tiene 80 dientes y la conducida 20. La ventaja mecánica será de:

A. 0,25

B. 4

C. 6

185. En una máquina real:

A. $VM > RV$

B. $VM = RV$

C. $VM < RV$

186. El rendimiento de una máquina es:

A. VM / RV

B. RV / VM

C. RV · VM

187. La fuerza de atracción entre una masa de 20 kg y otra de 80 kg separadas 1 mm es de:

A. $1{,}6 \cdot 10^{9} \cdot G$ N

B. $1{,}6 \cdot 10^{6} \cdot G$ N

C. $6{,}25 \cdot 10^{5} \cdot G$ N

188. «La aceleración producida en un cuerpo es directamente proporcional a la fuerza aplicada e inversamente proporcional a la masa de dicho cuerpo». Este es el enunciado de la:

A. Primera Ley de Newton

B. Segunda Ley de Newton

C. Tercera Ley de Newton

189. El principio de acción y reacción está recogido en la:

A. Primera Ley de Newton

B. Segunda Ley de Newton

C. Tercera Ley de Newton

190. Para mover 4 m un cuerpo de 20 kg, empleamos una fuerza de 100 N. El trabajo desarrollado es de:

A. 8.000 J

B. 2.000 J

C. 400 J

191. Una energía de 1 cal equivale a:

A. 4,18 J

B. 0,24 J

C. 2,54 J

192. Una energía de 1 J equivale a:

A. 4,18 cal

B. 0,73 lb · ft

C. 3.600 kwh

193. La potencia:

A. Es directamente proporcional al trabajo realizado y al tiempo empleado

B. Es directamente proporcional al trabajo realizado e inversamente proporcional al tiempo empleado

C. Es inversamente proporcional al trabajo realizado

194. Una potencia de 1 HP equivale a:

A. 745,5 w

B. 735,5 w

C. 360 w

195. El par que ejerce un motor eléctrico de 1 kw que gira a 300 rpm es de:

A. $300 \cdot \pi$ N · m

B. $100 / \pi$ N · m

C. $150 \cdot \pi$ N · m

196. Sostenemos una bola de acero de 500 g a 20 m sobre el suelo. ¿Qué energía potencial tendrá?:

A. 100 J

B. 400 J

C. 500 J

197. La energía cinética que posee un cuerpo de 40 kg que se está moviendo 20 m/s cuando es impulsado por una fuerza de 100 N es de:

A. 80 kJ

B. 8 kJ

C. 4 kJ

198. La cantidad de movimiento de un cuerpo de 20 kg que se mueve a una velocidad de 40 m/s impulsado por una fuerza de 60 N es de:

A. 20 kg · m/s

B. 800 kg · m/s

C. 48.000 kg · m/s

199. La cantidad de movimiento se conserva siempre que:

A. La energía potencial es nula

B. La energía cinética es nula

C. No actúan fuerzas exteriores

200. Una bola de 80 g avanza a 20 m/s hasta que impacta con otra bola de 40 g que en principio está estática. La velocidad adquirida por la segunda bola será de:

A. 20 m/s

B. 40 m/s

C. 160 m/s

201. Un cuerpo de 400 g se mueve a una velocidad de 8 m/s siguiendo una trayectoria circular de 60 cm de radio. Su momento angular es de:

A. 0,03 kg · m^2/s

B. 1,92 kg · m^2/s

C. 5,33 kg · m^2/s

202. Un patinador de masa despreciable sostiene un peso de 4 kg en cada mano. Comienza a girar a 90 rpm manteniendo los pesos a 60 cm del eje de giro. Si encoge los brazos hasta que los pesos estén a 20 cm, la velocidad de giro será de:

A. 810 rpm

B. 180 rpm

C. 10 rpm

203. La velocidad angular de precesión de un giróscopo es:

A. Directamente proporcional al momento angular del volante
B. Inversamente proporcional al momento dinámico
C. Inversamente proporcional al momento angular

204. El movimiento de precesión del volante de un giróscopo se verifica:

A. En la misma dirección y sentido de la fuerza que actúa sobre el volante
B. En la misma dirección y sentido contrario a la fuerza que actúa sobre el volante
C. Perpendicularmente a la fuerza que actúa sobre el volante

205. Un giróscopo tiene un volante de 2 kg y 20 cm de diámetro, cuyo centro de gravedad se encuentra a 1 mm del eje de precesión. Si gira a 400 rad/s, su velocidad de precesión será de:

A. 0,16 rad/s
B. $2{,}5 \cdot 10^{-3}$ rad/s
C. $1{,}6 \cdot 10^{-3}$ rad/s

206. Al movimiento oscilatorio transitorio brusco en torno al eje del volante de un giróscopo se le denomina:

A. Precesión
B. Nutación
C. Rigidez giroscópica

207. El coeficiente de rozamiento dinámico es:

A. Mayor que el estático
B. Menor que el estático
C. Igual que el estático

208. El coeficiente de rozamiento estático:

A. Es directamente proporcional al área de las superficies en contacto
B. Es inversamente proporcional al área de las superficies en contacto
C. No depende del área de las superficies en contacto

209. El coeficiente de rozamiento dinámico:

A. Es directamente proporcional a la velocidad relativa entre las superficies en contacto
B. Es inversamente proporcional a la velocidad relativa entre las superficies en contacto
C. No depende de la velocidad relativa entre las superficies en contacto

210. El coeficiente de resistencia a rodadura es:

A. Directamente proporcional al radio de la rueda
B. Inversamente proporcional al radio de la rueda
C. Independiente del radio de la rueda

211. Si cambiamos los neumáticos de un automóvil por otros más anchos, la resistencia a rodadura:

A. Aumentará
B. Disminuirá
C. Permanecerá constante

212. La gravedad específica de un líquido se mide empleando un:

A. Hidrómetro
B. Densímetro
C. Viscosímetro

213. La unidad de viscosidad dinámica en el SI es el:

A. Poise
B. Pa · s
C. *Centistoke*

214. La viscosidad cinemática de un fluido es:

A. Directamente proporcional a la velocidad de un fluido
B. Directamente proporcional a la gravedad específica del fluido
C. Directamente proporcional a la viscosidad dinámica e inversamente proporcional a la densidad

215. Una prensa hidráulica consta de dos pistones: uno de 0,2 m^2 y otro de 0,4 m^2. Si se coloca un peso de 40 kg en el primer pistón, ¿qué fuerza se ejercerá en el segundo pistón?:

A. 20 kg
B. 80 kg
C. 160 kg

216. Si nos damos un baño en un río cuya agua baja a 4 m/s, sentiremos una presión dinámica de:

A. 4 kPa
B. 8 kPa
C. 16 kPa

217. Un caudal de 1 m^3/s de agua circula por un tubo de 0,2 m^2 situado horizontalmente a nivel del mar. El tubo consta de un estrechamiento de 0,1 m^2. ¿Cuánto habrá variado la presión en el estrechamiento?:

A. 17 kPa
B. 37,5 kPa
C. 64 kPa

218. El anemómetro recibe la presión total del tubo:

A. Pitot
B. Piezométrico
C. Anemométrico

219. En los puntos de remanso:

A. La velocidad del fluido es nula
B. La presión total es máxima
C. La presión estática es nula

220. La velocidad del aire que circula sobre el extradós del ala de un avión es:

A. Menor que la del intradós
B. Mayor que la del intradós
C. Igual a la del intradós

221. La temperatura de ebullición del agua son 212 °F, que equivalen a:

A. 492 °R
B. 672 °R
C. 485 K

222. Una temperatura de 30 °C equivale a:

A. 86 °F
B. 72 °F
C. 68 °F

223. El calor específico del aluminio es de 900 en unidades del SI. ¿Qué cantidad de energía se necesita para aumentar 20 °C un objeto de aluminio de 4 kg?:

A. 180 J
B. 4,5 kJ
C. 72 kJ

224. Un larguero de aluminio de 10 m se enfría 90 °C. Sabiendo que el coeficiente de dilatación lineal del aluminio es de $2 \cdot 10^{-5}\ K^{-1}$, ¿qué longitud tendrá el larguero una vez enfriado?:

A. 9,964 m
B. 9,976 m
C. 9,982 m

225. El primer principio de la termodinámica estipula que la energía interna de un sistema termodinámico es:

A. Directamente proporcional al calor aportado al sistema
B. El calor aportado al sistema menos el trabajo realizado por el mismo
C. Directamente proporcional al trabajo realizado sobre el sistema

226. «No es posible construir una máquina térmica que transforme íntegramente todo el calor absorbido en trabajo». Este es el enunciado del:

A. Primer principio de la termodinámica
B. Segundo principio de la termodinámica
C. Tercer principio de la termodinámica

227. Un motor obtiene 1.000 J del combustible que quema, y cede 700 J al sistema de refrigeración. El rendimiento del motor será:

A. 30%
B. 58,8%
C. 70%

228. Se tiene un mol de aire contenido en un recipiente de 10 l a una temperatura de 27 °C. La presión del gas será:

A. 24 atm
B. 3,8 atm
C. 2,46 atm

229. La constante del aire que tiene en cuenta su masa molecular tiene un valor de:

A. 287 J/K · kg
B. 3,65 J/K · kg
C. 0,082 J/K · kg

230. El calor específico a volumen constante del aire es de:

A. 287 J/K · kg
B. 716 J/K · kg
C. 1.003 J/K · kg

231. En una transformación isócora, ¿cuál de las siguientes magnitudes es nula?:

A. Energía interna
B. Calor
C. Trabajo

232. En una transformación isóbara a 200 kPa el volumen aumenta 0,1 m^3 y la temperatura se eleva 4 K. El trabajo realizado será de:

A. 5 kJ
B. 20 kJ
C. 80 kJ

233. El coeficiente adiabático del aire es de:

A. 0,082
B. 1,4
C. 287

234. La combustión en el ciclo Otto es una transformación:

A. Isóbara
B. Isoterma
C. Isócora

235. El rendimiento de un motor que funciona según el ciclo Otto será mayor cuanto:

A. Mayor sea la relación de compresión
B. Menor sea la relación de compresión
C. Mayor sea la cilindrada

236. Los motores de turbina funcionan siguiendo un ciclo:

A. Otto
B. Diesel
C. Brayton

237. El rendimiento de un motor de turbina será mayor cuanto mayor sea la temperatura:

A. A la entrada del compresor
B. A la salida del compresor
C. A la salida de la turbina

238. Aguas abajo de la válvula de expansión de una bomba de calor:

A. La presión del refrigerante disminuye
B. La presión del refrigerante aumenta
C. La presión del refrigerante permanecerá constante

239. Para fundir 10 kg de una determinada sustancia, se emplean 2 kJ. En unidades del SI el calor latente de fusión será:

A. 0,005
B. 200
C. 20.000

240. El ángulo de reflexión de una onda de luz es:

A. Menor que el de incidencia
B. Mayor que el de incidencia
C. Igual al de incidencia

241. Cuando un rayo de luz pasa del aire al agua, el ángulo de refracción será:

A. Menor que el de incidencia
B. Mayor que el de incidencia
C. Igual al de incidencia

242. La luz tiene naturaleza:

A. Ondular
B. Corpuscular
C. Dual

243. La velocidad de la luz en el vacío es de:

A. $3 \cdot 10^8$ m/s
B. 360.000 km/s
C. 300.000 m/s

244. El índice de refracción de un medio es:

A. Inversamente proporcional a la velocidad de la luz en el vacío
B. Directamente proporcional a la velocidad de la luz en el medio y a la velocidad de la luz en el vacío
C. Inversamente proporcional a la velocidad de la luz en el medio

245. Cuando la luz se refleja en una superficie irregular, como una pared encalada, la reflexión será:

A. Especular
B. Difusa
C. Indirecta

246. En un espejo plano, la imagen reflejada será:

A. Real
B. Imaginaria
C. Real o imaginaria dependiendo de la distancia del objeto reflejado

247. Si se sitúa un objeto entre el foco y el centro de curvatura de un espejo cóncavo circular, la imagen reflejada será:

A. Real e invertida
B. Imaginaria y no invertida
C. Imaginaria e invertida

248. Si se sitúa un objeto en frente de un espejo circular convexo a menos distancia que la focal, la imagen reflejada será:

A. Real e invertida
B. Imaginaria y no invertida
C. Real y no invertida

249. En un espejo convexo circular, la imagen reflejada será:

A. Real e invertida
B. Imaginaria e invertida
C. Imaginaria y no invertida

250. La aberración esférica es propia de espejos:

A. Planos
B. Esféricos
C. Parabólicos

251. El índice de refracción del aire es de:

A. 1,0
B. 1,5
C. 2,0

252. El índice de refracción del agua es:

A. Mayor que el del aire
B. Menor que el del aire
C. Igual al del aire

253. Un rayo de luz se dispone a pasar de un medio con un índice de refracción de 1,73 a otro con un índice de refracción de 3. Si el rayo incide con un ángulo de 60°, el ángulo de refracción será de:

A. 15°
B. 30°
C. 45°

254. La Ley de Snell se define como:

A. $n_1 / \text{sen}\,\theta_1 = n_2/\text{sen}\,\theta_2$
B. $v_1 \cdot \text{sen}\,\theta_1 = v_2 \cdot \text{sen}\,\theta_2$
C. $n_1 \cdot \text{sen}\,\theta_1 = n_2 \cdot \text{sen}\,\theta_2$

255. Un rayo de luz pasa de un medio con un índice de refracción de 2 a otro con un índice de 1. El ángulo crítico será:

A. 30°
B. 45°
C. 60°

256. El fenómeno de la dispersión de la luz blanca para formar el arcoíris se debe al fenómeno de:

A. Reflexión
B. Refracción
C. Difracción

257. El ángulo de refracción de un rayo de luz depende de:

A. Los índices de refracción de los medios implicados
B. Además de A, de la frecuencia de la onda
C. Además de B, de la densidad de los medios implicados

258. Una lente menisco-divergente con un índice de refracción de 2 y 25 cm de distancia focal tiene una potencia de:

A. 0,5 dioptrías
B. 2 dioptrías
C. 4 dioptrías

259. Las lentes empleadas en los microscopios son:

A. Convergentes
B. Divergentes
C. Convergentes-divergentes

260. La imagen de un objeto visto a través de una lente divergente será:

A. Real e invertida
B. Virtual e invertida
C. Virtual y no invertida

261. La miopía se corrige empleando gafas con lentes:

A. Convergentes
B. Divergentes
C. Plano-convexas

262. Las ondas electromagnéticas son ondas:

A. Transversales
B. Longitudinales
C. Mecánicas

263. El sonido es una onda:

A. Mecánica
B. Electromagnética
C. Gravitacional

264. Las ondas electromagnéticas son ondas:

A. Unidimensionales
B. Bidimensionales
C. Tridimensionales

265. La longitud de una onda de radio que se transmite por el aire a una frecuencia de 200 MHz es de:

A. 1,5 m
B. 1.500 m
C. 6.000 m

266. Para observar el fenómeno de difracción de una onda, el obstáculo que se ha de superar deberá tener un tamaño del orden de:

A. La mitad de la longitud de onda
B. La longitud de onda
C. El doble de la longitud de onda

267. La velocidad del sonido en el aire a una temperatura de –49° C es de:

A. 300 m/s
B. 310 m/s
C. 320 m/s

268. Un avión vuela a una altitud tal que la velocidad del sonido en esas condiciones es de 320 m/s. Si el piloto comprueba que el número de Mach es 1,2, la velocidad de la aeronave es de:

A. 384 m/s
B. 516 m/s
C. 1.200 km/h

269. ¿De qué cualidad de una onda depende el tono de un sonido?:

A. De la amplitud
B. De la frecuencia
C. De los armónicos

270. Cuando una ambulancia se acerca hacia nosotros con la sirena encendida, la onda de sonido que percibimos tendrá una frecuencia:

A. Mayor que la emitida
B. Menor que la emitida
C. Igual a la emitida

271. Cuando una estrella se aleja de nosotros, la onda que percibimos se dice que está desviada al:

A. Azul
B. Rojo
C. Blanco

272. La valencia de los gases nobles es:

A. 2
B. 4
C. 8

273. Una longitud de 1 pulgada equivale a:

A. 2,54 cm
B. 1,82 cm
C. 1,50 cm

274. ¿Cuántas pulgadas tiene un pie?:

A. 8
B. 10
C. 12

275. ¿Cuántos metros tiene una milla (mi)?:

A. 1.506 m
B. 1.609 m
C. 1.800 m

276. ¿Cuántas onzas tiene una libra?:

A. 12 oz
B. 16 oz
C. 22 oz

277. ¿Cuántos mm^2 tiene una in^2?:

A. 426,4 mm^2
B. 624,1 mm^2
C. 645,2 mm^2

278. ¿Cuántos litros tiene un galón US?:

A. 3,78 l
B. 4,55 l
C. 5,2 l

279. ¿A cuantos km/h equivale un nudo?:

A. 1,609 km/h
B. 1,852 km/h
C. 2,204 km/h

280. La unidad de flujo magnético en el sistema internacional es el:

A. Weber
B. Maxwell
C. Amperio-vuelta

281. La unidad de inducción magnética en el sistema internacional es el:

A. Tesla
B. Gauss
C. Weber

282. La unidad de longitud en el sistema anglosajón de unidades es:

A. La pulgada
B. El pie
C. El codo

283. Una longitud de $2 \cdot 10^{-12}$ m se puede expresar como:

A. 2 nm
B. 2 μm
C. 2 pm

284. El viscosímetro Stormer mide la viscosidad:

A. Cinemática
B. Dinámica
C. Relativa

285. La unidad de par en el sistema anglosajón es el:

A. kg · in
B. lb · ft
C. psi

286. El producto vectorial del vector A (2, –1) por el vector B (0, 2) es el vector:

A. 4k
B. (0, –2)
C. –2k

287. Una partícula se desplaza según un movimiento periódico simple de período 2 s y amplitud 4 m. La velocidad máxima que alcanza la partícula en su movimiento es de:

A. $4 \cdot \pi$ m/s
B. $8 \cdot \pi$ m/s
C. $16 \cdot \pi$ m/s

288. Una partícula se desplaza según un movimiento periódico simple de período 1 s y amplitud 2 m. La aceleración máxima que alcanza la partícula en su movimiento es de:

A. 12,6 m/s^2

B. 25,1 m/s^2

C. 78,9 m/s^2

289. Se lanza desde el suelo un cuerpo de 2 kg verticalmente a una velocidad de 20 m/s. ¿Cuánto tiempo tardará en caer y tocar tierra?:

A. 2 s

B. 4 s

C. 8 s

290. Se lanza verticalmente un objeto desde el suelo a una velocidad de 40 m/s. ¿Qué altura alcanza?:

A. 80 m

B. 18 m

C. 12 m

291. Un automóvil circula a una velocidad de 30 m/s y frena con una deceleración constante de 20 m/s^2. Transcurridos 2 s, ¿qué espacio habrá recorrido?:

A. 20 m

B. 40 m

C. 100 m

292. En un movimiento circular uniforme, será nula la aceleración:

A. Centrífuga

B. Centrípeta

C. Tangencial

293. Si un disco giratorio de 30 cm de diámetro aumenta de rpm con una aceleración de 10 rad/s^2, su aceleración tangencial será de:

A. 1,5 m/s^2

B. 3 m/s^2

C. 66 m/s^2

294. Cuando utilizo un hidrómetro, cuanto más alto sube el flotador:

A. Tanto mayor será la densidad

B. Tanto menor será la densidad

C. Tanto menor será la viscosidad

295. ¿Qué tipo de flujo presenta una menor resistencia aerodinámica para un perfil alar?:

A. Laminar

B. Turbulento

C. Supersónico

296. Por un conducto de 0,1 m^2 de sección circula agua a una velocidad de 4 m/s. El gasto másico, en unidades del SI, será de:

A. 0,4

B. 400

C. 2.500

297. Se puede comprobar el efecto Magnus en un cilindro siempre que dicho cilindro:

A. Permanezca estático

B. Esté girando

C. Avance longitudinalmente

298. Una temperatura de 50 °F equivale a:

A. 10 °C

B. 12 °C

C. 14 °C

299. Un avión que vuele a Mach 2,4 está en régimen:

A. Transónico

B. Supersónico

C. Hipersónico

300. La unidad de trabajo en sistema cegesimal es el:

A. Julio

B. Libra-pie

C. Ergio

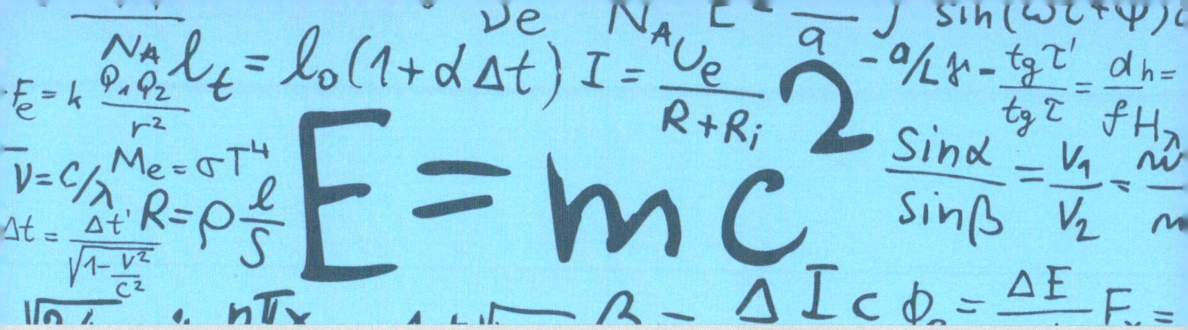

RESPUESTAS DE LAS PREGUNTAS DE TEST

1	B	31	B	61	A	91	C	121	A	151	C	181	B	211	B	241	A	271	B
2	C	32	A	62	A	92	B	122	B	152	A	182	C	212	A	242	C	272	C
3	B	33	B	63	B	93	B	123	B	153	B	183	C	213	B	243	A	273	A
4	A	34	A	64	C	94	C	124	A	154	B	184	A	214	C	244	C	274	C
5	A	35	C	65	B	95	B	125	B	155	C	185	C	215	B	245	B	275	B
6	B	36	B	66	B	96	B	126	A	156	B	186	A	216	B	246	B	276	B
7	A	37	A	67	B	97	C	127	A	157	C	187	A	217	B	247	A	277	C
8	A	38	A	68	A	98	C	128	C	158	B	188	B	218	A	248	B	278	A
9	C	39	A	69	B	99	A	129	A	159	B	189	C	219	A	249	C	279	B
10	C	40	A	70	A	100	B	130	B	160	A	190	C	220	B	250	B	280	A
11	C	41	B	71	A	101	A	131	C	161	B	191	A	221	B	251	A	281	A
12	B	42	A	72	C	102	B	132	A	162	B	192	B	222	A	252	A	282	B
13	C	43	B	73	B	103	B	133	B	163	C	193	B	223	C	253	B	283	C
14	B	44	C	74	A	104	B	134	A	164	A	194	A	224	C	254	C	284	B
15	B	45	A	75	C	105	C	135	A	165	A	195	B	225	B	255	A	285	B
16	C	46	C	76	B	106	B	136	C	166	B	196	A	226	B	256	B	286	A
17	B	47	B	77	B	107	A	137	A	167	A	197	B	227	A	257	B	287	A
18	C	48	B	78	C	108	B	138	A	168	A	198	B	228	C	258	C	288	C
19	A	49	B	79	B	109	B	139	A	169	C	199	C	229	A	259	A	289	B
20	C	50	B	80	C	110	A	140	B	170	C	200	B	230	B	260	C	290	A
21	A	51	A	81	B	111	B	141	A	171	C	201	B	231	C	261	B	291	A
22	A	52	A	82	A	112	B	142	B	172	A	202	A	232	B	262	A	292	C
23	C	53	C	83	B	113	A	143	C	173	B	203	C	233	B	263	A	293	A
24	B	54	B	84	C	114	A	144	A	174	A	204	C	234	C	264	C	294	A
25	A	55	C	85	A	115	B	145	C	175	A	205	B	235	A	265	A	295	A
26	B	56	A	86	C	116	C	146	A	176	B	206	B	236	C	266	B	296	B
27	B	57	C	87	B	117	C	147	A	177	B	207	B	237	B	267	A	297	B
28	C	58	B	88	A	118	B	148	A	178	A	208	C	238	A	268	A	298	A
29	B	59	A	89	A	119	C	149	B	179	B	209	C	239	B	269	B	299	B
30	C	60	A	90	B	120	A	150	A	180	B	210	B	240	C	270	A	300	C

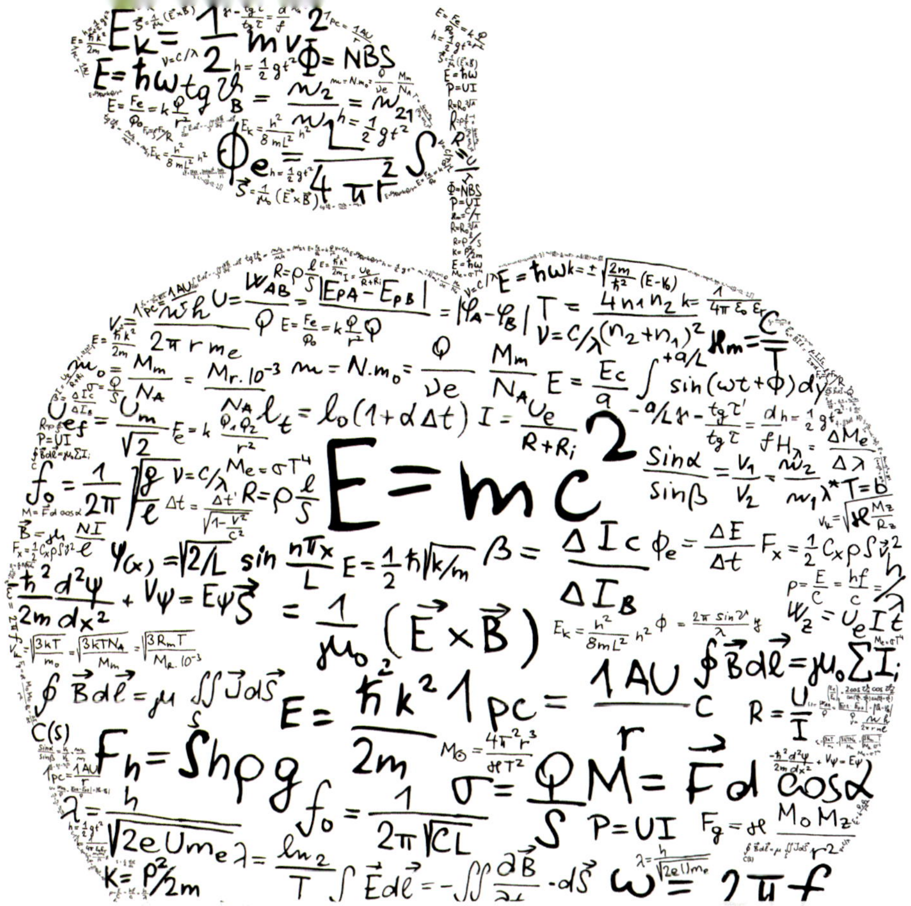

Anexos

- Anexo I. Relaciones trigonométricas
- Anexo II. Unidades
- Anexo III. Prefijos
- Anexo IV. Constantes
- Anexo V. Glosario de leyes y ecuaciones
- Anexo VI. Cálculo vectorial

ANEXO I. RELACIONES TRIGONOMÉTRICAS

Etimológicamente, la trigonometría deriva de dos voces griegas: *trigonon* (triángulo) y *metría* (medida). No obstante, la trigonometría va más allá de la simple medida de los ángulos, definiendo relaciones entre los ángulos y lados de un triángulo.

Se considera al astrónomo, geógrafo y matemático griego Hiparco de Nicea (ciento cuarenta años a. C., aproximadamente) como el padre de la trigonometría. Hiparco mejoró los instrumentos empleados para la medida de ángulos, y los empleó para sus concienzudas observaciones astronómicas. No en vano, es considerado por muchos como el astrónomo más destacado de la Antigüedad.

Los ángulos se pueden medir mediante tres unidades: grado sexagesimal, grado centesimal y radianes. Una circunferencia completa tiene 360° sexagesimales, 400° centesimales y $2 \cdot \pi$ radianes.

La parte de la trigonometría más importante para nosotros es la que se refiere a los triángulos rectángulos. Un triángulo rectángulo es aquel en el que sus dos lados más cortos, denominados catetos, forman un ángulo recto (90°). El lado largo se denomina hipotenusa. Las relaciones o razones trigonométricas (Figura A.1) son las siguientes:

1. Función **coseno** de un ángulo: el coseno de un ángulo es la relación entre el cateto contiguo al ángulo entre la hipotenusa de un triángulo rectángulo.

$$\cos \alpha = \frac{a}{h}$$

2. Función **seno** de un ángulo: el seno de un ángulo es la relación del cateto opuesto al ángulo entre la hipotenusa de un triángulo rectángulo.

$$\text{sen}\ \alpha = \frac{b}{h}$$

3. Función **tangente** de un ángulo: la tangente de un ángulo es la relación entre el cateto opuesto al ángulo entre el cateto contiguo de un triángulo rectángulo.

$$\tan \alpha = \frac{b}{a}$$

Como podemos deducir fácilmente, la tangente también será la relación del seno entre el coseno:

$$\tan \alpha = \frac{\text{sen}\ \alpha}{\cos \alpha}$$

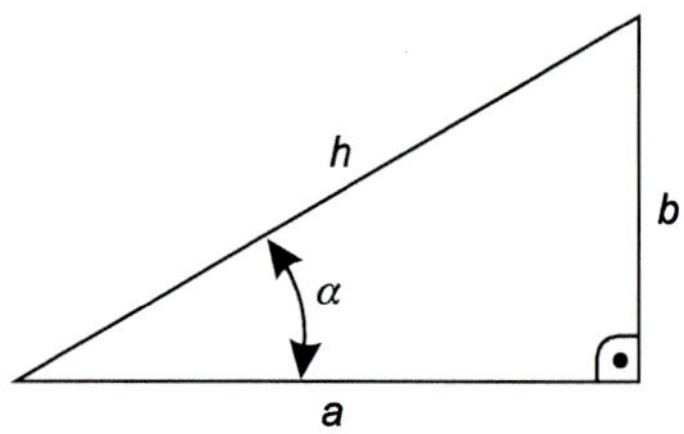

Figura A.1. Triángulo rectángulo.

Además se tienen las razones inversas a las tres fundamentales:

1. **Secante** de un ángulo: inversa del coseno:

$$\sec \alpha = \frac{1}{\cos \alpha} = \frac{h}{a}$$

2. **Cosecante** de un ángulo: inversa del seno:

$$\text{cosec}\ \alpha = \frac{1}{\text{sen}\ \alpha} = \frac{h}{b}$$

3. **Cotangente** de un ángulo: inversa de la tangente:

$$\text{cotg}\ \alpha = \frac{1}{\tan \alpha} = \frac{a}{b} = \frac{\cos \alpha}{\text{sen}\ \alpha}$$

Aparte de las razones inversas, se tienen las funciones inversas, empleadas para, conociendo la relación trigonométrica, calcular el ángulo:

1. **Arcocoseno:** función inversa del coseno:

$$\alpha = \arccos\left(\frac{a}{h}\right)$$

2. **Arcoseno:** función inversa del seno:

$$\alpha = \text{arcsen}\left(\frac{b}{h}\right)$$

Tabla AI.1. Tabla de ángulos y sus correspondientes razones trigonométricas

°	Sen	Cos	Tan	°	Sen	Cos	Tan	°	Sen	Cos	Tan	°	Sen	Cos	Tan
0	0	1	0	**90**	1	0	∞	**180**	0	–1	0	**270**	–1	0	∞
5	0,087	0,996	0,087	**95**	0,996	–0,087	–11,43	**185**	–0,087	–0,996	0,087	**275**	–0,996	0,087	–11,43
10	0,174	0,985	0,176	**100**	0,985	–0,174	-5,671	**190**	–0,174	–0,985	0,176	**280**	–0,985	0,174	-5,671
15	0,259	0,966	0,268	**105**	0,966	–0,259	-3,732	**195**	–0,259	–0,966	0,268	**285**	–0,966	0,259	-3,732
20	0,342	0,940	0,364	**110**	0,940	–0,342	-2,747	**200**	–0,342	–0,940	0,364	**290**	–0,940	0,342	-2,747
25	0,423	0,906	0,466	**115**	0,906	–0,423	-2,145	**205**	–0,423	–0,906	0,466	**295**	–0,906	0,423	-2,145
30	0,5	0,866	0,577	**120**	0,866	–0,5	–1,732	**210**	–0,5	–0,866	0,577	**300**	–0,866	0,5	–1,732
35	0,574	0,819	0,700	**125**	0,819	–0,574	–1,428	**215**	–0,574	–0,819	0,700	**305**	–0,819	0,574	–1,428
40	0,643	0,766	0,839	**130**	0,766	–0,643	–1,192	**220**	–0,643	–0,766	0,839	**310**	–0,766	0,643	–1,192
45	0,707	0,707	1	**135**	0,707	–0,707	–1	**225**	–0,707	–0,707	1	**315**	–0,707	0,707	–1
50	0,766	0,643	1,192	**140**	0,643	–0,766	–0,839	**230**	–0,766	–0,643	1,192	**320**	–0,643	0,766	–0,839
55	0,819	0,574	1,428	**145**	0,574	–0,819	–0,700	**235**	–0,819	–0,574	1,428	**325**	–0,574	0,819	–0,700
60	0,866	0,5	1,732	**150**	0,5	–0,866	–0,577	**240**	–0,866	–0,5	1,732	**330**	–0,5	0,866	–0,577
65	0,906	0,423	2,145	**155**	0,423	–0,906	–0,466	**245**	–0,906	–0,423	2,145	**335**	–0,423	0,906	–0,466
70	0,940	0,342	2,747	**160**	0,342	–0,940	–0,364	**250**	–0,940	–0,342	2,747	**340**	–0,342	0,940	–0,364
75	0,966	0,259	3,732	**165**	0,259	–0,966	–0,268	**255**	–0,966	–0,259	3,732	**345**	–0,259	0,966	–0,268
80	0,985	0,174	5,671	**170**	0,174	–0,985	–0,176	**260**	–0,985	–0,174	5,671	**350**	–0,174	0,985	–0,176
85	0,996	0,087	11,43	**175**	0,087	–0,996	–0,087	**265**	–0,996	–0,087	11,43	**355**	–0,087	0,996	–0,087
90	1	0	∞	**180**	0	–1	0	**270**	–1	0	∞	**360**	0	1	0

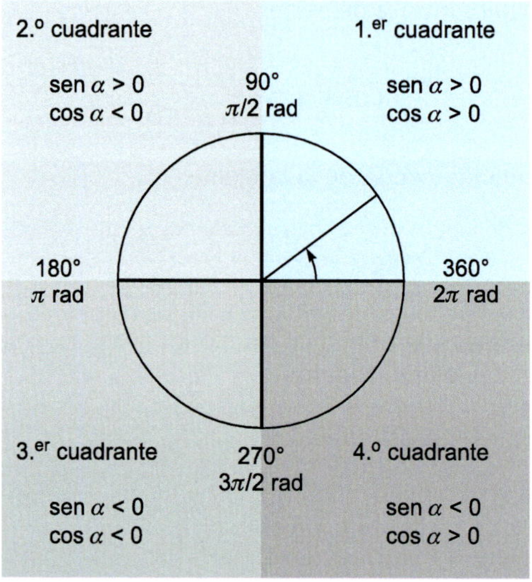

Figura A.2. Signo de las relaciones trigonométricas en función del cuadrante al que pertenece el ángulo.

3. **Arcotangente:** función inversa de la tangente:

$$\alpha = \text{arctg}\left(\frac{b}{a}\right)$$

El complemento perfecto para las relaciones trigonométricas es el archiconocido Teorema de Pitágoras:

$$h^2 = a^2 + b^2$$

Es importante tener en cuenta los signos que tienen las relaciones trigonométricas en función del cuadrante en el que se encuentre el ángulo (Figura A.2). De esta forma, en el primer cuadrante (de 0 a 90º) tanto el seno como el coseno son positivos, por lo que la tangente también lo será. A su vez, en el segundo cuadrante (de 90 a 180º) el seno permanece positivo, pero el coseno se hace negativo, por lo que la tangente será negativa. Por otro lado, en el tercero (de 180 a 270º), tanto el seno como el coseno serán negativos, lo que implica que la tangente será positiva. Finalmente, en el cuarto cuadrante (de 270 a 360º) el seno será negativo, pero el coseno pasará a ser positivo, por lo que la tangente será negativa. Así pues, no deberemos asustarnos si, al resolver un problema, obtenemos un resultado negativo a partir de una relación trigonométrica: solo tendremos que analizar el resultado teniendo en cuenta el contexto para interpretar la solución obtenida.

Asimismo, en ocasiones tendremos que calcular la relación trigonométrica de un número negativo, como, por ejemplo, *sen(−30º)*. Para ello, simplemente restaremos el ángulo a 360º, con lo que obtendremos, en este caso, 330º, que pertenece al cuarto cuadrante.

ANEXO II. UNIDADES

Las unidades físicas se emplean para estandarizar la información cuantitativa de un determinado fenómeno físico. Imaginemos que queremos medir el ancho de una pista de baloncesto caminando de banda a banda contando los pasos que damos. El resultado que obtenemos es de 18 pasos.

No obstante, si lo realiza otra persona, da 14 y otra distinta, 20 pasos. El ancho de la pista es el mismo, pero cada uno obtiene un resultado distinto. Para evitar esta situación, se define una longitud que actúa como patrón: el metro. A este patrón es lo que se denomina **unidad.** El metro es una unidad de longitud perfectamente definida de tal manera que, si digo que una pista de baloncesto tiene 15 metros de ancho, cualquier persona podrá interpretar el dato sin ambigüedades.

Es por tanto fundamental definir perfectamente la unidad. Por ejemplo, el metro se definió inicialmente como la diezmillonésima parte (1/10.000.000) de un cuadrante terrestre (año 1791). Posteriormente se definió el metro patrón como la longitud de una barra de platino-iridio guardada en la Oficina de Pesos y Medidas de París (año 1889). En el año 1960 se define el metro como una longitud 1.650.763,73 veces mayor que la longitud de onda en el vacío de la radiación correspondiente a la transición entre los niveles $2p^{10}$ y $2d^{5}$ del átomo de kriptón 86. Desde 1983 hasta nuestros días se define el metro como la longitud que recorre la luz en el vacío en un tiempo de 1/299.792.458 segundos. En nuestro ámbito de estudio, todas estas definiciones son válidas; todas son 1 metro. En definitiva, las unidades están perfectamente definidas, evitando cualquier ambigüedad.

Asimismo, es preciso recordar que desde la Antigüedad se han utilizado unidades de longitud cuyo patrón se encuentra en el cuerpo humano: pulgada, pie, yarda, codo, braza, vara, palmo, etc. Los países anglosajones aún siguen utilizando muchas de ellas, como la pulgada y el pie, siendo un estándar para la industria aeronáutica. Para la masa y la fuerza, estos países emplean la libra, que equivale una masa o un peso de 7.000 granos de trigo. No obstante, es preciso señalar que una libra latina no equivale a una libra griega, del mismo modo que una vara inglesa no equivale a una vara francesa, ni una braza inglesa a una braza española. Se comprende, por tanto, la necesidad de estandarizar las unidades para facilitar las relaciones comerciales y la difusión de los conocimientos técnicos. Por ello, cabe destacar que en 1795 se instituyó en Francia el Sistema Métrico Decimal, antecesor del actual Sistema Internacional de Unidades, que es aceptado actualmente por la mayoría de los países del mundo.

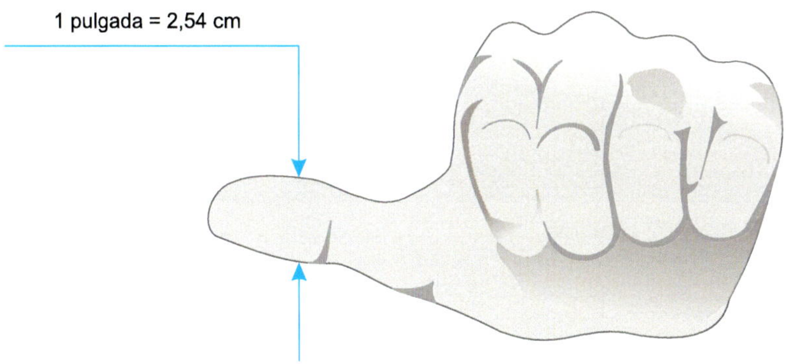

Figura A.3. La pulgada (*inch* en inglés) representa el ancho de un pulgar y es equivalente de 2,54 cm.

Tabla AII.1. Unidades básicas en varios sistemas y equivalencias

	MKS (SI)		CGS		FPS (anglosajón)		Otras unidades	
Longitud	metro	m	centímetro	cm	pie (*foot*)	ft	yarda	yd
							milla	mi
							pulgada (*inch*)	in
	Equivalencias							
	100 cm = 1 m 1 yd = 0,9144 m		1 in = 2,54 cm 1 yd = 3 ft		1 ft = 12 in 1 mi = 5.280 ft = 1.609,347 m			
Masa	kilogramo	kg	gramo	g	libra (*pound*)	lb	onza	oz
	Equivalencias							
	1.000 g = 1 kg		1 lb = 0,4536 kg		1 lb = 16 oz			
Temperatura	grado Kelvin	K	grado Celsius (centígrado)	°C	grado Fahrenheit	°F	grado Rankine	°R
	Equivalencias							
	K = °C + 273		°F = 1,8 °C + 32		°R = °F + 460			
Tiempo	segundo	s	segundo	s	segundo	s	hora	h
							minuto	min
	Equivalencias							
	1 min = 60 s		1 h = 60 min		1 h = 3.600 s			
Intensidad eléctrica	amperio	A	statamperio	statA	amperio	A		
	Equivalencias							
	1 A = $3 \cdot 10^{8}$ statA							
Cantidad de sustancia	mol	mol						
	Equivalencias							
	1 mol = $6{,}022 \cdot 10^{23}$ partículas							
Intensidad luminosa	Candela	cd						
	Equivalencias							
	- - -							

Tabla AII.1. Unidades básicas en varios sistemas y equivalencias *(continuación)*

	MKS (SI)		CGS		FPS (anglosajón)		Otras unidades	
Superficie	metro cuadrado	m^2	centímetro cuadrado	cm^2	pie cuadrado *(square foot)*	ft^2	hectárea	ha
							pulgada cuadrada	in^2
	$10.000\ cm^2 = 1\ m^2$		$1\ m^2 = 1.550\ in^2$		$1\ in^2 = 645,16\ mm^2$		$1\ ha = 10.000\ m^2$	
Volumen	metro cúbico	m^3	centímetro cúbico	cm^3	pie cúbico *(cubic foot)*	ft^3	pulgada cúbica	in^3
							litro	l
							centímetro cúbico	cc
							pinta	pt
							cuarto	qt
							galón (US)	gal
							galón imperial (UK)	gal
	$100.000\ cm^3 = 1\ m^3$ $1\ in^3 = 16,387\ cm^3$ 1 gal (US) = 3,7854 l			$1\ m^3 = 1.000$ l $1\ ft^3 = 28.317$ l 1 gal (UK) = 4,546 l			1.000 cc = 1 l 4 qt = 1 gal (US) $1\ pt = 473,176\ cm^3$	
Velocidad	metro por segundo	m/s	centímetro por segundo	cm/s	pie por segundo	ft/s	pulgada por segundo	in/s
							kilómetro por hora	km/h
							millas por hora	mph
							nudos *(knots)*	kn
	1 m/s = 3,6 km/h		1 mph = 1,609 km/h			1 kn = 1,852 km/h		
Aceleración	metro por segundo al cuadrado	m/s^2	Gal	Gal	pie por segundo al cuadrado	ft/s^2		
	$1\ Gal = 1\ cm/s^2$							
Densidad	kilogramo por metro cúbico	kg/m^3	gramo por centímetro cúbico	g/cm^3	libra por pie cúbico	lb/ft^3	libras por pulgada cúbica	lb/in^3
	$1\ lb/in^3 = 27.679,9\ kg/m^3$		$1\ lb/ft^3 = 16,02\ kg/m^3$			$1\ lb/in^3 = 1.728\ lb/ft^3$		
Ángulo plano	radián	rad					grado sexagesimal	°
	2π rad = 360°							
Ángulo sólido	estereorradián	sr						
	- - -							
Velocidad angular	radián por segundo	rad/s					revoluciones por minuto	rpm
	1 rad/s = 9,55 rpm							

Tabla AII.1. Unidades básicas en varios sistemas y equivalencias *(continuación)*

	MKS (SI)		CGS		FPS (anglosajón)		Otras unidades	
Fuerza	newton	N	dina	dyn	libra	lb	kilopondio	kp
							kilogramo fuerza	kgf
	1 N = 100.000 dyn		1 kgf = 1 kp = 9,81 N		1 lb = 4,448 N			
Trabajo/energía	julio	J	ergio	erg	libra-pie	lb · ft	caloría	cal
							kilovatio hora	kwh
							electronvoltio	eV
							british thermal unit	BTU
	1 cal = 4,185 J 1 BTU = 1.055,05 J		1 kwh = 3.600.000 J 1 lb · ft = 1,3558 J		1 J = 10.000.000 erg			
Potencia	vatio	w	ergio por segundo	erg/s	*horse power*	HP	caballo de vapor	CV
	1 w = 10.000.000 erg/s 1 HP = 550 ft · lbf/s		1 HP = 745,7 w 1 CV = 75 kgf · m/s		1 CV = 735,5 w			
Fujo magnético	weber	Wb		maxwell	Mx			
	1 wb = 100.000.000 Mx							
Presión	pascal	Pa	baria	baria	libras por pulgada cuadrada	psi	atmósfera	atm
							bar	bar
							pulgadas de mercurio	inHg
							milímetros de mercurio	mmHg
	1 bar = 100.000 Pa 1 atm = 101.325 Pa		1 Pa = 10 baria 1 atm = 760 mmHg		1 psi = 6.894,76 Pa 1 atm = 29,92 inHg			
Torque	newton-metro	N · m	dina-centímetro	dyn · cm	libra-pie	lbf · ft	libra-pulgada	lbf · in
	1 lbf · in = 0,113 N · m		1 N · m = 0,737 lbf · ft		1 dyn · cm = 10.000.000 N · m			
Inducción magnética	Tesla	T		Gauss	Gs			
	1 T = 10.000 Gs							
Viscosidad absoluta	Pascal por segundo	Pa · s		Poise	P			
	1 Pa · s = 10 P							

Existen varios sistemas de unidades, los más comunes para el técnico de mantenimiento de aeronaves son:

- Sistema Internacional de Unidades (SI), también conocido como sistema MKS, ya que utiliza el metro (M), el kilogramo (K) y el segundo (S) como unidades básicas.
- Sistema Cegesimal de Unidades (CGS). Emplea el centímetro (C), el gramo (G) y el segundo (S) como unidades básicas.
- Sistema Anglosajón de Unidades: emplea como unidades básicas el pie (longitud), la libra (masa) y el segundo (tiempo). Por ello también se le denomina sistema FPS *(foot-pound-second)*.

Los sistemas más empleados por el sector aeronáutico son el MKS y el FPS (anglosajón). Por ello, es fundamental conocer la equivalencia entre sus unidades básicas, sobre todo las de longitud y masa, ya que de ellas derivan el resto de unidades.

Tabla AII.2. Magnitudes y unidades del sistema internacional empleadas también por el resto de sistemas

Unidad	Unidad	Símbolo
Frecuencia	Hercio	Hz
Carga eléctrica	Culombio	C
Potencial eléctrico	Voltio	V
Resistencia eléctrica	Ohmio	Ω
Capacidad eléctrica	Faradio	F
Inductancia	Henrio	H

ANEXO III. PREFIJOS

Los prefijos indican la potencia de 10 por la que está multiplicada la unidad.

Tabla AIII.1. Prefijos empleados en el Sistema Internacional de Unidades

Factor	Prefijo	Símbolo	
10^{24}	Yotta	Y	Múltiplos
10^{21}	Zetta	Z	
10^{18}	Exa	E	
10^{15}	Peta	P	
10^{12}	Tera	T	
10^{9}	Giga	G	
10^{6}	Mega	M	
10^{3}	Kilo	k	
10^{2}	Hecto	h	
10^{1}	Deca	da	
10^{0}		Unidad	
10^{-1}	Deci	d	Submúltiplos
10^{-2}	Centi	c	
10^{-3}	Mili	m	
10^{-6}	Micro	μ	
10^{-9}	Nano	n	
10^{-12}	Pico	p	
10^{-15}	Femto	f	
10^{-18}	Atto	a	
10^{-21}	Zepto	z	
10^{-24}	Yocto	y	
Prefijos			

Por ejemplo, el prefijo «kilo» me indica que tengo que multiplicar el valor por 1.000 (10^3). Por ejemplo, si digo que vivo a 4,6 km de la costa, es que vivo a $4,6 \cdot 10^3$ m de la costa. Decimos que «kilo» es un **múltiplo.** Otro prefijo muy empleado es «mili», el cual me indica que deberemos dividir entre 1.000 (o multiplicar por 10^{-3}). Si determino que el espesor de una chapa de aluminio es de 1,2 mm, esta dimensión será $1,2 \cdot 10^{-3}$ m; el prefijo «mili» es un **submúltiplo.**

ANEXO IV. CONSTANTES

Este anexo recopila las constantes fundamentales que se deberán recordar.

Tabla AIV.1. Constantes físicas elementales

Constante	Símbolo	Valor
Velocidad de la luz en el vacío	c	$3 \cdot 10^8$ m/s
Aceleración de la gravedad (intensidad de campo gravitatorio)	g	9,81 m/s^2
Constante de gravitación universal	G	$6{,}67 \cdot 10^{-11}$ N · m^2/kg^2
Densidad del agua a 4 °C	ρ_{H_2O}	1 kg/dm^3
Constante universal de los gases	R	0,082 atm · l/K · mol
Constante del aire	R'	287 J/K · kg
Calor específico a volumen constante del aire	c_v	716 J/kg · K
Calor específico a presión constante del aire	c_p	1.003 J/kg · K
Índice adiabático del aire	γ_{aire}	1,4
Índice de refracción del aire	n_{aire}	1
Índice de refracción del agua	n_{agua}	1,33
Velocidad del sonido en el aire (15 °C)	v_s	340 m/s

ANEXO V. GLOSARIO DE LEYES Y ECUACIONES

En este anexo se recopilan las fórmulas o ecuaciones relacionadas con magnitudes, leyes o principios estudiados en todo el libro.

Tabla AV.1 Recopilación de fórmulas

Ley o principio	Ecuaciones	
Momento	$\vec{T} = \vec{p} \times \vec{F}$ $\quad |\vec{T}| = |\vec{p}| \cdot |\vec{F}| \cdot \text{sen}\,\theta$	
Ley de Hooke	$\delta = \frac{F \cdot L}{E \cdot s}$ con $\sigma = \frac{F}{s}$ $\quad \varepsilon = \frac{\delta}{L}$ $\quad \varepsilon = \frac{\sigma}{E}$	
Barómetro de Torricelli	$h = \frac{P_{atm}}{g \cdot \rho}$	
Empuje hidrostático	$E = m \cdot g = \rho \cdot V \cdot g$	
Movimiento rectilíneo uniforme	$x = x_0 + v \cdot t$	
Movimiento rectilíneo uniformemente acelerado	$v = v_0 + a \cdot t$ $\quad x = x_0 + v_0 \cdot t + \frac{1}{2} \cdot a \cdot t^2$	
Movimiento circular uniforme	$\omega = \frac{\theta}{t}$ $\quad \alpha = \frac{\omega}{t}$ $\quad s = R \cdot \theta$ $\quad \theta = \theta_0 + \omega \cdot t$ $\quad v_t = R \cdot \omega$ $\quad a_c = \frac{v_t^2}{R} = \omega^2 \cdot R$	
Movimiento circular uniformemente acelerado	$\omega = \omega_0 + \alpha \cdot t$ $\quad \theta = \theta_0 + \omega_0 \cdot t + \frac{1}{2} \cdot \alpha \cdot t^2$ $\quad \omega^2 = \omega_0^2 + 2 \cdot \alpha \cdot (\theta - \theta_0)$ $\quad a_t = \alpha \cdot R$	
Movimiento armónico simple	$a = -\omega^2 \cdot x$ $\quad \omega^2 = \frac{k}{m}$	
	$x(t) = A \cdot \text{sen}(\omega t + \phi)$ $\quad v(t) = A \cdot \omega \cdot \cos(\omega \cdot t + \phi)$ $\quad a(t) = -A \cdot \omega^2 \cdot \text{sen}(\omega \cdot t + \phi)$	
	$v_{máx} = A \cdot \omega$ $\quad a_{máx} = -A \cdot \omega^2$ $\quad w = \frac{2\pi}{T}$ $\quad f = \frac{1}{T}$ $\quad T = 2 \cdot \pi \cdot \sqrt{\frac{m}{k}}$	
Movimiento pendular	$T = 2 \cdot \pi \cdot \sqrt{\frac{L}{g}}$	
Máquinas simples	Palanca	$P \cdot d_P = F \cdot d_F$
	Plano inclinado	$F = m \cdot g \cdot \text{sen}\,\alpha + F_R$ $\quad F_R = \mu \cdot F_N = \mu \cdot m \cdot g \cdot \cos\alpha$ $F = m \cdot g \cdot (\text{sen}\,\alpha + \mu \cdot \cos\alpha)$
	Transmisión	$\frac{N_1}{N_2} = \frac{Z_2}{Z_1}$
	Ventaja mecánica y relación de velocidades	$VM = \frac{P}{F}$ $\quad RV = \frac{d_F}{d_P}$ $\quad VM = \frac{P}{F} = \frac{d_F}{d_P} = RV$ $\quad VMR = \frac{P}{F + F_{Fric}}$
	Rendimiento	$\eta = \frac{VMR}{RV}$

Gravitación universal		$F = -G \cdot \frac{M \cdot m}{r^2}$ $\quad g = -G \cdot \frac{M_{Tierra}}{r^2}$
Trabajo		$W = \vec{F} \cdot \vec{r}$ $\quad W = F \cdot r \cdot \cos \alpha$
Potencia		$P = \frac{W}{t}$ $\quad P = T \cdot \omega$
Energía potencial	Gravitatoria	$E_P = m \cdot g \cdot h$
	Electrostática	$E_P = k \cdot \frac{Q \cdot p}{r}$
	Elástica	$E_P = \frac{1}{2} \cdot K \cdot x^2$
Energía cinética		$E_C = \frac{1}{2} \cdot m \cdot v^2$
Energía total		$E_T = E_P + E_C$
Cantidad de movimiento		$p = m \cdot v$
Impulso		$I = p_2 - p_1 = m \cdot v_2 - m \cdot v_1 = m \cdot (v_2 - v_1)$
Momento angular		$\vec{L} = \vec{r} \times \vec{p} = \vec{r} \times m \cdot \vec{v}$ $\quad L = r \cdot p = r \cdot m \cdot v$
Conservación del momento angular		$\frac{L_2 - L_1}{t_2 - t_1} = M$ $\quad r_1^2 \cdot m_1 \cdot \omega_1 = r_2^2 \cdot m_2 \cdot \omega_2$ $\quad I = m \cdot r^2$ $\quad I_1 \cdot \omega_1 = I_2 \cdot \omega_2$
Precesión giroscópica		$\Omega = \frac{r \cdot g}{\omega \cdot R^2}$
Rozamiento a rodadura		$\mu_R = \frac{\delta}{R}$
Densidad		$\rho = \frac{m}{V}$
Ley de Pascal		$\frac{F_2}{s_2} = \frac{F_1}{s_1}$
Presión	Estática	$P_e = \frac{F}{s}$
	Dinámica	$P_d = \frac{1}{2} \cdot \rho \cdot v^2$
	Total	$P_t = P_e + P_d$
Bernoulli		$\frac{v_1^2}{2g} + \frac{P_{e1}}{\rho g} + z_1 = \frac{v_2^2}{2g} + \frac{P_{e2}}{\rho g} + z_2$ $\quad$ En el aire: $\frac{1}{2} \rho \cdot v_1^2 + P_{e1} = \frac{1}{2} \rho \cdot v_2^2 + P_{e2}$
Gasto másico		$G = \rho \cdot Q = \rho \cdot s \cdot v$
Calor		$Q = m \cdot c \cdot (T_2 - T_1)$
Dilatación	Lineal	$L = L_0 \cdot [1 + \alpha \cdot (T - T_0)]$
	Volumétrica	$V = V_0 \cdot [1 + \delta \cdot (T - T_0)]$
1.er principio de termodinámica		$Q = W + \Delta U$

Tabla AV.1. Recopilación de fórmulas *(continuación)*

2.° principio de termodinámica	Máquina térmica:	$\eta = 1 - \frac{\lvert Q_2 \rvert}{Q_1}$
Gases ideales	Ley de Boyle	$P_1 \cdot V_1 = P_2 \cdot V_2$
	Ley de Charles	$\frac{V_1}{V_2} = \frac{T_1}{T_2}$
	Ley de Gay-Lussac	$\frac{P_1}{P_2} = \frac{T_1}{T_2}$
	Ley general	$\frac{P_1 \cdot V_1}{T_1} = \frac{P_2 \cdot V_2}{T_2} = \text{cte}$ $P \cdot V = n \cdot R \cdot T$ $P = \rho \cdot R_g \cdot T$
Transformaciones termodinámicas	Isócora (V = cte)	$Q = m \cdot c_V \cdot (T_2 - T_1)$ $W = 0$ $\Delta U = m \cdot c_V \cdot (T_2 - T_1)$
	Isóbara (P = cte)	$Q = m \cdot c_P \cdot (T_2 - T_1)$ $W = P \cdot (V_2 - V_1)$ $\Delta U = m \cdot c_V \cdot (T_2 - T_1)$
	Isoterma (T = cte)	$Q = m \cdot R \cdot T \cdot \ln \frac{V_2}{V_1}$ $W = Q$ $\Delta U = 0$
	Adiabática (Q = 0)	$Q = 0$ $W = -\Delta U$ $\Delta U = m \cdot c_V \cdot (T_2 - T_1)$ $P \cdot V^{\gamma} = \text{cte}$
	Coeficientes	$c_P = R + c_V$ $\gamma = \frac{c_P}{c_V}$
Ciclo Otto	$\eta = \frac{W_T}{Q_{23}} = 1 - \frac{\lvert Q_{41} \rvert}{Q_{23}}$ $\eta = 1 - \frac{(T_4 - T_1)}{(T_3 - T_2)}$ $\eta = 1 - \frac{1}{\rho^{\gamma - 1}}$ $\lvert W \rvert = n \cdot c_V \cdot [(T_3 - T_4) - (T_2 - T_1)]$	
Ciclo Diesel	$\eta = 1 - \frac{1}{\gamma} \cdot \frac{1}{\rho^{\gamma - 1}} \cdot \frac{\tau^{\gamma} - 1}{\tau - 1}$ $\tau = \frac{V_3}{V_2}$	
Ciclo Brayton	$\eta = 1 - \frac{1}{\rho_{03}^{\gamma - 1/\gamma}}$ $\eta = 1 - \frac{T_0}{T_3}$	
Refrigerador	$\eta = \frac{Q_2}{W} = \frac{Q_2}{Q_1 - Q_2}$	
Calor latente	$Q = m \cdot L$	
Índice de refracción	$n = \frac{c}{v}$	
Ecuación de espejos	$\frac{1}{f} = \frac{1}{s} + \frac{1}{s'}$ $A = \frac{y'}{y} = -\frac{s'}{s}$	
Ley de Snell	$n_1 \cdot \text{sen}\, \theta_1 = n_2 \cdot \text{sen}\, \theta_2$	
Ángulo crítico	$\text{sen}\, \theta_c = \frac{n_2}{n_1}$	
Dioptrías	$P = \frac{1}{f} = (n - 1) \cdot \left(\frac{1}{R_2} - \frac{1}{R_1}\right)$	
Movimiento ondulatorio sinusoidal	$y(t, x) = A \cdot \text{sen}\left[2 \cdot \pi \cdot \left(\frac{t}{T} - \frac{x}{\lambda}\right)\right]$	

Tabla AV.1. Recopilación de fórmulas *(continuación)*

Velocidad del sonido en el aire	$v_s = \sqrt{\gamma \cdot R' \cdot T}$	
Número de Mach	$M = \dfrac{v}{v_s}$	
Efecto Doppler	Emisor acercándose a un receptor en reposo	$f' = f \cdot \left(\dfrac{1}{1 - v_e / v_s} \right)$
	Emisor alejándose de un receptor en reposo	$f' = f \cdot \left(\dfrac{1}{1 + v_e / v_s} \right)$
	Receptor acercándose a un emisor en reposo	$f' = f \cdot \left(1 + \dfrac{v_r}{v_s} \right)$
	Receptor alejándose a un emisor en reposo	$f' = f \cdot \left(1 - \dfrac{v_r}{v_s} \right)$
	Emisor y receptor con movimiento	$f' = f \cdot \left(\dfrac{v_s \pm v_r}{v_s \mp v_e} \right)$

ANEXO VI. CÁLCULO VECTORIAL

En este anexo se resumen las operaciones con vectores estudiadas en el Apartado 2.1.1.

Tabla AVI.1 Operaciones con vectores

Operación	Ecuaciones
Vectores	$\vec{a} = (a_x, a_y)$ con $\lvert\vec{a}\rvert = \sqrt{a_x^2 + a_y^2}$ $\theta_a = \text{arctg}\,\dfrac{a_y}{a_x}$
	$\vec{b} = (b_x, b_y)$ con $\lvert\vec{b}\rvert = \sqrt{b_x^2 + b_y^2}$ $\theta_b = \text{arctg}\,\dfrac{b_y}{b_x}$
Suma	$\vec{a} + \vec{b} = (b_x + a_x, b_y + a_y)$
Resta	$\vec{a} - \vec{b} = (a_x - b_x, a_y - b_y)$
Producto escalar	$\vec{a} \cdot \vec{b} = a_x \cdot b_x + a_y \cdot b_y$
	$\vec{a} \cdot \vec{b} = \lvert\vec{a}\rvert \cdot \lvert\vec{b}\rvert \cdot \cos\theta$
Producto por un escalar	$k \cdot \vec{a} = (k \cdot a_x, k \cdot a_y)$
Producto vectorial	$\vec{a} \times \vec{b} = \begin{vmatrix} \vec{i} & \vec{j} & \vec{k} \\ a_x & a_y & a_z \\ b_x & b_y & b_z \end{vmatrix} = \begin{vmatrix} a_y & a_z \\ b_y & b_z \end{vmatrix} \cdot \vec{i} - \begin{vmatrix} a_x & a_z \\ b_x & b_z \end{vmatrix} \cdot \vec{j} + \begin{vmatrix} a_x & a_y \\ b_x & b_y \end{vmatrix} \cdot \vec{k} \Rightarrow$ $\Rightarrow \vec{a} \times \vec{b} = (a_y \cdot b_z - b_y \cdot a_z) \cdot \vec{i} - (a_x \cdot b_z - b_x \cdot a_z) \cdot \vec{j} + (a_x \cdot b_y - b_x \cdot a_y) \cdot \vec{k}$
	$\lvert\vec{v}\rvert = \lvert\vec{a}\rvert \cdot \lvert\vec{b}\rvert \cdot \text{sen}\,\theta$ con: $\theta = \theta_a - \theta_b$

BIBLIOGRAFÍA

Aníbal Isidro Carmona. *Aerodinámica y actuaciones del avión*. Ed. Paraninfo.

Charles E. Dole. *Mathematics and Physics for Aviation Personnel*. Ed. Jeppesen.

Dale Crane. *General*. Ed. ASA AMT series.

General. Ed. Jeppesen A&P Technician.

Max F. Henderson. *Aircraft Instruments and Avionics*. Ed. Jeppesen.

Noel Dreska y Leonard Weisenthal. *Physics for Aviation*. Ed. Jeppesen.

Wilson Buffa. *Física*. Ed. Pearson.